U0233088

全国勘察大师李文纲和本书作者张佑廷在重庆草街水电站
现场研讨

草街电站全貌

金银台电站

重庆草街水电站泄洪闸红层基础

重庆草街水电站泄洪闸上游齿槽开挖揭露红层

重庆草街水电站消力池开挖揭露红层

重庆草街水电站右岸边坡开挖揭露红层

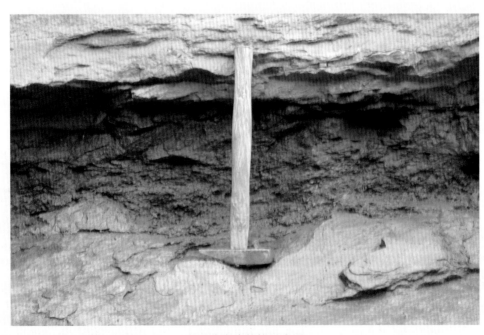

红层中发育的软弱夹层

嘉陵江红层工程地质特性与勘察实践

中国电建集团成都勘测设计研究院有限公司

张佑廷 张世殊 彭仕雄 等 著

中国水利水电出版社
www.waterpub.com.cn
·北京·

内 容 提 要

本书是水电行业第一部嘉陵江红层工程地质特性与勘察实践的专著,是在众多嘉陵江红层工程地质特性与勘察实践的基础上,系统总结了嘉陵江红层分布、沉积环境、构造特征、分区及岩体特征等,分析评价了红层地区的坝基变形和抗滑稳定、坝基渗漏、边坡稳定等主要工程地质问题,针对红层"快速风化、遇水软化、失水开裂"的特点提出了科学合理的施工技术方法,建立了红层地区水电工程勘察原则,辑录了部分红层地区工程勘察实践的实例。

本书可供从事水电行业和其他行业有关红层的工程专业技术人员及大专院校相关专业的师生参考使用。

图书在版编目(CIP)数据

嘉陵江红层工程地质特性与勘察实践 / 张佑廷等著
. -- 北京:中国水利水电出版社,2019.6
ISBN 978-7-5170-7778-7

Ⅰ. ①嘉… Ⅱ. ①张… Ⅲ. ①嘉陵江-水利水电工程
-红层-工程地质勘察-研究 Ⅳ. ①P642.13

中国版本图书馆CIP数据核字(2019)第125374号

书　　名	嘉陵江红层工程地质特性与勘察实践 JIALINGJIANG HONGCENG GONGCHENG DIZHI TEXING YU KANCHA SHIJIAN
作　　者	中国电建集团成都勘测设计研究院有限公司 张佑廷　张世殊　彭仕雄　等 著
出版发行	中国水利水电出版社 (北京市海淀区玉渊潭南路1号D座　100038) 网址:www.waterpub.com.cn E-mail:sales@waterpub.com.cn 电话:(010)68367658(营销中心)
经　　售	北京科水图书销售中心(零售) 电话:(010)88383994、63202643、68545874 全国各地新华书店和相关出版物销售网点
排　　版	中国水利水电出版社微机排版中心
印　　刷	北京印匠彩色印刷有限公司
规　　格	184mm×260mm　16开本　11.5印张　273千字　2插页
版　　次	2019年6月第1版　2019年6月第1次印刷
印　　数	0001—1500册
定　　价	**70.00元**

　　"红层"是一种外观颜色以红色系为主的陆上沉积地层。在我国主要是指形成于三叠纪、侏罗纪、白垩纪和古近纪的湖相、河流相、河湖交替相或是山麓洪积相的陆相碎屑岩，其岩性有砾岩、砂岩和泥岩，以泥质胶结为主，也有钙质或铁质胶结。有的学者将分布在四川盆地一带沉积的红层称为"四川红层"。"嘉陵江红层"是指以嘉陵江流域分布的红层为代表，形成于侏罗纪—白垩纪，是一套砂岩与泥岩不等厚互层、软硬相间的地层组合岩体。

　　红层岩体地区地形平缓，形成时代较新，所经历的地质运动较少，地质构造较为简单，岩层近于水平或呈缓倾的单斜地层，构造不发育。岩性是一套砂岩与泥岩互层、软硬相间的层状结构地层，强度较低，变形模量差异大，层理及缓倾角软弱夹层发育，抗风化能力低，具有"快速风化、遇水软化、失水开裂"之特点，是水电水利工程建设中较为特殊的地质体。因此，嘉陵江红层水电工程建设存在的主要工程地质问题是承载变形稳定问题、坝基抗滑稳定问题、坝基渗漏问题和边坡稳定问题。

　　作者针对嘉陵江红层特殊工程地质特性和存在的工程地质问题，紧密结合嘉陵江红层的特点，采用了钻探、深井勘探、洞探、孔内电视、孔内声波等勘探手段，开展了嘉陵江红层的岩体物理力学特性、软弱夹层特性试验研究，分析研究了红层分布、形成、发育规律、岩体结构特征等。提出了科学合理施工技术方法，建立了红层地区水电工程勘察原则。红层地区已建成的众多水电水利工程实践表明，只要认识到红层特殊的物理力学性质和工程地质特性，重视勘察工作，主要地质问题处理措施有针对性，在红层地区修建水电水利工程可以取得较好的效果。

　　本书共分7章：第1章绪论，介绍了嘉陵江红层的定义、红层的形成、红层的工程地质特性、嘉陵江红层在水电工程建设中的常见工程地质问题和嘉陵江红层水电开发概况；第2章嘉陵江红层分布与岩体特征，介绍了嘉陵江红层分布特征和红层岩体特征；第3章嘉陵江红层岩体物理力学特征，介绍了红层岩石和岩体物理力学特征；第4章嘉陵江红层软弱夹层特性研究，介绍了嘉陵江红层软弱夹层的成因、发育特征、物质组成、分类、物理力学特性和强度参数取值等；第5章嘉陵江红层主要工程地质问题，论述了嘉陵江红层岩体承载力、岩体变形、抗滑稳定、岩体渗漏、边坡稳定等特有工程地质问题；第6章勘察原则与工程勘察实例，论述了红层工程地质勘察原则与工程勘察实例；第7章结论，对嘉陵江红层成果进行了概括性总结和评价。

本书撰写的具体分工是：第1章由张佑廷、雷生强、马行东撰写；第2章由胡帅、宋书志撰写；第3章由刘云鹏、张世殊撰写；第4章由张佑廷、雷生强撰写；第5章由张佑廷、雷生强撰写；第6章由张佑廷、雷生强、胡帅撰写；第7章由彭仕雄撰写。全书由张佑廷、彭仕雄、张世殊审定，全书汇总、文字和插图处理由马行东负责。

本书的编写得到了中国电建集团成都勘测设计研究院有限公司的公司领导、科技信息档案部、勘测设计分公司地质处等相关单位和人员的大力支持和帮助，在此表示衷心感谢！

限于作者水平，时间仓促，本书中的不足和错误在所难免，敬请批评指正！

作者

2019 年 2 月

目 录

CONTENTS

第 1 章

绪 论

1.1 嘉陵江红层的定义

"红层"是外观颜色以红色系为主的陆上沉积地层。在我国主要是指形成于三叠纪、侏罗纪、白垩纪和古近系的湖相、河流相、河湖交替相或是山麓洪积相的陆相碎屑岩，岩性有砾岩、砂岩和泥岩，以泥质胶结为主，也有钙质或铁质胶结。"红层"的基本特点是形成时代新、成岩作用较差、所经历的地质运动少、地质构造简单、产状平缓、软硬相间，"红层"岩性多属较软岩和软岩类。据粗略统计，我国中、新生代"红层"出露面积约 46 万 km^2，主要分布于西南、华中、华南和西北地区，其中西南地区的四川盆地（含重庆市）一带分布的"红层"是最具代表性的一类红色地层，出露总面积约 29.18 万 km^2，素有"红色盆地"之称。

"嘉陵江红层"是指以嘉陵江流域分布的红层为代表，形成于侏罗纪—白垩纪，是一套砂岩与泥岩不等厚互层、软硬相间的地层组合岩体。

1.2 嘉陵江红层的形成

嘉陵江红层的形成有其特定的古气候和古地理环境。一般在炎热干燥的古气候环境条件下，岩石风化作用强烈，可以产生大量碎屑物源，由于氧化作用较为强烈，其中 Fe^{2+} 氧化成了 Fe^{3+}，从而形成了红色的外观。

嘉陵江红层一般分布在古四川盆地周边山前，由盆地四周山系提供大量的碎屑沉积物源，盆地接受沉积。嘉陵江红层的沉积建造是一个漫长的地质历史过程，也是伴随着古四川盆地形成的过程。早三叠世时的印支运动时期，古四川盆地处于副热带高气压带与信风带控制下的干热气候条件，四川东部进入稳定的地台发展阶段，并开始接受地层沉积（T_1f）。中、晚三叠世古四川盆地气候趋于潮湿，受印支运动进一步影响，扬子地台与其北面的陆块对冲拼接，在盆地北面形成了规模宏大的印支褶皱山系，从此结束了盆地台地碳酸盐相的沉积建造历史，开始了古四川盆地的嘉陵江红层沉积历史。侏罗纪—白垩纪，古四川盆地又恢复了干热气候环境，沉积了巨厚的嘉陵江红层。印支晚期的地壳运动，促使古四川盆地格局初步形成。

初期的四川盆地范围广，包含部分云南和贵州，由内海逐步过渡到内陆湖盆。白垩纪时，受燕山运动影响，湖盆由东向西缩小；早古近纪时，湖盆已萎缩为一些分散的小盆地，湖水外泄，嘉陵江形成，各水系沟通，内陆湖盆变为山间盆地。

从早侏罗世到中、晚侏罗世，嘉陵江红层的沉积环境由还原环境逐步过渡到氧化环境，在湖心大部为氧化、还原环境交替，后期受地下水的还原条件影响，致使盆地中的侏罗系红层地层颜色呈红与黄（或白、绿、灰）交替，乃至红少（多为页岩）黄（或白、绿、灰）多（多为砂岩）的状态，整个侏罗系红层地层厚达 2000～4000m。在新古近纪时，因东亚季风的形成而宣告终结。

嘉陵江红层的沉积时期以侏罗纪—白垩纪为主，属于内陆河湖相沉积，沉积物多以碎屑、黏土沉积为主，岩石碎屑多具棱角，分选性差，在水平方向上岩相变化大，含陆生生物化石。岩性上以紫红及砖红色泥岩、粉砂岩、砂质泥岩、泥质砂岩为主，具有软硬相间的工程地质特性。

1.3 嘉陵江红层的工程地质特性

1.3.1 岩石矿物特性

嘉陵江红层岩性单一，按照其物质组成与结构特征，可分为砂岩类和泥岩类两类。砂岩类岩性有砂岩、粉砂岩、泥质粉砂岩等；泥岩类岩性有泥岩、粉砂质泥岩。砂岩类大多为钙质、泥质胶结，砂粒成分主要为石英和长石，含量为 70%～90%，其次少量为岩屑（一般小于 10%）。岩石的颜色往往随岩石中石英、长石的含量不同而不同（表1.3-1）。泥岩类在物质组成与结构上与砂岩类明显不同。泥岩为泥质结构，物质以泥质物为主，少量钙质、铁质及粉砂粒级的岩屑，富含高岭石、伊利石、蒙脱石和水云母等矿物，而伊利石、蒙脱石和水云母等矿物为亲水性黏土矿物，最高含量可达 81%。因此，泥岩类岩石强度低，抗风化能力弱，具有遇水软化、崩解，失水开裂、剥落的特点。岩石中随着砂粒（石英、长石等矿物）含量的增加，岩性逐渐过渡为砂质泥岩（一般认为砂质与泥质之比为 1/3～1/2），嘉陵江红层中砂质泥岩分布较普遍。对于工程地质特性而言，泥岩的强度

表1.3-1　　　　　　　　　　　　砂岩中矿物比例和颜色对应关系

岩 石 定 名	主要矿物含量/%		颜 色
	石英	长石	
长石石英砂岩	50～60	10～20	青灰色
长石石英砂岩或亚长石砂岩	40～50	20～30	浅灰色、灰黄色
亚长石砂岩或长石砂岩	30～40	30～50	灰黄色、紫色

随着砂质含量的增加而增加，而其膨胀性和水敏性则主要取决于伊利石和蒙脱石的含量，蒙脱石的含量对膨胀性影响最为明显。

根据嘉陵江红层矿化成分分析，不管是砂岩类岩石还是泥岩类岩石，其化学组分基本相同，主要是 SiO_2，其次是 Fe 和 Al 的倍半氧化物及挥发物质，其中铁氧化物和氢氧化物则是红层之所以红的主要原因。据中国科学院成都分院土壤研究室对红层泥岩的颜色的研究结果（表 1.3-2），高价铁含量越多，颜色越红，而随着高价铁含量减少，颜色会逐渐由紫色变为绿色甚至黑色。

表 1.3-2　　　　　　　　　　　泥岩中高价铁/低价铁含量与颜色的关系

高价铁/低价铁	$a<1:5$	$1:2>a\geqslant1:5$	$1:1>a\geqslant1:2$	$2:1>a\geqslant1:1$	$5:1>a\geqslant2:1$
泥岩颜色	黑色	绿色	紫色	紫红色	红色

1.3.2　岩石强度特性

红层岩体的基本特性表明，岩性是一套砂岩与泥岩互层、软硬相间的层状结构地层，泥岩抗压强度为 3~12MPa，粉砂岩天然抗压强度为 14~32MPa，泥质粉砂岩天然抗压强度为 9~18MPa。强度和变形差异大，岩石强度多属较软岩和软岩。

1.3.3　岩体结构特性

红层岩体形成时代较新，所经历的地质运动较少，地质构造较为简单，岩层近于水平或呈缓倾的单斜地层。嘉陵江红层为层状结构，层理发育，产状平缓，常伴有平面 X 形节理构造。泥岩多呈薄层状，砂岩多呈厚层状或中厚层状，介于泥岩和砂岩间的粉砂质泥岩和泥质粉砂岩的层厚与泥质含量有关，泥质含量越高，层厚越薄。

1.3.4　软弱夹层特性

嘉陵江红层软弱夹层成因主要是岩体中的原生结构面（如层面）、层间和层内构造剪切错动面经后期的浅表生地质改造而形成的一种强度低、工程地质性状差的特殊结构面。由于嘉陵江红层的砂岩和泥岩物理力学性差异较大、层理发育，后期受构造影响、外动力作用改造及风化卸荷等因素影响，岩体中软弱夹层一般沿层面发育，主要发育在砂岩与泥岩的接触面和泥岩内部的层面；长度数十米至数百米，宽度数厘米至数十厘米；分布深度可达百米，一般随着岩体埋深增大频率逐渐减少。根据软弱夹层的物质组成，可将软弱夹层分为岩块岩屑型、岩屑夹泥型、泥夹岩屑型和泥型四个类型。

1.3.5　遇水软化、失水开裂特性

不同的物质组成与结构特征，决定了岩石类别，同时也决定了岩石物理力学特征及其工程地质特性。岩石的强度与岩石中的矿物成分和胶结物有关。一般而言，岩石中石英、长石等硬度较大的矿物含量越高，则岩石强度越高；反之，云母等片状矿物和软弱矿物的含量越高，则强度越低。在矿物成分和岩石结构一定的条件下，岩石的强度以钙质胶结的强度最高，泥质胶结的强度最低，即钙质胶结的岩石强度大于泥钙质胶结的岩石强度大于

泥质胶结的岩石强度。泥岩类具有遇水软化、崩解，失水开裂、剥落的特点，粉砂岩类具有开裂、剥落的特点。

1.3.6 快速风化特性

由于嘉陵江红层岩体具有特殊的矿物组分及岩石结构，在地表暴露条件下，极易风化崩解，导致岩体力学指标急剧降低，暴露1天可形成风化膜，随时间推移，风化程度逐渐加重，一般快速风化厚度可达10～30cm。

1.4 嘉陵江红层在水电工程建设中的常见工程地质问题

我国在红层地区兴建水电水利工程建设的历史悠久、数量众多，且规模越来越大。新中国最早的水利水电工程狮子滩水电站，位于四川盆地东部重庆长寿县的嘉陵江红层上（侏罗系地层）。20世纪70—80年代长江干流上兴建的第一座大型水利枢纽工程葛洲坝水利枢纽工程也是建在白垩系红层砂岩与泥岩上。

红层由于其特殊的物质组成、结构、构造特征，其工程地质问题也较特殊。据国外有关资料显示，美国圣·佛兰西斯（St.Francis）坝蓄水后，坝基砾岩中的石膏被溶解，黏土胶结物被软化，地基被淘刷，坝在几分钟内被冲垮；美国俄亥俄河（Ohio）26号坝，沿坝基下5cm厚的页岩发生滑动；法国布泽（Bouzey）坝，沿坝基龟裂的红色砂岩上的黏土层发生滑动；印度堤格拉（Tigra）坝，在砂页岩互层上发生滑动；美国斯顿尼支墩坝，因龟裂泥质岩引起渗漏淘刷而破坏。

嘉陵江红层分布广泛，在嘉陵江红层地区修建的水电水利工程众多，已取得了巨大的成就和丰富的工程经验，但20世纪70年代在红层地区修建的水利水电工程也出现了一些工程病害（表1.4-1）。如四川仁寿的黑龙滩水库，蓄水后岩体沿软弱夹层的剪切滑动导致大坝廊道开裂；四川南充升钟水库的回龙宫引水隧洞建成20年后，由于岩体的塑性变形导致顶拱出现多处裂缝，边墙内鼓，底板隆起等。

表 1.4-1 我国红层地区部分水利水电工程病害一览表（据王子忠改编）

地区	工程名称	坝型或建筑物	坝高/m	事件描述	工程地质问题
四川省仁寿县	黑龙滩水库	浆砌条石重力坝（1972年建成）	53.5	坝基为厚层砂岩夹粉砂质泥岩，蓄水后岩体沿软弱夹层的剪切滑动导致大坝廊道开裂，廊道总漏水量达200m³/d	坝基抗滑稳定问题
				组成库盆岩体为白垩系夹关组砂岩与粉砂质泥岩，岩体中含有石膏、方解石脉或团块，水库蓄水后，库水沿各单薄分水岭向低邻谷渗漏	类岩溶水库渗漏问题
湖北省宜昌市	葛洲坝水利枢纽	闸坝（1988年建成）	47	对红层中剪切带基本特征认识不清，致使冲沙闸坝体断面设计过小、稳定不够，后经加宽坝体断面，才满足了坝基抗滑稳定	坝基抗滑稳定问题

地区	工程名称	坝型或建筑物	坝高/m	事件描述	工程地质问题
四川省洪雅县	高凤山电站左岸副坝	混凝土面板堆石坝（2003年建成）	10	蓄水后，库水从混凝土防渗齿墙下基岩发生渗漏，导致农田被淹，民房产生开裂，居住环境恶化	类岩溶坝基渗漏问题
四川省大英县	寸塘口水库	浆砌条石重力拱坝（1975年建成）	22.7	坝基为侏罗系上统蓬莱镇组砂岩与泥岩互层，其中泥岩具有膨胀性，由于组成坝基岩体物理力学性质的差异、岩石膨胀等，致使坝体多处开裂，并有169处漏水，呈射流状，水流喷射达数米远	不均匀变形稳定问题
四川省南部	升钟水库左分干渠	回龙宫隧洞，洞宽2.5m，净高3.4m，全长1155.6m（1992年建成）		隧洞穿越上侏罗统蓬莱镇组粉砂质泥岩，具膨胀性。建成20年后，发现顶拱沿浆砌石灰缝出现多处开裂，边墙中部出现内鼓现象，多处产生水平裂缝；底板浆砌条石向上隆起	变形稳定问题

嘉陵江红层地区建设水利水电工程常见工程地质问题主要有以下几个方面：

（1）坝基抗滑稳定问题。嘉陵江红层具有典型的层状结构，地层产状平缓，沿层面或平行层面软弱夹层发育，软弱夹层强度低，往往构成坝基抗滑稳定的底滑面，是坝基抗滑稳定的控制性结构面。

（2）承载和变形稳定问题。嘉陵江红层岩体强度低，抗变形能力弱，砂质岩类和泥质岩类差异较大，容易出现变形稳定问题和不均匀变形稳定问题。

（3）类岩溶水库渗漏和绕坝渗漏问题。嘉陵江红层在有的地区可能存在各种可溶性化学成分，包括含碳酸盐岩的砾岩、含石膏及芒硝的泥岩、钙质胶结的砾岩、钙质胶结的砂岩、钙质胶结的泥岩等，在地下水长期作用下有发生溶蚀、溶解的可能，从而形成类岩溶管道，引起水库渗漏和绕坝渗漏问题。

（4）快速风化问题。由于嘉陵江红层岩体具有特殊的矿物组分及岩石结构，在地表暴露条件下，极易风化崩解，导致岩体力学指标急剧降低。因此，嘉陵江红层的快速风化问题严重加大了施工难度。

总而言之，嘉陵江红层地区地形平缓，河谷开阔，地层近水平，构造不发育，水电水利工程枢纽布置方便。嘉陵江红层地区多采用低闸坝方式开发，一般工程边坡较低，无洞室开挖。另外，嘉陵江红层岩体透水性微弱，一般也不存在坝基和绕坝渗漏问题。但由于嘉陵江红层岩体强度低，承载力弱，软弱夹层发育，且砂岩类和泥岩类呈互层状软硬相间，泥岩类具有遇水软化、崩解，失水开裂、剥落的特点。因此，嘉陵江红层水电工程建设存在的主要工程地质问题是坝基抗滑稳定问题、承载和变形稳定问题（包括不均匀变形问题）及快速风化问题。

1.5　嘉陵江红层水电开发概况

嘉陵江红层广布于四川盆地，江河纵横，水利水电资源丰富。分布嘉陵江红层的河流有川江、岷江下游、嘉陵江、沱江、大渡河河口段、青衣江、涪江、渠江等。

由于四川盆地交通便利、人口密集、经济相对发达,自 20 世纪 50 年代开始,众多的水利水电工程先后开始兴建,水电开发取得了较快发展。据粗略统计(表 1.5 - 1),嘉陵江红层地区共计规划电站 104 座,总装机容量为 1501.9 万 kW,年发电量为 751.934 亿 kW·h。截至 2012 年,已建 51 座,装机容量为 430.84 万 kW(占 28.7%),待建 53 座,装机容量为 1071.06 万 kW(占 71.3%)。从开发规模上,相对集中在嘉陵江、岷江下游、青衣江和川江段等 4 条水系,其装机容量为 1274.81kW,约占整个嘉陵江红层地区水力资源总量的 84.9%。

表 1.5 - 1　　　　嘉陵江红层地区各流域水力资源一览表(截至 2012 年)

流域名称	建设情况	电站总数/座	百分比/%	装机容量/万 kW	百分比/%	年发电量/(亿 kW·h)	百分比/%
青衣江流域	已建	14	70	102.65	71.1	47.94	62.2
	未建	6	30	41.75	28.9	27.87	37.8
	小计	20	100	144.4	100	75.81	100
岷江流域	已建	—	—	—	—	—	—
	未建	4	100	122	100	66.13	100
	小计	4	100	122	100	66.13	100
大渡河流域	已建	2	40	16.5	17.61	6.88	14.7
	未建	3	60	77.2	82.39	39.8	85.3
	小计	5	100	93.7	100	46.68	100
沱江干流	已建	6	46	8.62	50.9	4.47	47.9
	未建	7	54	8.32	49.1	4.87	52.1
	小计	13	100	16.94	100	9.34	100
涪江干流	已建	8	57.2	31.37	58.7	15.57	57.5
	未建	6	42.8	22.05	41.3	11.49	42.5
	小计	14	100	53.42	100	27.06	100
嘉陵江干流	已建	15	94	251.21	96.4	114.574	97
	未建	2	6	9.2	3.6	3.58	3
	小计	17	100	260.41	100	118.154	100
渠江流域	已建	6	23.1	20.49	32.5	16.14	46.4
	未建	20	76.9	42.54	67.5	18.62	53.6
	小计	26	100	63.03	100	34.76	100
川江干流	已建	—	—	—	—	—	—
	未建	5	100	748	100	374	100
	小计	5	100	748	100	374	100
合计	已建	51	49.5	430.84	28.7	205.574	27.3
	未建	53	50.5	1071.06	71.3	546.36	72.7
	总计	104	100	1501.9	100	751.934	100

注　统计表中不含装机容量 1 万 kW 以下的电站,已建中包括已开工在建项目。

嘉陵江流域广元至重庆河段拟建设 17 级航电枢纽工程（表 1.5-2），总装机容量 260.41 万 kW。截至 2016 年，已有 15 座枢纽均已建成发电，已开发装机容量 251.21 万 kW，约占嘉陵江流域开发总量的 80%，仅有重庆境内的利泽和井口枢纽未建。

表 1.5-2　　嘉陵江干流航电枢纽工程梯级开发一览表（截至 2016 年）

序号	工程名称	装机容量/万 kW	年发电量/(亿 kW·h)	坝型	最大坝高/m	坝基主要地层		建成年份
						年代	岩性	
1	上石盘	205	1.09	混凝土重力坝	41.3	J_3p	砂质泥岩夹泥质粉砂岩	2016
2	亭子口	80	31.04	混凝土重力坝	116	K_1c	砂岩与砂质黏土岩互层	2014
3	苍溪	6.6	2.46	混凝土重力坝	51.12	K_1c	砂岩与砂质黏土岩互层	2011
4	沙溪	8.7	4.03	混凝土重力坝	31	K_1c	砂岩与砂质黏土岩互层	2010
5	金银台	12	5.8	混凝土重力坝		K_1c	砂质黏土岩夹砂岩	2006
6	红岩子	9	4.7	混凝土重力坝	62.1	J_3p	粉砂质泥岩夹泥质粉砂岩、砂岩	2002
7	新政	10.8	5.084	混凝土重力坝	41	J_3p	粉砂质泥岩夹泥质粉砂岩、砂岩	2006
8	金溪	15	7.1	混凝土重力坝	48.5	J_3p	粉砂岩夹粉砂质泥岩	2008
9	马回	8.61	5.83	混凝土重力坝	24	J_3sn	泥质粉砂岩与粉砂质泥岩互层	1990
10	凤仪场	8.4	3.97	混凝土重力坝	39	J_3sn	泥质粉砂岩与粉砂质泥岩互层	2010
11	小龙门	5.2	2.5	混凝土重力坝		J_3sn	砂质黏土岩夹砂岩	2009
12	青居	13.6	5.99	混凝土重力坝	45.3	J_3sn	砂质黏土岩夹砂岩	2009
13	东西关	10	9.55	混凝土重力坝	47.2	J_2s	砂质黏土岩与泥质砂岩、砂岩互层	1996
14	桐子壕	10.8	5.25	混凝土重力坝		J_2s	砂质泥岩与砂岩互层	2003
15	利泽	9.2	3.58	混凝土重力坝	38	J_2s	砂质泥岩与砂岩互层	待建
16	草街	50	20.18	混凝土重力坝	83	J_2s	砂质黏土岩夹砂岩	2011
17	井口	12.5	5.07	混凝土重力坝		J_2s	砂质黏土岩夹砂岩	待建
合计		475.41	123.224					

截至 2012 年，岷江下游、川江干流、渠江仍有 41 座水电站尚待开发，总装机容量达 948.51 万 kW。其中，岷江下游有 4 座，装机容量 122 万 kW；川江干流有 5 座，装机容量 748 万 kW；渠江流域有 20 座，装机容量 42.54 万 kW。这些地区经济较发达，交通方便，用电负荷大，水电开发可以带动相关经济效益。因此，嘉陵江红层地区水电工程建设市场仍是广阔的，开展对嘉陵江红层水电水利工程地质总结意义重大而深远。

第 2 章

嘉陵江红层分布与岩体特征

2.1 嘉陵江红层分布特征

2.1.1 嘉陵江红层的分布

嘉陵江红层主要分布在四川盆地及周边的嘉陵江流域、涪江流域、渠江流域、沱江流域、岷江下游流域、雅砻江下游流域、金沙江下游流域、长宁河流域、赤水河流域、长江的川江流域等区域。嘉陵江红层地区水力资源充沛，已规划水电站 104 座，在建和已建 51 座，未来在嘉陵江红层地区进行水电开发市场广阔。

由于嘉陵江红层具有特殊的物质组成、结构、构造等特征，随着在嘉陵江红层地区水电水利工程建设数量和规模的增加，与嘉陵江红层有关的工程地质经验将越来越丰富，为了工程建设的安全可靠，开展对嘉陵江红层形成的地质历史背景、分布、沉积环境、构造特征及工程地质分区的研究是必要的。对系统的分析、嘉陵江红层的成岩建造与后期改造过程，以及对嘉陵江红层岩体主要特征及其时空变化规律的认识非常重要。

2.1.2 嘉陵江红层分区

由于盆地的岩石建造在不同部位存在一定的分异，地质构造在盆地的不同部位，其构造形迹种类及组合型式也不相同，其他诸如地貌、水文地质等条件也随着盆地的不同部位而有所差异。根据地质条件基本要素的差异，对嘉陵江红层区域地质条件进行分区，其目的是总结嘉陵江红层不同区域地质条件的差异，为分析、评价不同区域的主要工程地质问题提供基础资料。

2.1.2.1 分区因素

依据主要地质因素，将地质要素基本一致的区域划分为一个区，根据这些地质因素，并结合工程特点，对影响工程主要的地质问题进行评价。

　　分区的主要因素有地形地貌、地层岩性、地质构造、物理地质现象、水文地质条件等。其中地层岩性和地质构造是地质分区最主要的因素，也是控制性因素；岩性决定着岩石强度、抗风化能力及岩体的透水性；地质构造决定着岩体的完整性、透水性、抗风化性、抗冲刷破坏、抗地形改造等；地形地貌、物理地质现象和水文地质条件等主要受岩性和地质构造的影响。因此岩性和地质构造是分区首要考虑的因素。

　　（1）岩性因素。岩性及其组合在工程地质分区方面，首要关注的是其在空间展布方面的特点，近盆周山系前缘一带为粗碎屑的砾岩、含砾砂岩等粗碎屑岩，其外围为则为砂岩、粉砂岩等；湖盆中心地带则为粉砂质泥岩、泥岩、页岩及泥灰岩等。红层沉积物从盆周山系的物源区至沉积湖盆中心地带的搬运与分选作用，是红层岩性及其组合在空间展布形成这种分带规律的原因。

　　（2）地质构造因素。嘉陵江红层在燕山运动期间发生了全面褶皱，形成了盆地构造的基本骨架。在来自盆周构造山系（西北方向的龙门山，南东侧的七耀山）推挤作用下，在盆地的东侧及西侧形成了一系列北东向和北北东向褶皱及少量的断裂。而界于龙泉山、华蓥山两断裂之间的川中地区则构造变动轻微，形成的东西向褶皱开阔、平缓。喜山运动使四川盆地再次受到扭动，在北东向构造的基础上形成或叠加了旋扭构造。四川盆地内的旋扭构造发育完好、类型多样、分布广泛，且多集中于四川沉降带盆地内。这些成生于喜山期的旋扭构造，多以环环相扣的连环式构造图案展布，共同显示运动方式和方向上统一，即自喜山期以来四川地块遭受顺时针扭动。这里可以看出盆地在盆东地区和盆西地区构造作用较为强烈，而盆中地区构造作用轻微的盆地构造特点。

2.1.2.2　嘉陵江红层分区

　　根据地形地貌、地层岩性和地质构造的差异，将嘉陵江红层的分布分为三个区（王子忠，2011），分别是盆西北区（Ⅰ）、盆中区（Ⅱ）、盆东区（Ⅲ），其中盆西北区（Ⅰ）又分为盆西亚区（Ⅰ—1）和盆北亚区（Ⅰ—2），见表2.1-1和图2.1-1。

表 2.1-1　　　　　　　　　　　　　嘉陵江红层地质分区表

工程地质分区		主要工程地质条件			水电工程主要工程地质问题
		地形地貌	地层岩性	地质构造	
盆西北区（Ⅰ）	盆西亚区（Ⅰ—1）	主要为浅丘宽谷及低山峡谷	白垩系（K）及古近系（E）地层为主，主要为砖红色砂岩或者砂岩与粉砂质泥岩及泥岩互层，龙门山前分布有厚层块状砾岩泥岩中分布有石膏、芒硝等膏盐等可溶岩组分	构造上与盆东褶断区对应，主要为北东向的向斜背斜及断裂，岩层倾角一般为10°～30°，褶皱强烈，断裂发育，多在三组以上；岩体较破碎	地形切割深，岩体中软弱夹层发育、边坡稳定问题、坝基抗变形与抗滑稳定问题等均较其他分区突出；其次岩体较为破碎，风化卸荷较严重；龙门山前分布有厚层块状砾岩、泥质岩中分布有石膏、芒硝等可溶岩组分，存在红层类岩溶问题
	盆北亚区（Ⅰ—2）	低山峡谷为主，其次为台状低山	侏罗系（J）、白垩系（K）及古近系（E）地层为主，岩性主要为砂岩、砂泥岩互层		地形切割深，岩体中软弱夹层发育、边坡稳定问题及岩体变形与抗滑稳定问题等均较其他分区突出；其次岩体较为破碎，风化卸荷较严重

续表

工程地质分区	主要工程地质条件			水电工程主要工程 地质问题
	地形地貌	地层岩性	地质构造	
盆中区 （Ⅱ）	丘陵地区，以中丘平谷为主，其次为浅丘和深丘宽谷	侏罗系（J）地层，岩性砂岩与粉砂质泥岩互层，盆地中遂宁组主要为泥质岩类岩石	主要为穹隆及短轴状及鼻状的褶皱，岩层近水平，构造作用轻微	构造简单，岩层平缓，地貌以浅丘为主，边坡坡高及坡度均低于盆西北区（Ⅰ区）和盆东区（Ⅲ区），边坡稳定条件较好。主要工程地质问题是地基变形较大、承载力低及开挖洞室后围岩膨胀等
盆东区（Ⅲ）	以中丘、中丘平谷为主，次为深丘宽谷。在其北部分布有台状低山	侏罗系（J）砂、泥岩，与三叠系（T）呈条带状交替在地表出露	北东向的窄背斜和宽向斜组介而成的隔挡式构造	北东向平行岭谷构造为该区特点，岩层倾角在背斜两翼较陡，向斜核部较缓。岩体中软弱夹层较发育，边坡稳定是本区的主要工程地质问题

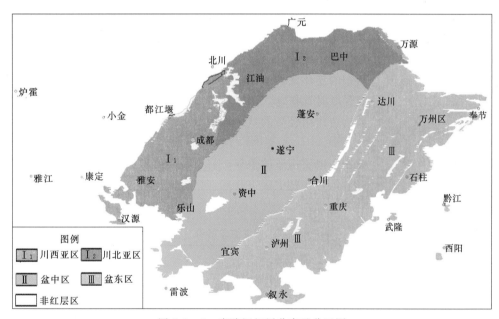

图 2.1-1　嘉陵江红层分布及分区图

2.1.3　嘉陵江红层沉积环境与构造特征

　　嘉陵江红层形成于中新生代至新生代漫长的地质历史时期，期间经历了晚三叠纪、侏罗纪、白垩纪及古近纪（冯强，2008）。其中侏罗纪及白垩纪为嘉陵江红层形成的主要地质时期，晚三叠纪及古近纪地层极少，岩性主要为砂岩和泥岩软硬相间的不等厚的地层组合岩体。不同时期的红层在颜色与岩性上有很大差别，这主要与沉积时的沉积环境（如沉积相、古构造、古气候条件等）有关。

2.1.3.1　三叠纪

　　在早三叠世时期，海水由东向西侵入华夏古陆、康滇古陆及龙门山古陆之间，形成了陆相、浅海相的碎屑岩、碳酸盐岩等。晚三叠世，古四川盆地逐渐形成，开始以内陆湖盆的形式沉积红色砂泥岩，即标志着嘉陵江红层开始形成。

2.1.3.2 侏罗纪

早侏罗世时期，湖盆处于一种比较温暖、潮湿、多雨的正常湖相环境中，区域环境比较稳定，为相对稳定的陆相大型淡水湖相沉积，但湖泊的周边外围地区地质构造仍相对较活跃。到中侏罗世，湖相沉积开始向河流相沉积转变，至晚侏罗世，湖相沉积范围明显缩小，河流相沉积的范围扩大。其沉积特征表现为沉积物在色调和岩性组合上都发生了显著的变化，颜色较杂，而岩性上则河流相的厚层砂岩明显增多。到晚侏罗世时期，气候趋于炎热，雨量充沛，地质活动稳定，盆地内相对高差缩小，形成大面积的浅水湖相沉积。

2.1.3.3 白垩纪

早白垩世时期，盆地的沉积范围变得更小，构造活动相对较稳定，主要集中在盆地北部等盆边地区，主要为河流相或冲积扇相沉积。晚白垩世时期，湖盆相对抬升，水体变浅，在湖心形成泥质和膏盐沉积。

2.1.3.4 古近纪

到古近纪，湖盆基本上不再继续接受沉积，因此古近系红层在四川盆地分布较少。盆地内红层总体上表现为盆地边缘多为（角）砾岩，向盆中逐步过渡为砂岩、泥岩和页岩等。这主要是因为形成红层的物质来源于古盆地或古盆地周围的高地，边缘地带最先接受沉积，粒度较大，粒度较小的物质可以被搬运到盆中沉积。有的红层中还含有一些钙质胶结物，反映了当时的成岩环境，也对后期的红层地貌发育有重要的影响。

嘉陵江红层形成的地质历史时期中，沉积环境相对简单，基本为陆地河湖相沉积环境。嘉陵江红层不同地质时期沉积环境见表2.1-2。

表2.1-2 　　　　　嘉陵江红层不同地质时期沉积环境简表

地质时期		沉积环境			标准岩层特征
		沉积相	主要构造运动及影响	古气候	
三叠纪		陆相、浅海相沉积	晚三叠纪发生了比较强烈的印支运动，使盆地边缘逐渐隆起成山，被海水淹没的地区逐渐上升成陆，由海盆转为湖盆	早三叠世为干热气候条件；中、晚三叠世趋于潮湿	红色碎屑岩沉积，浅紫红色、灰紫色中薄层中细粒长石砂岩和长石石英砂岩
侏罗纪	早侏罗世	湖相沉积	燕山运动使四川盆地红层发生全面改敏，形成了一系列新华夏系北北东向和北东向构造形迹，盆地整体呈北东向菱形四边形展布，四川盆地区域抬升	处于亚热带，雨量充沛，年降雨量多在1000mm以上，盆东区和盆西区为多雨中心区	紫红色砂、泥岩组成
	中侏罗世	湖相沉积转为河流相沉积			红色，紫红色，灰色等杂色砂岩、粉砂岩、泥岩夹泥灰岩
	晚侏罗世	浅水湖相沉积			砖红色、红色泥岩、砂岩、粗砂岩
白垩纪	早白垩世	河流相沉积			紫灰、紫红色或夹浅色的砾岩、砂岩夹浅色的砾岩、砂岩，夹粉砂岩及泥质岩
	晚白垩世	湖盆相沉积			砖红色、红色或夹浅色的砾岩、砂岩夹粉砂岩及泥质岩，常夹蒸发岩

续表

地质时期	沉积环境			标准岩层特征
	沉积相	主要构造运动及影响	古气候	
古近纪	风成沙漠相	喜马拉雅运动,使我国西部的古海槽和古海湾的海水先后退出,结束沉积并遭受剥蚀	东亚季风气候	褐红色和紫红色泥岩,夹有砂质泥岩,薄层砂砾岩及钙质结核

2.2 嘉陵江红层岩体特征

嘉陵江红层是水电水利工程建设中常见工程岩体之一,其工程地质特性受控于岩石物质组成、结构、构造、软弱结构面及其空间组合特征,与嘉陵江红层形成过程,成岩期的岩相、古地理环境、沉积建造、后期构造作用和表生改造作用(包括卸荷、风化)等有关。

嘉陵江红层的形成与其特殊的古地形条件和古气候条件分不开。在古地形上,古四川盆地四周为山系,山上岩体风化的碎屑物为嘉陵江红层提供丰富的物源,山间的沟谷、水系将大量的物源搬运至古四川盆地,而古四川盆地则是嘉陵江红层的沉积区。在古气候上,当时古四川盆地地区气候炎热、干燥,岩石风化作用强烈,产生有大量碎屑物源,同时氧化作用也强烈,堆积物中大量的 Fe^{2+} 氧化成了 Fe^{3+},形成了红色的外观。

嘉陵江红层主要分布于四川省和重庆市的低山丘陵区,形成于侏罗纪、白垩纪及古近纪,是一套内陆河湖相沉积的碎屑岩与泥质岩,其岩性包括:砾岩、砂岩、粉砂岩、粉砂质泥岩、泥岩等,其中的粉砂质泥岩及泥岩(又称之为黏土质岩或泥质岩)颜色以红色系(褐色、紫红色、砖红色等)为主。

嘉陵江红层分布区在地质构造上,处于扬子陆块西北端,其主体构造单元为四川台坳,西北—北侧紧邻龙门山—大巴山台褶带,东—东南部紧邻鄂黔台褶带。该地区以川中古陆核为中心,在不同时期受不同次级板块或地块对冲拼合而成,地貌上为一菱形盆地,即由西—西北侧的龙门山、北侧的大巴山、东侧的七曜山、南侧的大娄山和大相岭等逆冲推覆山系所环绕的构造盆地(图2.2-1)。嘉陵江红层主要经历了燕山期和喜马拉雅期两次大的构造运动。燕山期是嘉陵江红层的形成期,喜马拉雅期本区是以大面积的抬升为主,其次是轻微的褶皱。

嘉陵江红层岩体的基本特点是形成时代较新,所经历的地质运动较少,地质构造较为简单,岩层近于水平或呈缓倾的单斜地层。岩性是一套砂岩与泥岩互层、软硬相间的层状结构地层,强度和变形差异大,层理及缓倾角软弱夹层发育,抗风化能力低,具有"快速风化、遇水软化失水开裂"的特点,是水电水利工程建设中较为特殊的地质体。

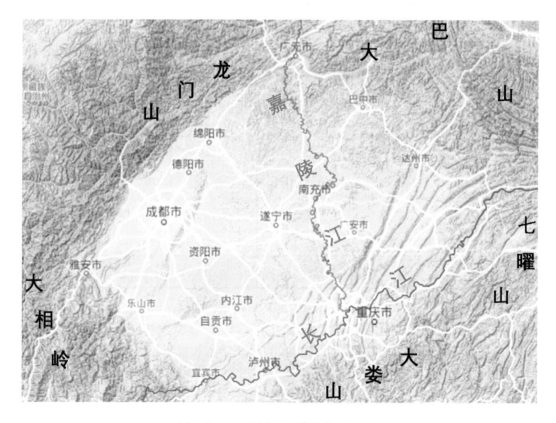

图 2.2-1　四川盆地及其周缘山系特征

2.2.1　嘉陵江红层岩性特征

2.2.1.1　红层岩石沉积环境和沉积相

根据 R·C·塞利（刘宝珺，1980），沉积环境的定义是"在物理上、化学上和生物上均有别于相邻地区的一块地球表面"，例如沙漠、三角洲、海底扇等沉积环境单位。地质上是依据地层中的环境遗迹从上述几方面的特点来对地层形成的沉积环境进行推断。

沉积相是一定沉积环境下形成的沉积岩（物）特征的总和。沉积岩（物）特征包括岩性特征（岩石的颜色、物质组成、结构、构造、岩石类型及其组合）、古生物特征及地球化学特征，这些特征要素是各种环境条件的物质记录，即岩相标志。从工程地质实践的角度，更加侧重于研究、分析一定环境下形成的关于岩石颜色，物质组成、结构及构造，特别是岩性组合特征的分析与研究，因为岩石岩相的这些特点构成了工程岩体的物质基础。

嘉陵江红层成岩期沉积环境主要有：（1）湖泊沉积环境，（2）河湖交替沉积环境，（3）河流沉积环境，（4）干旱湖泊沉积环境和（5）沙漠沉积环境（表 2.2-1）。

表 2.2-1　　　　　　　　　嘉陵江红层岩石沉积环境和沉积相表

水深变化	沉积环境	岩相	
		名称	代号
↑水深增加 ↓水深减小	湖泊沉积环境	半深水湖相	1.1
		浅湖相	1.2
		滨浅湖相	1.3
	河湖交替沉积环境	河湖交替相	2.1
	河流沉积环境	洪泛平原相	3.1
		河流相	3.2
		冲积扇相	3.3
	干旱湖泊沉积环境	干旱盐湖相	4.1
	沙漠沉积环境	风成沙漠相	5.1

为便于对不同沉积相岩性组合特点进行分析，依据沉积环境水深及水动力条件差异，将湖泊环境、河湖交替环境、河流沉积环境及干旱风成沙漠沉积环境按水深条件从深到浅，水动力条件由强到弱进行排列，每一沉积环境下的各种沉积相也按此方式进行排列，并给出相应的顺序代号（表2.2-1）。表2.2-2为嘉陵江红层岩石沉积相及其对应的典型地层岩性组合特点，表中各类沉积相的排列首先是依据表2.2-1所列顺序进行排列；然后，对于同一沉积相，再将陆内盆地红层沉积时期［陆内坳陷盆地沉积期（A）、山前坳陷盆地沉积期（B）、陆内坳陷盆地萎缩期（C）］由老到新进行排列。

岩石的沉积相基本上对应了一类特定岩性组合。通过对各地质历史时期各类沉积相在当时四川盆地中的分布面积及所占的比例的分析，可以得出各地质历史时期沉积的红层岩性组合特点。

各地质历史时期古四川盆地红层沉积相面积统计成果（王子忠，2011）见表2.2-3。图2.2-2为各地质历史时期古四川盆地（含攀西地区）总面积变化情况，图2.2-3和图2.2-4分别为各地质历史时期四川盆地（含攀西地区）地质时期红层沉积相面积及其所占盆地总面积的百分比的变化情况。

上述统计结果表明了不同地质历史时期，古四川盆地沉积环境与沉积相有如下变化规律：

（1）从早侏罗世到中晚白垩世，盆地总面积呈现减小的趋势，表明随着盆地周缘山系在构造水平推挤作用下向盆地推覆、加积，盆地逐渐萎缩，且在晚侏罗世—早白垩世盆地面积缩减量最大（图2.2-2），对应了这一时期由于燕山运动，使得盆地西、南部抬升，盆地内的盖层产生褶曲、断裂而成山，沉积区向北、东方向收缩，盆地范围随之缩减的过程。

（2）伴随着盆地面积的萎缩，湖相、河湖交替相面积从早侏罗世到早白垩世总体呈现缩减，而河流相、冲积扇相的面积则呈现出增加的趋势，二者呈现此消彼长的关系。

表 2.2-2　嘉陵江红层岩石沉积相及其对应的典型地层岩性组合特点

沉积环境	岩相名称	岩相代号	盆地沉积时期名称	代号	地层名称及代号	分布位置	典型地层岩性组合特点（岩性）
湖泊沉积	半深水湖相	1.1	陆内坳陷盆地沉积期	A	自流井组（$J_{1-2}zl$）	整个四川盆地	黑色、灰色、灰绿、灰黑色、页岩夹泥灰岩等
					千佛岩组（J_1q）	四川盆地东部地区	灰黑色泥岩夹介屑粉砂岩
	浅湖相	1.2			下沙溪庙组（J_2^1s）	四川盆地大部	下沙溪庙组顶部灰色、灰绿色页岩（叶肢介页岩），厚20m
	滨浅湖相	1.3	山前坳陷盆地萎缩期	B	益门组（J_1y）	攀西地区布拖、会理一带	粉砂岩、紫红色泥岩夹泥灰岩
					上沙溪庙组（J_2^2s）	攀西地区会理、美姑一带	紫红色泥岩、页岩、粉砂质泥岩与细一中粒砂岩不等厚互层
河湖交替			陆内坳陷盆地萎缩期	C	遂宁组（J_3s）	四川盆地大部分地区	砖红色岩性单一的泥岩为主体，夹粉砂岩、含钙质结核及石膏层
					官沟组（J_3g）	攀西地区的马边、普格、会理一带	紫红色的粉砂质泥岩、泥岩及泥灰岩
					小坝组（K_2x）	攀西地区的西昌、会理	粉砂岩、紫红色泥岩夹石膏
	河湖交替相	2.1	山前坳陷盆地沉积期	B	蓬莱镇组（J_3p）	四川盆地的中部广大地区	砂岩、与暗紫红色粉砂质泥岩、泥岩组成频繁的韵律层，其中的仓山页岩、李都寺灰岩、景福院页岩代表了3次广泛而短暂的湖浸时期
					飞天山（K_1f）	攀西地区西昌、会理等地区	下部为粉砂岩紫红色泥岩正韵律层，上部为粉一细砂岩及暗紫色页岩
河流沉积	洪泛平原相	3.1	陆内坳陷盆地沉积期	A	千佛岩组（J_1q）	四川盆地西部	砂岩、紫红色泥岩
	河流相	3.2			下沙溪庙组（J_2^1s）	四川盆地西部地区	砂岩、紫红色泥岩
			山前坳陷盆地沉积期	B	上沙溪庙组（J_2^2s）	四川盆地大部	砂岩与紫红色粉砂质泥岩、泥岩互层
					蓬莱镇组（J_3p）	四川盆地中部	10多个砂岩与泥岩组成的韵律层
					飞天山组（K_1f）	攀西地区会理、雪峰山山前、西昌一带	砂岩、粉砂岩、紫红色泥岩

续表

沉积环境	岩相		盆地沉积时期		地层名称及代号	典型地层岩石组合特点	
	名称	代号	名称	代号		分布位置	岩性
河流沉积	河流相	3.2	陆内坳陷盆地萎缩期	C	灌口组（K_2g）	邛崃、雅安、洪雅一带该地层中部	砖红色粉砂岩、泥岩为主夹砂岩及泥灰岩
			陆内坳陷盆地沉积期	A	白田坝组（J_1b）	四川盆地西北部	灰色底砾岩（厚度 60~60m）
	冲积扇相	3.3	山前坳陷盆地沉积期	B	下沙溪庙组（J_2^1s）	四川盆地北西侧的龙门山山前	砾岩（厚度 300~500m）
					蓬莱镇组（J_3p）	四川盆地北西侧的龙门山山前	数百米厚砾岩
					剑门关组（K_1j）	四川盆地北西侧的龙门山北段（广元—安县）山前	砾岩（一般厚 120~300m，最后位于剑门关 540m）
					上沙溪庙组（J_2^2s）	四川盆地北西侧的龙门山山前	砾岩、含砾砂岩
			陆内坳陷盆地萎缩期	C	灌口组（K_2g）	四川盆地中南段南西段芦山—天全一带山前	砾岩（厚度 400~870m）
					名山群（$E_{1-2}mm$）	四川盆地北西侧的龙门山山前天全一带	砾岩（厚度 200~250m）
干旱湖泊沉积	干旱盐湖相	4.1	陆内坳陷盆地萎缩期	C	灌口组（K_2g）	邛崃、雅安、洪雅一带该地层上部	砖红色粉砂质泥岩与泥岩夹灰黄色泥灰岩、并含石膏、钙芒硝
					名山群（$E_{1-2}mm$）	名山、雅安、洪雅一带	砖红色粉砂质泥岩与泥岩夹石膏、钙芒硝层
沙漠沉积	风成沙漠相	5.1	陆内坳陷盆地萎缩期	C	嘉定群（中晚白垩世）	川南宜宾、古蔺地区	细粒长石石英砂岩、砂岩成熟度高、分选性好、见有风成波痕、斜层理等
					嘉柳组（古近纪）	川南宜宾地区	粉细砂岩

表 2.2-3　　　　　　　　　各地质历史时期古四川盆地红层沉积相面积统计表

地质时期	盆地总面积/km²	湖相		河湖交替相		冲积扇相		河流相	
		面积/km²	百分比/%	面积/km²	百分比/%	面积/km²	百分比/%	面积/km²	百分比/%
早侏罗世自流井群期	508797	78682	16	346885	68	0	0	83230	16
中侏罗世上沙溪庙期	472423	31425	7	173648	37	26349	5	241001	51
晚侏罗世遂宁蓬莱镇期	442683	86647	20	87842	20	13003	3	255191	57
早白垩世期	198730	0	0	10251	5	23130	12	165349	83
中晚白垩世期	191185								

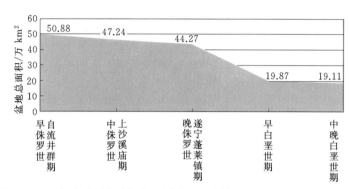

图 2.2-2　各地质历史时期古四川盆地（含攀西地区）总面积变化情况

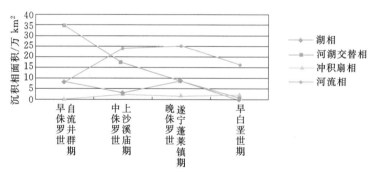

图 2.2-3　各地质历史时期四川盆地（含攀西盆地）红层沉积相面积变化情况

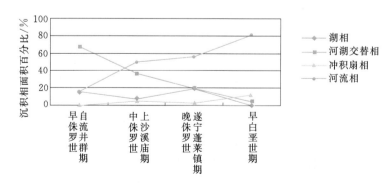

图 2.2-4　各地质历史时期四川盆地（含攀西盆地）红层沉积相
面积占盆地总面积的百分比

（3）各地质历史时期红层沉积相的比例如下：早侏罗世以湖相（占16%）及河湖交替相（68%）为主（小计84%）；中侏罗世的湖相（7%）及河湖交替相（37%）占44%，晚侏罗世占40%，这时期大致与冲积扇相及河流相的面积相当；早白垩世的冲积扇相（12%）与河流相（83%）占到95%，只有攀西地区沉积了5%左右的河湖相砂泥岩。

（4）在盆地萎缩、面积缩小的总体变化过程中，由于构造抬升的差异作用的影响，在湖相、河湖交替相减小，冲积扇相、河流相增加的总体趋势下，个别时期又有一定的变化。例如，在晚侏罗世遂宁组时期，盆地地壳运动在总体稳定下呈下降的趋势，以至在当时的四川盆地大部分地区沉积相为氧化环境下的滨浅湖相沉积，湖相面积（86647km^2）较中侏罗世（31425km^2）大，湖相所占比例也由7%增加到20%。

盆地面积从早侏罗世到中晚白垩世的逐渐萎缩过程，决定了红层岩石不同地质历史时期各沉积相在盆地范围内的分布及组合特征，由此确定了不同地质历史时期岩性组合在盆地上的分布与组合特点。

2.2.1.2 岩性组合

在分析、总结嘉陵江红层沉积相特点的基础上，以整个盆地为研究对象，可得到盆地层次上岩性的宏观组合、分布特点，它既是盆地红层岩体工程地质分区的岩石建造基础，也是工程地质分区重要因素之一。

1. 盆地沉积物的物源

盆地沉积的物源主要来源于盆缘的山系。四川盆地周围的山系主要有北西侧的龙门山、北侧—北东侧的大巴山，它们属于推覆构造山系；盆地南东侧的七曜山则属于另一类山系，它们是燕山运动晚期或者喜马拉雅运动的早期，中新生代陆相盆地的岩层在水平构造应力的挤压下形成的褶断山系，其生成时序上晚于龙门山及大巴山推覆山系，同时东南侧的七曜山与盆地之间的高差也小于前者。因此，侏罗世至老古近世四川盆地红层沉积的物源主要来源于北西侧的龙门山、北侧—北东侧的大巴山推覆构造山系，即盆地沉积物的物源主要分布在盆地北西侧及北侧—北东侧，其他方向的物源不丰富。

2. 各地质历史期的红层岩性组合横向空间变化特征

四川盆地红层岩性及其组合特征在空间上的变化规律，主要决定于沉积盆地物源区分布及沉积环境。

四川盆地于各地质历史时期的沉积相分布的主要特征是由北西向南东或由北向南方向，从盆缘的龙门山或大巴山前缘的冲积扇相，向盆地中部依次为河流相—河湖交替相，最后，远离物源山系的盆地中心地带及东南部或南部一般为滨浅湖相—半深水湖相。盆地沉积物物源主要来源为北西侧及北侧—北东侧推覆构造山系（龙门山与大巴山等）的风化剥蚀产物，受上述两个条件控制，四川盆地不同地质时期红层的岩性组合特征显示出明显的沉积分异、分带变化规律，即近盆周山体的前缘一带均沉积了砾岩、含砾砂岩等粗碎屑岩，向盆地中心过渡带则为砂岩、粉砂岩等，湖盆中心地带则为粉砂质泥岩、泥岩、页岩及泥灰岩等；显示了盆地内从北西向南东，或由北向南岩石的颗粒粒径由粗到细的总体趋势。各地质时期红层在四川盆地范围的岩性组合特征见表2.2-4。

表 2.2－4　　　　　　　　　　各地质时期红层在四川盆地范围的岩性组合特征

地质时期	典型地层代号	盆地范围内的岩性
早侏罗世自流井时期	$J_{1-2}zl$	西北侧的龙门山前—大巴山前的江油—广元—南江—万源一带，发育了一系列的冲积扇扇体，岩性为砾岩，扇顶厚度约60m；扇体上部为黑色页岩夹煤层、灰绿色泥岩等；它们分布于盐亭—蓬安—大竹一线以北，由此以南的整个盆地的大部分（含攀西盆地）岩性为黑色灰色、灰绿色的泥灰岩夹页岩（或互层），或泥岩、页岩夹粉砂岩、泥灰岩等
中侏罗世千佛崖时期	J_2q	以盐亭—遂宁—泸州—毕节一线分为东西两个区域，靠近龙门山的西区为砂岩、紫红色泥岩；东区为灰褐色的泥页岩夹粉砂岩，前者为河流相—泛洪相，后者则为滨浅湖相—半深水湖相
中侏罗世上沙溪庙时期	J_2^2s	龙门山前为冲积扇相的砾岩、含砾砂岩；由此向外为河湖交替相砂岩与紫红色粉砂质泥岩呈互层状产出
晚侏罗世遂宁—蓬莱镇时期	$J_3s—J_3p$	遂宁组时期是盆地地壳活动较为稳定的时期，岩性单一，为滨浅湖相的砖砖红色粉砂质泥岩、泥岩夹粉砂岩及石膏薄层。 蓬莱镇时期在北西侧的龙门山前沉积了数百米的砾岩及河流相的砂砾岩，同时在盆地东侧雪峰山前沉积了近千米的河流相砂泥岩；盆地中部的广大地区为河湖交替相的砂岩与暗紫红色粉砂质泥岩、泥岩组成频繁的韵律层，其中的仓山页岩、李都寺灰岩、景福院页岩代表了3次广泛而短暂的湖浸时期
早白垩世剑门关时期	K_1j	在龙门山北段的安县、江油、剑阁、广元一带，沉积了多个砾岩冲积扇体，厚度为100～300m；向南东方向为河流相的砂岩与粉砂质泥岩或泥岩互层
晚白垩世夹关—灌口时期	$K_2j—K_2g$	龙门山南段的宝兴、天全一带发育有冲积扇相砾岩，向南东方向则为河流相—干旱盐湖相的砖红色砂岩与粉砂质泥岩或泥岩互层，粉砂质泥岩或泥岩中分布有石膏、钙芒硝等。在乐山、宜宾、古蔺一带为厚层砖红色的长石石英砂岩夹泥质岩，砂岩成熟度高、分选性好，其粒度分析成果与敦煌地区的月牙砂丘相似
古近纪名山—芦山时期	$E_{1-2}mn—E_3l$	龙门山南段的天全、芦山一带仍为冲积扇相砾岩（名山群 $E_{1-2}mn$），向南东方向相变为粉砂岩、泥岩；在名山、雅安、洪雅一带为干旱盐湖相的粉砂质泥岩、泥岩，其中分布有石膏、钙芒硝层

3. 不同时期红层岩性组合的垂向演化特征

如前所述，从早侏罗世到古近纪，盆地周缘山系在水平构造推挤作用下向盆地腹心地带的推覆、加积，使得盆地逐渐萎缩；同时，沉积盆地逐渐由湖泊沉积环境为主转变为河流沉积环境为主，这种变化确定了红层岩性组合从早侏罗世到古近纪的以下变化：

（1）早侏罗世自流井（J_{1-2}^1zl）时期。该时期以湖泊沉积环境为主，湖相（占16%）及河湖交替相（占68%）占盆地面积的84%，盆地大部分沉积了浅湖、半深水湖相的黑色、灰—灰绿色为主的泥页岩夹泥灰岩及灰岩，为封闭条件较好的半还原—半氧化环境。

（2）中侏罗世上沙溪庙（J_2^2s）时期。这一时期的湖相（7%）及河湖交替相（37%）占44%，冲积扇相（5%）及河流相（51%）占56%。岩性为砂岩、粉砂岩与紫红色的粉砂质泥岩及泥岩互层。

（3）晚侏罗世遂宁（J_3s）蓬莱（J_3p）时期。该时期的湖相（占20%）及河湖交替相（占20%）占40%，冲积扇相（占3%）及河流相（占57%）占60%，其沉积相格局与中侏罗世相当。在遂宁组时期，地壳活动微弱，为中侏罗世以来四川盆地广泛的一次水侵时期，这一时期岩性以砖红色粉砂质泥岩或泥岩为主，夹有粉砂岩石膏薄层（分布不连续，在剖面上呈现出断续分布的脉体状），为较典型氧化环境下的滨浅湖相沉积环境。蓬莱镇时期在盆地中部（成都、内江、古蔺一带）为河湖交替相的砂岩与紫红色粉砂质泥岩、泥岩组成的多个正向韵律层，即砂岩与紫红色泥质岩类岩石互层组合；西北部的龙门山前及东南部的雪峰山前为山前冲积扇相的砾岩与含砾砂岩；山前冲积扇相与盆地中部的河湖交替相之间地带则为河流相的砂泥岩互层，但其砂岩所占的比例较盆地中部多。

（4）早白垩世时期。该时期沉积盆地范围萎缩，这一时期已无湖相沉积，只有攀西地区沉积了 5% 左右的河湖砂泥岩；而河冲积扇相（12%）与河流相（83%）达到了盆地面积的 95%。这一时期除了龙门山前缘北东段（安县—广元一带）的剑门关组底砾岩外，向上盆地腹心地带为河流相的砂泥岩互层，砂泥岩之上为干旱盐湖相。

（5）白垩纪晚期。该时期盆地进一步萎缩，在龙门山前的中（灌县）南（宝兴、天全）段堆积了冲积扇砾岩；由砾岩堆积扇前缘向南东方向至灌成都—峨眉一线的地带为河流相的砂泥岩互层，其上为干旱盐湖相的粉砂质泥岩、泥岩夹石膏、钙芒硝地层；成都—峨眉一线至宜宾、古蔺的四川盆地东南部地区岩性为河流相—风成沙漠相砖红色厚层砂岩为主。攀西地区的西昌、会理一带的中白垩世大铜厂组为河流相的粗—细砂岩、含铜砂岩和泥质岩；晚白垩世的小坝组（K_2x）则为滨浅湖相粉砂岩、泥岩与泥灰岩互层。

（6）古近纪沉积期。这一时期的四川盆地进一步萎缩，下部的名山群（$E_{1-2}mn$）在龙门山南段芦山县宝盛及仁家分别有两个冲积扇砾岩，厚度约 230m，向上则为砖红色泥质粉砂岩与泥岩，并在名山、雅安及洪雅一带地层夹有石膏和钙芒硝层；名山群之上的芦山组（E_3l）岩性主要为粉砂岩夹砂岩。

综上所述，早侏罗世的自流井沉积期，除了北部龙门山前沉积的白田坝组底砾岩外，盆地绝大部分地区为滨浅湖相—半深水湖相的黑色、灰色、灰绿色泥页岩，粉砂质泥岩及泥灰岩夹层等。中晚侏罗系时期湖相—河湖交替相与陆相环境的河流相—冲积扇相的比例大致为 4∶6，该时期的岩性组合主要是以砂岩与泥岩类岩石（粉砂质泥岩与泥岩）组成的正向韵律沉积层，即大多为砂岩与泥岩类岩石互层。至白垩纪时期，沉积盆地萎缩，在早白垩世河流相—冲积扇相达到盆地面积的 95%，唯在攀西地区沉积了 5% 左右的河湖砂泥岩，这一时期岩性主要是砂岩、粉砂岩及泥岩类岩石。晚白垩世灌口组（K_2g）地层中分布石膏、钙芒硝等，岩性主要为河流相的粉砂岩、泥岩，并在名山、雅安及洪雅一带地层夹有石膏和钙芒硝层。

总之，从早侏罗世到古近纪的各地质历史沉积期，红层岩石的岩性组合受沉积盆地的逐渐萎缩、沉积环境的变化，从以泥页岩为主，向砂泥岩互层过渡变化的总体趋势明显。

然而，这一总体变化趋势还在特定时期受到盆地地壳活动的影响而有所改变，如晚侏罗世的遂宁组（J_3s）时期，构造活动较微弱，为盆地广泛的水侵期，沉积了滨浅湖相的砖红色泥岩类岩石夹粉砂岩及石膏，厚度 200～600m；晚侏罗世的蓬莱镇（J_3p）时期在中江、遂宁、南充一带，粉砂质泥岩地层中广泛分布的景福院页岩、仓山页岩及李都寺灰岩也代表了三次广泛而短暂的湖侵时期。

2.2.2　嘉陵江红层岩石学特征

红层岩石按其组成物质与结构的差异，一般分为砂岩、泥质粉砂岩、粉砂质泥岩及泥岩。砂岩、泥质粉砂岩为碎屑岩类岩石，粉砂质泥岩及泥岩属于泥质岩类岩石。红层的岩石学特征主要包括物质组成、结构与构造。物质组成与结构不但决定了岩石的类别，同时也确定了岩石物理力学特征；构造特征则在成岩建造方面决定了岩体结构的基础。因此，红层的岩石学特征是研究分析其岩体结构特征的重要基础。

2.2.2.1　岩石物质组成

根据嘉陵江红层地区水利水电工程岩石镜下薄片鉴定、岩石化学成分、岩石矿物鉴定等资料，王子忠（2011）对红层岩石的物质组成进行了研究。

1. 砂岩及粉砂岩

（1）岩石矿物组成。红层岩石中的砂岩与泥质粉砂岩属于碎屑岩类岩石，按照沉积岩石学关于其物质组成的差异，可分为碎屑及胶结物（包含杂基）。为研究其具体成分，通常是通过显微镜下的岩石薄片鉴定其成分，表2.2-5和表2.2-6分别为嘉陵江红层地区的相关水利水电工程砂岩薄片和泥质粉砂岩薄片显微镜鉴定成果表。

砂岩及泥质粉砂岩矿物成分的镜下薄片鉴定成果表明，砂岩碎屑物含量一般为61%～75%，大者可达到80%～85%，胶结物（含杂基）含量一般为25%～40%。

碎屑物主要成分为石英（70%～90%），次为长石（10%～25%），少量的岩屑（一般小于10%）。胶结物（含杂基）主要为泥质物和钙质物，其中钙质含量一般为10%～20%，小者4%～8%；泥质物一般含量为10%～20%，大者达30%～38%，小者约5%。

由此表明，碎屑物成分以石英为主，其次为长石及岩屑，胶结物（含杂基）成分一般以泥质为主，其次为钙质物。

岩石碎屑物质成分反映了岩石沉积环境的差异。一般而言，石英含量越高，表示其沉积环境水动力作用越强，碎屑在境沉积之前被搬运的距离越长。长石及岩屑含量表明构造活动较强烈，碎屑物质来源丰富，沉积堆积的速度较快。

对于岩石的工程地质特性而言，碎屑物成分的差异同样也影响岩石的强度。

即岩石的强度随着石英、长石等硬度较大的矿物含量的增加而增加，随着云母等碎屑成分的增加而降低。

胶结物（含杂基）成分在一定程度上也反映了岩石的沉积环境。钙质胶结物一般以化学沉积的碳酸钙矿物的形式出现，而泥质物则是黏粒级（小于0.005mm）以下的杂基，由于其充填于碎屑颗粒的孔隙之间，因此又被归入胶结物之中。钙质胶结物与泥质胶结物在岩石中一般混杂在一起，含量上呈此消彼长的关系。根据泥质与钙质胶结物含量的多少，将岩石的胶结物种类分为泥钙质（钙质含量大于泥质含量）与钙泥质（泥质含量大于钙质含量）。当然，还有以泥质物为主的泥质类胶结及以钙质为主的钙质型胶结。以杂基泥质胶结物和化学沉积作用为主的钙质物含量的差异，反映了岩石沉积时期流体密度的差异，以杂基泥质胶结物为主的岩石代表的是高密度黏性流（非牛顿流）动水沉积环境。

表 2.2－5　嘉陵江红层地区的相关水利水电工程砂岩薄片显微镜鉴定成果表

工程名称	试验编号	地层代号	定名		颜色	胶结物	胶结类型	碎屑物百分含量/%						显微镜下观察					结构	一般粒径/mm	
			野外	室内				石英	长石	岩屑	白云母	其他	合计	钙质	泥质	硅质	铁质	合计		较小粒径	较大粒径
龟都府电站	龟ZK3M1	$K_1 j$	砂岩	长石石英砂岩	棕褐色	泥钙质	孔隙式	47	17	6	<1		70	14	13	2	1	30	细粒砂状	0.1	0.22
升右总干渠	M11	$J_3 p$	砂岩	岩屑石英砂岩	浅褐灰色	泥质	孔隙式	48	5	10	1	<1	65	4	30			35	细粒砂状	0.1	0.25
升右总干渠	ZK40M1	$J_3 p$	砂岩	长石石英砂岩	浅褐灰色	钙质	孔隙式	59	17	7	3		86	10	5			15	含粉细粒砂状	0.12	0.15
升右总干渠	M10	$J_3 p$	砂岩	岩屑石英砂岩	褐灰色	泥钙质	孔隙式	56	6	6	1	<1	70	17	12		1	30	细粒砂状	0.1	0.235
升右总干渠	ZK2M3	$J_3 p$	砂岩	长石砂岩	灰色	钙泥质	孔隙式	46	18	6	<1		70	13	15		2	30	细粒砂状	0.1	0.25
升右总干渠	ZK4M3	$J_3 p$	砂岩	石英砂岩	浅灰色	钙泥质	孔隙式	66	6	6	1	<1	80	8	12		微	20	细粒砂状	0.1	0.25
升右总干渠	ZK4M4	$J_3 p$	砂岩	长石砂岩	浅灰色	泥钙质	孔隙式	59	9	6	1	<1	75	15	10			25	细粒砂状	0.1	0.16
安谷水电站	安ZK32M1	$K_1 j$	砂岩	细～粉砂岩	褐色	泥钙质	孔隙式	51	7	3	<1		61	22	15		2	39	细-粉粒砂状	<0.075	0.25
安谷水电站	安ZK32M3	$K_1 j$	砂岩	粉砂岩	褐色	泥钙质	孔隙式	57	3	1	<1		62	18	18		2	38	粉粒砂状	0.075	
安谷水电站	安ZK12M2	$K_1 j$	砂岩	长石石英砂岩	褐色	泥钙质	孔隙式	53	13	4	<1		71	15	12		2	29	粉细粒砂状	0.075	0.25

表2.2-6　嘉陵江红层地区的相关水利水电工程泥质粉砂岩薄片显微镜鉴定成果表

工程名称	试验编号	地层代号	定名（野外）	定名（室内）	颜色	胶结物	胶结类型	碎屑物百分含量/%（石英）	碎屑物百分含量/%（长石）	碎屑物百分含量/%（岩屑）	碎屑物百分含量/%（白云母）	碎屑物百分含量/%（其他）	碎屑物百分含量/%（合计）	胶结物百分含量/%（钙质）	胶结物百分含量/%（泥质）	胶结物百分含量/%（硅质）	胶结物百分含量/%（铁质）	胶结物百分含量/%（合计）	结构	一般粒径/mm（较小粒径）	一般粒径/mm（较大粒径）
龟都府电站	龟ZK1M1	K_1j	泥质粉砂岩	长石英粉砂岩	紫褐色	泥钙质	孔隙式	50	14	6	<1		70	15	12	1	2	30	细砂质	0.12	0.15
龟都府电站	龟ZK9M1	K_1j	泥质粉砂岩	长石英粉砂岩	棕褐色	泥钙质	基底式	50	14	6	<1		70	15	12	1	2	30	细砂质、粉砂状	0.12	0.15
龟都府电站	龟ZK15M1	K_1j	泥质粉砂岩	石英粉砂岩	棕褐色	泥质	基底式	50	3	1	1		55	5	38		2	45	粉粒砂状	0.03	0.1
安合水电站	安ZK12M3	K_1j	泥质粉砂岩	长石石英粉砂岩	褐色	泥钙质	孔隙式	54	11	8	<1		73	16	10	1		27	细粒砂状	0.075	0.25

根据砂岩及粉砂岩胶结物成分的变化，不但可判别其沉积环境，从岩石的工程地质特性而言，它还决定了岩石的强度特性。一般而言，岩石强度与胶结物成分具有以下关系，在其他条件（矿物成分、结构等）一定的条件下，钙质胶结岩石的强度大于泥钙质胶结岩石的强度大于钙泥质胶结岩石的强度大于泥质胶结岩石的强度，且以泥质胶结为主的岩石（钙泥质或泥质胶结的砂岩或泥质粉砂岩）的水理性质较差，一般具有失水开裂、遇水崩解或膨胀的特点，表现在力学性质上就是其软化系数较小，一般小于 0.5～0.6。

（2）岩石的化学成分。嘉陵江红层地区部分工程砂岩与泥质粉砂岩的化学成分分析试验统计表分别见表 2.2-7 和表 2.2-8。

表 2.2-7　　　　　　　　　　砂岩化学成分分析试验统计表

项目	百分含量/%					
	SiO_2	R_2O_3	Fe_2O_3	Al_2O_3	CaO	MgO
统计个数	23	23	23	23	23	23
平均值	63.2	15.3	4.3	10.6	7.1	2.7
最大值	76.44	20.36	7.06	14.35	22.12	8.65
最小值	38.16	9.95	1.41	3.97	2.08	0.51
标准差	8.557	3.711	2.011	2.463	4.402	2.116
方差	70.045	13.174	3.87	5.804	18.535	4.281
变异系数	0.135	0.243	0.465	0.232	0.621	0.774

表 2.2-8　　　　　　　　　　泥质粉砂岩化学成分分析试验统计表

项目	百分含量/%					
	SiO_2	R_2O_3	Fe_2O_3	Al_2O_3	CaO	MgO
统计个数	20	20	20	20	20	20
平均值	52.114	16.503	5.978	10.525	13.004	4.068
最大值	63.98	22.6	9.66	15.41	27.56	14.1
最小值	36.14	9.36	2.97	5.64	3.98	0.48
标准差	7.613	3.689	1.382	3.001	6.98	3.145
方差	175.602	24.666	3.348	13.171	51.754	9.698
变异系数	0.146	0.224	0.231	0.285	0.537	0.773

试验成果表明两者主要成分是 SiO_2，其次是 Fe 和 Al 的倍半氧化物（R_2O_3），CaO 及 MgO 少量。

通过表 2.2-7 及表 2.2-8 的对比表明，砂岩与泥质粉砂岩化学成分总体上是相当的，但砂岩的 SiO_2 大于粉砂质泥岩，R_2O_3 两者相当，砂岩的 CaO 及 MgO 小于粉砂质泥岩。

2. 粉砂质泥岩与泥岩

粉砂质泥岩与泥岩在沉积岩石学上也称作泥质岩。据刘宝珺（1980），泥质岩的许多特性都受控于其粒度和物质成分这两方面的特性，泥质岩主要是由小于 0.063mm 颗粒组成的，且含有大量疏松状或固结状黏土矿物的岩石。水利水电工程实践中，根据岩石的粒度特征将泥质岩划分为粉砂质泥岩和泥岩两类岩石，并以前者居多。

对于粉砂质泥岩与泥岩同样可采用岩石薄片镜下鉴定法及化学分析法来分析其物质组成。

（1）岩石矿物组成（镜下鉴定）。表2.2-9和表2.2-10分别为粉砂质泥岩和泥岩的岩石薄片鉴定资料。

表 2.2-9 　　　　　　　　　　粉砂质泥岩岩石薄片鉴定成果表

工程名称	试样编号	地层时代	岩石定名	颜色	含量/%			
					泥质物	粉砂屑	钙质	铁质
灵关河电站	灵 ZK8M2	E_3l	含粉砂钙质泥岩	棕褐色	55	18	25	2
龟都府电站	龟 ZK1M	K_2g	含粉砂钙质泥岩	棕褐色	58	10	30	2
城东电站	城 ZK8M2	K_2g	粉砂质泥岩	紫红色	60	28	8	4
城东电站	城 ZK9M3	K_2g	粉砂质泥岩	棕红色	54	35	8	3
吴家电站	ZK6M1	J_3s	含粉砂纸泥岩	棕褐色	78	12	8	2
吴家电站	ZK5M1	J_3s	含粉砂质泥岩	棕褐色	70	18	8	4

表 2.2-10 　　　　　　　　　　泥岩岩石薄片鉴定成果表

工程名称	试样编号	地层时代	岩石定名	颜色	含量/%			
					泥质物	粉砂屑	钙质	铁质
简阳养马河	ZK16M1	J_3p	含钙质泥岩	棕红色	77	0	20	3
雨城电站	雨 ZK23M1	K_2g	钙质泥岩	深红褐色	80	2	14	4
雨城电站	雨 ZK23M1	K_2g	钙质泥岩	深红褐色	75	2	18	5
牛角坑水库	桅杆坝泥 1 号		含钙质泥岩	褐色	64	22	12	2
牛角坑水库	桅杆坝泥 2 号		含钙质泥岩	褐色	68	28	2	2
牛角坑水库	桅杆坝泥 2 号		含钙质泥岩	褐色	75	18	5	2
赵子河水库	鸡 PD3RD1	J_3p	钙质泥岩	褐色	67	5	26	2
赵子河水库	新 PD1RD1	J_3p	钙质泥岩	褐色	67	6	25	2
赵子河水库	新 D1RD2	J_3p	钙质泥岩	褐色	65	5	30	2
灵关河水库	灵 ZK8M1	E_3l	钙质泥岩	紫红色	65	3	25	2
简阳养马河	ZK9M1	J_3p	钙质泥岩	棕红色	67	5	25	3

表2.2-9及表2.2-10表明，与砂岩及泥质粉砂岩相比，粉砂质泥岩及泥岩成分主要以泥质物为主，其次是钙质、铁质及粉（砂）粒级的岩屑（即粉砂屑），而砂岩及泥质粉砂岩以碎屑为主，它们在成分及结构上是存在明显差别的。

岩石的泥质物一般为隐晶尘状泥质，少量为鳞片状水云母（伊利石），它多被2%～3%的铁质浸染，这是红层岩石在颜色上呈现红色系（紫红、棕红、褐色）的主要内在因素。钙质物多为隐晶或微晶方解石与泥质物相混。粉砂屑粒径一般为0.02～0.06mm，成分以石英为主，其次为长石及其他成分的岩屑。

粉砂质泥岩与泥岩物质成分的对比见表2.2-11。结果表明，泥岩的泥质物含量高于粉砂质泥岩，粉（砂）粒级的岩屑（粉砂屑）小于粉砂质泥岩，钙质与铁质二者基本相当。

表 2.2 - 11　　　　　　　　　　　**粉砂质泥岩与泥岩物质成分对比表**

矿物成分	泥质物	粉砂屑	钙质	铁质
粉砂质泥岩	62.5	20.17	14.5	2.83
泥岩	70	8.73	18.72	2.56

（2）岩石学成分。工程实践中，常常以采用常规化学分析成果来表示粉砂质泥岩与泥岩的物质组成成分，具体成果见表 2.2 - 12 和表 2.2 - 13。试验成果表明两者主要成分是 SiO_2，其次是 Fe 和 Al 的倍半氧化物（R_2O_3），以及少量的 CaO 和 MgO。

表 2.2 - 12　　　　　　　　　　**粉砂质泥岩岩石化学分析试验成果汇总表**

项目	百分含量/%					
	SiO_2	R_2O_3	Fe_2O_3	Al_2O_3	CaO	MgO
统计个数	43	43	43	43	43	43
平均值	56.25	14.26	4.32	10.60	7.09	2.74
最大值	61.94	20.12	8.14	16.72	34.32	10.03
最小值	31.78	9.03	2.44	6.53	2.06	0.25
标准差	7.30	2.40	1.20	2.25	6.87	2.53
方差	51.99	5.63	1.42	4.93	46.09	6.26
变异系数	0.15	0.17	0.25	0.22	0.48	0.50

表 2.2 - 13　　　　　　　　　　　**泥岩岩石化学分析试验成果汇总表**

项目	百分含量/%					
	SiO_2	R_2O_3	Fe_2O_3	Al_2O_3	CaO	MgO
统计个数	4	4	4	4	4	4
平均值	52.11	14.50	5.98	10.53	10.00	4.07
最大值	63.76	19.49	6.55	13.04	9.91	3.56
最小值	56.7	13.99	4.94	9.05	3.54	2.04
标准差	2.99	2.46	0.74	1.82	2.74	0.88
方差	6.72	4.54	0.41	2.47	5.64	0.58
变异系数	0.05	0.14	0.12	0.16	0.41	0.31

上述的对比分析表明，与砂岩和泥质粉砂岩对比，粉砂质泥岩与泥岩的化学成分更为接近。

（3）矿物成分（X 射线粉晶衍射）。由于粉砂质泥岩与泥岩的主要组成物质成分为泥质物，一般显微镜下鉴定难以确定其矿物成分，而泥质岩的工程特性又与泥质物的矿物成分（高岭石、伊利石、蒙脱石）密切相关，工程实践中常采用 X 射线粉晶衍射法来鉴定泥质岩泥质物的矿物成分。表 2.2 - 14 为粉砂质泥岩与泥岩矿物成分鉴定成果表。

表 2.2 - 14 泥质岩类岩石的黏土矿物具有以下特点：①黏土矿物成分以伊利石为主，其次为伊利石/蒙脱石混层矿物；②根据其主要矿物成分伊利石的含量将其分为 A 类与 B 类：A 类为伊利石含量大于 50% 的；B 类为伊利石含量 30% ~ 50% 的。对于岩石的工程地质性质而言，其膨胀性主要取决于伊利石及蒙脱石的含量，含蒙脱石的膨胀性最为明显，其次是含伊利石的岩石。因此，A 类岩石的膨胀特性较 B 类岩石显著。

表 2.2－14　　　　　　　　　　粉砂质泥岩与泥岩矿物成分鉴定成果表

工程名称	层位	位置	岩性	代号	矿物成分及百分含量/%					
					伊利石	伊利石/蒙脱石混层	绿泥石	石英	长石	方解石
雅安雨城电站	K_2g	雨 ZK21M1	泥岩	A	59	22	14	4	<1	<1
雅安雨城电站	K_2g	雨 ZK22M2	钙质泥岩	A	75		17	6	1	<1
洪雅城东电站	K_2g	城东电站坝基	泥岩	A	82.5	15	2.5			
葛洲坝	K_1	坝基	粉砂质泥岩	A	61	25	14			
雅安雨城电站	K_2g	雨 ZK22M1	钙质泥岩	A	81		14	4	<1	<1
雅安雨城电站	K_2g	雨 ZK21M2	泥岩	B	41	37	13	2	<1	
林月庙隧洞	J_3p	8＋720.06	泥岩	B	34		19	25	7	15
林月庙隧洞	J_3p	8＋720.06	泥岩	B	31		16	28	8	17
右总干渠左分干渠	J_3p	隧洞	粉砂质泥岩	B	46		17	17	10	10
右总干渠左分干渠	J_3p	隧洞	粉砂质泥岩	B	45		16	17	10	12
南水北调中线			泥岩	B	54	24	22			

2.2.2.2　岩石结构与构造

红层岩石的结构、构造是岩石学的主要特征，也是决定岩石强度、岩体工程地质特征的重要因素。

1. 岩石结构

对于红层岩石而言，岩石结构主要是指组成岩石的各种矿物颗粒的大小及其排列组合形式，具体包括碎屑颗粒的粒径大小、形态、表面结构，以及杂基和胶结物的结构、胶结支撑类型等。在此仅讨论与红层工程地质特性关系较为密切的岩石颗粒的结构及胶结类型。

（1）岩石颗粒结构特征。红层岩石属于沉积岩中的碎屑岩类及泥质岩类。其中，砂岩及泥质粉砂岩为碎屑结构，其岩石中的颗粒是机械沉积的碎屑物。碎屑物可以是岩石碎屑、矿物碎屑、石化的有机体或其碎片以及火山喷发的固体产物等。根据颗粒大小可进一步分为砂状结构和粉砂状结构。而粉砂质泥岩与泥岩的结构为泥质结构（非碎屑结构），大部分为非晶质或隐晶质。

在横向空间变化上，红层颗粒粒度可呈现出一定的规律性，即盆地边缘往往堆积巨厚的洪积相混杂泥砾，往中心渐变为洪、冲积砾岩，砂砾岩，砂岩与河、湖积细砂，粉砂岩或泥质岩。

在纵向的空间（垂直剖面）变化上，盆地外围的洪积扇前缘粗碎屑堆积区，岩石粒级的变化很大，而接近湖盆中心的细碎屑堆积区，岩性的垂直变化一般较小。

（2）岩石胶结类型。岩石的胶结类型是指碎屑颗粒与填隙物之间的关系，通常可分为基底胶结、空隙胶结和接触胶结三类。它不仅反映了红层岩石的沉积环境，也决定了岩石物理力学特征。

根据表 2.2－5 和表 2.2－6 的统计结果显示，嘉陵江红层的砂岩及泥质粉砂岩主要以孔隙胶结为主，少量为基底胶结。这与盆地陆相沉积环境长期的簸选动力条件特征相吻合。而少数的基底胶结类红层岩石位于盆地边缘，主要由快速沉积所致。

总体上讲，河流淡水沉积，以泥质、钙泥质、泥钙质或钙质胶结为主，少量硅质、铁质胶结的砾岩和砂砾岩则强度较高；而盆地中心沉积的粉砂岩、泥质岩所含泥质物较多，透水性较差，因而比较软弱。

2. 岩石构造

红层的岩石构造主要是指岩石各组分之间宏观上的空间分布和排列方式，其中与红层岩体工程地质特征关系最为密切的当属层理构造。

红层层理构造与沉积盆地的沉积环境密切相关。盆地边缘常出现洪积扇前缘粗碎屑堆积区，岩石粒级的变化很大，其岩性一般为砾岩、含砾砂岩或砂岩，岩性常常表现为厚层、巨厚层状。而接近湖盆中心的细碎屑堆积区，岩性的垂直变化一般较小，岩性一般以泥质岩为主，常为较薄的层状构造主。

未受构造改动的原生红层层面产状一般较缓，尤其是盆地中部。

2.2.3　嘉陵江红层建造与改造

2.2.3.1　嘉陵江红层成岩期岩相古地理演化史

嘉陵江红层的岩相、古地理环境及其变迁决定了红层的矿物组成、结构、构造等基本岩石学特征，同时在很大程度上也影响后期地质构造作用及浅表生地质作用对红层改造作用的方式、程度等。

嘉陵江红层主要为一套河湖相碎屑岩沉积，是漫长地质历史过程的产物。晚三叠世时期，受印支运动进一步影响，扬子地台与其北方的陆块对冲拼接，在四川盆地北方形成了规模宏大的印支褶皱山系，主要包括：北侧的秦岭褶皱系和西北侧的巴颜喀拉褶皱系，从此结束了盆地台地碳酸盐相的沉积建造历史（即海盆期），进入陆内坳陷盆地沉积阶段，开始了古四川盆地的红层沉积历史。根据盆地及周边的构造演化进程、沉积环境及岩性组合等特征，可将古四川盆地红层沉积建造历史分为三个时期（郭正吾，1996）：①早侏罗世（J_1）—中侏罗世（J_2）早期的陆内坳陷盆地沉积期；②中侏罗世（J_2）中期—早白垩世（K_1）时期的山前坳陷盆地沉积期；③中晚白垩世（K_2）—古近纪（E_1）时期的盆地萎缩沉积期。

古四川盆地在上述三个时期具有不同的沉积环境、物源条件、构造变动（地壳运动）频率和幅度等特征，因此盆地不同部位、不同时期红层的建造及后期改造特征具有差异性。

1. 陆内坳陷盆地沉积期（J_1—J_2）

经过先前印支期强烈的褶皱造山运动，此时四川盆地西北部边界（龙门山）构造运动总体开始趋于平静，取而代之的是北部米仓山和东北部的大巴山构造带不断向盆地内推进，四川盆地转入缓慢的陆内拗陷沉积阶段。

（1）早侏罗世时期（J_1）。由于前期北侧印支褶皱山系隆升剥蚀，坳陷盆地沉积开始于盆地西北部（即龙门山印支褶皱山系南麓）沉积了以冲积扇相为特征的白田坝组底部砾岩，角度不整合覆盖于早期地层之上，并向南呈舌状延伸到湖盆中心（盐亭、平昌等地）。

此期沉积红层的主要特点是：①由于此时的沉积环境总体较为平静，该时期的沉降中心位于盆地中部，沉积中心和沉降中心相对一致，岩性主要为细颗粒碎屑岩和泥质岩（泥质岩和页岩），沉积厚度为 300～600m；②受北侧相对较强的褶皱造山影响，沉积盆地底部地形呈现出南缓北陡不对称态势，但其沉积相具有典型的湖相特征，即常成呈环形分布。

此时，整个盆地处于沉积高峰期，湖盆面积广，涉及整个西南地区，包括四川盆地及滇中湖盆等，根据沉积环境特点，整个湖盆可分为 4 种相区：河流相—半深水湖相区（自流井组）、河流相—湖沼相、滨湖相区（白田坝组）、河流相—洪泛平原相区（益门组），早侏罗世自流期沉积分区如图 2.2-5 所示。就四川盆地而言，其沉积相区主要属自流井相区，包括珍珠冲、东岳庙、马鞍山、大安寨四个岩性段。

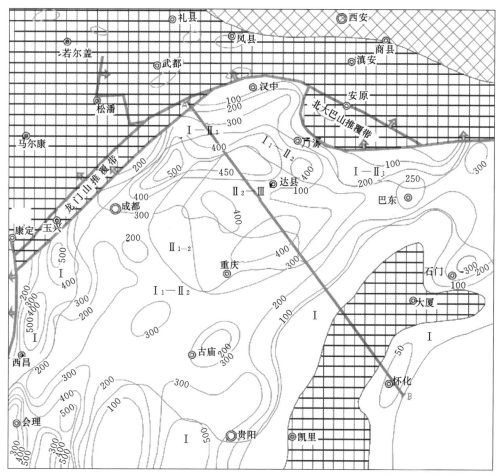

Ⅰ—河流相—洪泛平原相；Ⅰ—Ⅱ₁—冲积相—河流沼泽相；Ⅰ—Ⅱ₂—河流相—滨湖相—浅湖相；
Ⅱ₁₋₂—滨湖相—浅湖相；Ⅱ₂—Ⅲ—浅湖相—半深水湖相

图 2.2-5　早侏罗世自流期沉积分区图（郭正吾等，1996）

（2）中侏罗世时期（J₂）。中侏罗世的四川盆地构造总体较为动荡，造成了该期盆地内部各地的沉积环境及其岩石建造特征的不同。

其中，中侏罗世早期，四川盆地南部（雅安、乐山、宜宾、兴文以南地区）经过早侏罗世的短暂沉积后，有一次区域性隆升阶段，导致该区缺失属于该期的千佛崖期沉积地层；盆地北部亦是如此，未见该期的沉积边界；而其他地区，可大致以盐亭—遂宁—泸州—毕节一线为界，分为东西两区：西区主要为河流相、泛滥平原相，岩性主要为紫红色砂岩、泥岩；东区主要为滨浅湖、半深水湖相，岩性主要为灰黑色泥岩夹介屑粉砂岩。

到了中侏罗世中期（下沙溪庙组 J_2s_1），盆地北部的米仓山和大巴山持续抬升，湖盆沉积环境特征更加显著，同时由于整个盆地区域性的整体抬升，湖相沉积环境时间较短，且以氧化环境为主，故盆地内部缺失了大面积的较长时期的湖相沉积。而在盆地西侧边缘的龙门山南麓，则以河流冲积扇相砂砾岩为主，厚度为 300～500m，河流水动力条件较强，各种斜层理和底冲刷较发育。一直到下沙溪庙期末，地壳活动在短期内相对稳定，出现了很薄的（厚度为数米至 20m）的浅湖相泥质岩沉积，而且分布不均匀。

2. 山前坳陷盆地沉积期（J_2—K_1）

该期盆地四周构造运动开始加剧，发育断褶隆升和强烈挤压变形，由于强烈的逆冲推覆作用，盆地四周出现了不同的沉积中心，四川盆地进入山前坳陷盆地沉积期。受上述构造影响，四川盆地此期的沉积特点是：①沉积中心围绕在物源山地的前缘，遍布川北、川东和川南，而且随时间不断迁移，没有统一位于盆地中心，由于盆周山系隆升较强，物源丰富，呈过饱和状，各沉积中心沉积厚度大，仅残留厚度可达 4000～6000m，而湖盆中心的沉积厚度相对较小；②沉积环境主要为氧化环境下的河流相、泛滥平原相，岩性主要为红色系的砂岩为主，厚度及其横向变化均较大，局部为棕红色和紫红色泥岩。具体可分为以下几个阶段。

（1）上沙溪庙沉积阶段。根据岩性组合特点，将其沉积相分为 4 个相区（图 2.2 - 6）：①盆地西北部边缘的龙门山南麓以冲积扇相砾岩、砂砾岩为主，砂岩中发育大型斜层理；②盆地东北部的沉积中心（南江、万源、万县一带），主要为河流相的砂岩和暗紫色泥岩互层，厚度可达 1400～2300m；③盆地中部的广大地区则主要为河湖交替相，沉积

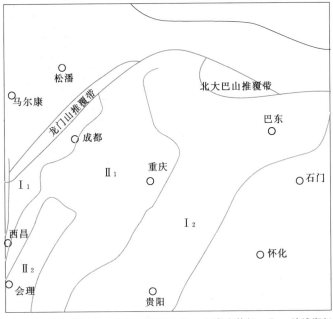

I_1—冲击相—河流相；I_2—河流相；II_1—河湖交替相；II_2—滨浅湖相

图 2.2 - 6 中侏罗系上沙溪庙期沉积相分区图（郭正吾等，1996）

10 余个砂岩—泥岩组成的韵律层；④盆地西南部的美姑、会理一带，相对靠近盆地出海口，为较稳定的滨浅湖相沉积，主要以细粒岩石为主，岩性主要为泥岩、粉砂质泥岩、粉砂岩与中细粒长石石英砂岩，呈不等厚互层（新村组 J_2xc），顶部甚至可见灰色泥岩、泥灰岩及粉砂岩的不等厚互层，偶夹生物碎屑灰岩。

（2）晚侏罗世遂宁—蓬莱镇沉积阶段。遂宁期（J_3s）盆地处于短暂的相对稳定时期，四川盆地又经历了一次广泛的水侵沉积期，仅在盆地北侧龙门山前缘有少量的砂岩沉积外，其他地区主要为滨浅湖相沉积，以细颗粒沉积为主，主要有鲜紫红色泥岩（标志性特征）夹粉砂岩及少量的细砂岩，水平层理发育。

蓬莱镇（J_3p）（或莲花口 J_3l）期沉积时，盆地及其四周构造活动又趋于强烈，盆地西缘侧的龙门山及东侧的雪峰山均强烈隆升，与盆地间形成了较大的地形高差，根据盆地内部及边缘沉积环境的显著差异，可将其沉积相分为 4 个相区：①西部的龙门山地势较高，主要于山前发育冲积扇相，厚度上百米至数百米，岩性主要为砾岩，此外，还有河流相砂砾岩、砂泥岩，厚度 1200～1600m；②盆地东部地处雪峰山西侧，主要为河流相的砂泥岩，厚度千余米；③盆地中部（如成都、内江、古蔺等地）沉积环境相对稳定，主要为河湖交替相区，岩性为灰白色砂岩、紫红色泥质岩组成频繁韵律层；④盆地南部地势较低、水深大，主要为滨浅湖相，如攀西地区的牛滚函组（J_3n）、官沟组（J_3g），岩性以紫红色泥岩与粉砂质泥岩、泥灰岩为主，局部地段可见生物碎屑灰岩，残留厚度为 600～1200m。

晚侏罗系遂宁—蓬莱期沉积相分区如图 2.2 - 7 所示。

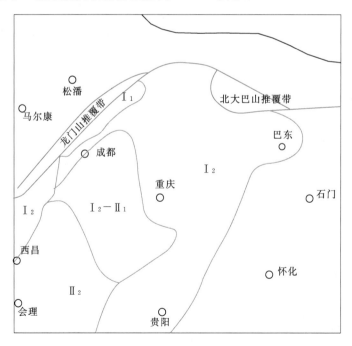

I_1—冲击相—河流相；I_2—河流相；I_2—II_1—河流相—河湖交替相；II_2—滨浅湖相

图 2.2 - 7　晚侏罗系遂宁—蓬莱期沉积相分区图（郭正吾等，1996）

（3）早白垩世（K_1）沉积阶段。晚侏罗世后，盆地又有一次整体区域抬升，蓬莱镇组地层遭受了一定的剥蚀作用。因此，在早白垩世早期［剑门关组（K_1j）时期］，盆地西北部边缘的龙门山前缘的剑门关组（K_1j）底部可见很多冲积扇成因的砾岩（图 2.2-8和图 2.2-9），其中的砾石磨圆较好、分选差，成分以石英岩、灰岩为主，钙质胶结，厚200m 左右。向上过渡为河流相的含砾砂岩、砂岩、粉砂岩及泥岩组成的韵律层，上覆汉阳铺组和剑阁组以河流相砂、泥岩为主；向东到通江、苍溪一带为河流相间夹湖相沉积，岩性为砂、泥岩互层。

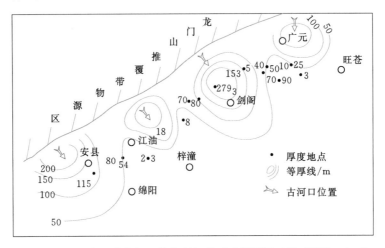

图 2.2-8　早白垩世龙门山前缘剑门关砾岩等厚图（郭正吾等，1996）

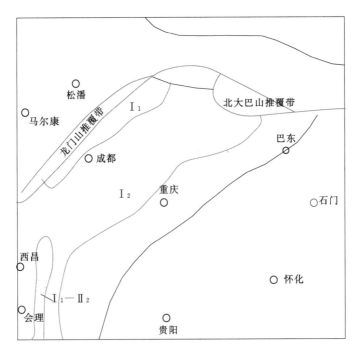

I₁—冲击相—河流相；I₂—河流相—河漫湖相；I₁—II₂—河流相—滨浅湖相

图 2.2-9　早白垩世沉积相分区图（郭正吾等，1996）

而在攀西地区的西昌、会理等地，早白垩世早期主要河流相沉积为主，后期为湖相沉积，代表性的地层有飞天山组，其岩性组合为：下部的粗砂岩、粉砂岩、紫红色泥岩组成的正韵律层（河流相），上部为粉砂岩及暗紫色泥岩层（湖相）。

3. 陆内盆地萎缩期（K_1—E）

进入早白垩世后，四川盆地受到了东、西、北三个方向强烈挤压或推覆，盆地面积大幅度缩减（图 2.2-10），进入了萎缩期（中、晚白垩世—古近纪）。

I_1—冲击相—河流相；I_1—II_2—冲积相—河流相—滨浅湖相；
I_2—冲积相—河流相—干旱湖泊相；I_3—河流相—风成沙漠相

图 2.2-10　中、晚白垩世沉积相分区图（郭正吾等，1996）

（1）中、晚白垩世沉积期。龙门山构造带不断向南推挤，造成其南段前缘依然有近源冲积扇相的砾岩，而盆地沉降中心不断南移至成都、宜宾、古蔺一带和西昌、会理地区。受其影响，盆地中心的东部（如邛崃、雅安、洪雅一带），早期为河流相砂、泥岩（灌口组 K_2g 下部），晚期逐渐过渡为含石膏、钙芒硝的紫红色粉砂岩及泥岩（灌口组 K_2g 上部），属干旱湖泊沉积环境下的盐湖相，这表明四川盆地已经萎缩成为一个封闭的类蒸发岩湖相环境（图 2.2-11）。

在盆地南部的宜宾、古蔺地区，中、晚白垩世沉积除了河流相沉积外，局部还可见风成沙漠相沉积，前者主要为红色砂泥岩，后者主要为粉、细粒长石石英砂岩。砂岩成熟度高，分选很好，可见风成波痕、斜层理、干裂和雨痕等反映干燥气候的层理构造，根据砂岩西粗东细和交错层前积层理倾向统计，风向主要为西北风和西南风。

盆地西南侧的西昌会理一带，中白垩世主要为河流相沉积，如大铜厂组的粗-细砂岩夹含铜砂岩和泥质的韵律层；晚白垩世主要为干旱环境的滨浅湖相沉积，如小坝组（K_1x）的粉砂岩、紫红色泥岩、泥灰岩夹石膏层。

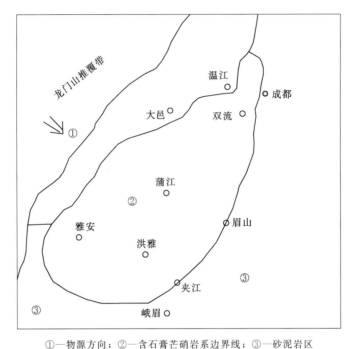

①—物源方向；②—含石膏芒硝岩系边界线；③—砂泥岩区

图 2.2-11　晚白垩世灌口组冲积扇和含石膏、芒硝岩系分布图（郭正吾等，1996）

（2）古近纪沉积期。受周边山系隆升影响，四川盆地继续萎缩，而且沉降中心无明显迁移，盆地各处继承发展前期的沉积环境特征，主要体现为盐湖边界范围逐渐增大，几乎遍及整个四川盆地中部，仅在边缘发育有少量河流相、冲积扇相及风成沙漠相（图 2.2-12）。

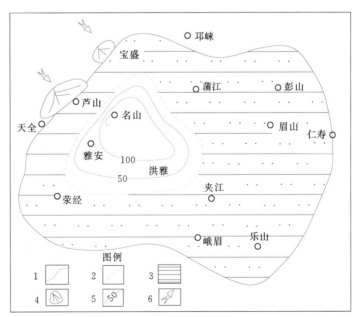

1—盐湖边界；2—钙芒硝、石膏分布边界；3—紫红色粉砂岩；4—河流冲积扇；

5—含盐系等厚线（单位：m）；6—主要物源方向

图 2.2-12　古近纪名山干旱盐湖沉积示意图（郭正吾等，1996）

位于盆地中部的名山、雅安、洪雅一带为干旱、封闭盐湖环境下的蒸发岩相沉积，岩性特征为紫红色粉砂质泥岩中夹石膏和钙芒硝层。在盆地西北部的芦山、仁家一带主要为冲积扇，底部为厚234m的砾岩，向上为红色粉砂岩、泥岩。盆地南部的宜宾地区主要为河湖相和风成沙漠相交替沉积（柳嘉组）。盆地西南侧的西昌、会理地区，河流相沉积仍较盛行，主要为砂砾岩、砂泥岩组成的韵律层，局部为滨浅湖相暗紫红色泥质岩和灰色泥灰岩沉积，残留厚度1000~1400m。

经过上述漫长的红层沉积建造阶段，到始新世中、晚期，喜山运动强烈兴起，受其影响，四川盆地发生强烈褶皱隆起，整个四川盆地结束了红层建造历史，开始进入以剥蚀为主的构造发展新阶段。

2.2.3.2 构造及表生改造作用

红层作为水利水电工程建筑物基础及建设环境，工程地质更加关注的是红层岩石作为岩体的工程特性。岩体是在原生建造的基础上受后期各种构造及表生改造作用形成的综合地质体。这种改造主要表现为两个方面：①在构造应力场作用下形成的各种结构面，对于红层岩体而言主要是各种剪切错动破碎带及构造裂隙；②近地表岩石的风化卸荷作用形成的岩石风化裂隙及卸荷裂隙等结构面。

1. 地质构造特点

四川的地质构造以龙门山台缘褶断带—木里弧形断裂带为界，其西侧为松潘、甘孜印支地槽，东侧为扬子准地台。东侧的扬子准地台，以四川台拗为中心，四周被褶皱断裂带形成的山系所环绕。北东缘为大巴山、米仓山，西北缘为龙门山，东南缘的大娄山、七曜山及巫山，西南缘为邛崃山、大相岭等。四川台拗为一个近似的平行四边形，自震旦系以来为较为稳定的台型构造区，在大地构造被称为"四川盆地"。

四川盆地是一个以中生代内陆坳陷大型沉降盆地，地质构造上被称为"四川沉降褶带"。自三叠世末期上升为内陆盆地，侏罗—白垩世以来一直受来自周围山系碎屑物质的沉积，在整个盆地内沉积了一套分布广泛、厚度巨大的湖、河相沉积红色碎屑岩层，即嘉陵江红层。嘉陵江红层分布范围区的构造以川中褶带、川东（重庆市）褶带为主，少部分跨川西褶带之内。燕山运动使其发生全面褶皱，形成了盆地构造的基本骨架，构造形迹上表现为一系列北东向和北北东向褶皱及少量的断裂。但在龙泉山、华蓥山两断裂之间的川中褶带，构造变动轻微，形成的东西向褶皱开阔、平缓。喜山运动期盆地再次受到扭动，在北东向的构造基础上形成或叠加了旋扭构造。四川盆地内的旋扭构造发育完好、类型多样、分布广泛，且多集中于四川沉降带盆地内。这些形成于喜山期的旋扭构造多以环环相扣的连环式展布，表明其运动方式和方向上的统一，即自喜山期以来四川地块遭受顺时针扭动。

根据地质构造成生关系及其特点，嘉陵江红层区的构造分为3个区：Ⅰ盆西断褶区、Ⅱ盆中平缓褶皱区、Ⅲ盆东条形褶皱区。嘉陵江红层构造分区及次级构造单元见表2.2-15。

2. 构造对红层岩体建造的改造作用

四川盆地总体以古老而坚硬的川中陆核为中心，四周于不同地质时期与其他次级板块（或地块）不断对冲拼接、褶皱成山而成。因此，总体上盆地周边地质构造活动强烈，而

表 2.2-15　　　　　　　　　　　　嘉陵江红层构造分区及次级构造单元表

构造分区	次级构造单元	构造行迹特点
Ⅰ 盆西断褶区	Ⅰ₁ 成都断凹	构造形迹为北东向的向斜背斜及断裂，如龙泉山大背斜、龙泉山东坡及西坡断裂、总干山断裂芦山向斜与背斜等。成都平原第四系松散堆积层之下分布有大邑断裂、彭州断裂、关口断裂、浦江—新津—新都等走向北东，倾向北西的数条隐伏断裂
	Ⅰ₂ 龙泉山总干山断褶带	
	Ⅰ₃ 江油、芦山、荥经断褶带	
Ⅱ 盆中平缓褶皱区	Ⅱ₁ 川北深拗大向斜	岩层近于水平、几乎没有断层、构造作用轻微是其总体特点。构造形迹主要表现东西向宽缓向斜与背斜，如南充向斜、西山背斜等和压扭性断裂、短轴、鼻状褶曲等构成的环状构造；如中台山半环状、绵阳环状、仪陇—平昌莲花状、天仙寺涡轮状、威远辐射状构造等
	Ⅱ₂ 遂宁南充穹隆背斜群	
	Ⅱ₃ 威远穹隆	
	Ⅱ₄ 自贡复向斜	
	Ⅱ₅ 马边向斜群	
Ⅲ 盆东条形褶皱区	Ⅲ₁ 华蓥山褶皱带	以华蓥山地区近于平行的窄背斜和宽向斜组合而成所谓的隔挡式右行雁列褶皱带为代表（又称为川东平行岭谷），其中的单个褶曲的轴线常呈 S 形弯曲，背斜核部出露三叠系或二叠系碳酸盐，向斜由侏罗系红色砂泥岩组成，是喜马拉雅晚期才形成的构造区，其他也为类似的褶皱带
	Ⅲ₂ 永川帚状褶皱带	
	Ⅲ₃ 万县涪陵弧状褶皱带	
	Ⅲ₄ 长宁合江綦江平缓褶皱带	
	Ⅲ₅ 宣汉旋转背斜群	

盆地中部相对较弱，故上述三个构造分区可表现出不同的构造变形特征。

位于盆地中央的盆中平缓褶皱区（Ⅱ区）受构造影响轻微，而其中形成于中新生代的红层的构造变形程度更是很弱，岩层基本保持着成岩时期的产状特征，近于水平（倾角一般小于 $10°$），几乎没有断层，仅在砂岩及泥质粉砂岩岩体中常见两组近于垂直的裂隙，代表了层状岩层受构造应力作用初期的典型应力状态，即岩层受力褶皱弯曲以前的应力状态（σ_1 和 σ_3 水平，σ_2 竖直）。由于几乎没有发生褶皱，近于水平的层间接触面上、下侧岩层也几乎没有发生相对位移，故难以形成各种层间剪切错动带。而偏韧性的粉砂质泥岩及泥岩常以压缩、流动等塑性变形的形式来响应构造形变，岩体中构造裂隙不发育。

位于盆地西部的盆西断褶区（Ⅰ区）晚古生代受印支板块强烈俯冲推挤，构造活动强烈，不仅使该区红层沉积环境动荡，还极大地改造了原岩产状，破坏岩体的完整性。因此，该区红层内褶皱发育较强烈，褶皱两翼岩层倾角大多为 $20°\sim30°$，不仅切层的裂隙发育，而且由于岩层发生褶皱，使层间产生褶皱-弯滑作用，砂岩与粉砂质泥岩（或泥岩）接触面以及粉砂质泥岩或泥岩内常见剪切错动带（软弱夹层）。

位于盆地东部的盆东条形褶皱区（Ⅲ），距东侧的太平洋板块及西侧的印度洋板块俯冲带都较远，构造活动及变形强度较Ⅱ区的大、较Ⅰ区的小。其代表性构造为广泛分布于川东地区近于平行的窄背斜和宽向斜组合而成所谓的隔挡式右行雁列褶皱带（又称为川东平行岭谷），其中单个褶曲的轴线常呈 S 形弯曲，背斜核部出露二叠系或三叠系碳酸盐岩，向斜核部出露侏罗系红色砂岩类与泥质岩类岩石。

因此，就构造作用对岩石建造改造的强弱而言，盆西断褶区（Ⅰ区）最强，盆东条形褶皱区（Ⅲ）次之，盆中平缓褶皱区（Ⅱ区）最弱。红层岩体的倾角在一定程度上代表了其遭受的构造改造强弱程度，即缓倾角红层所受构造改造强度最弱，以盆中平缓褶皱（Ⅱ区）区为代表；而倾角大者所受构造改造强度相对较大，如盆西断褶区（Ⅰ区）及盆东条形褶皱区（Ⅲ）。

构造作用对岩石建造改造的后果是在岩石建造中形成了不同规模结构面。这些结构面有断层带、剪切错动带（或称为软弱夹层）、裂隙。构造作用强度及作用方式的差异，决定了岩体中结构面的长度、组数及组成物质的差异，由此形成了不同的岩体结构，控制着岩体的工程力学强度，如抗剪强度、变形模量等。

3. 卸荷作用

岩体的卸荷是近地表（如河谷、斜坡等）的岩石，由于应力调整和释放，导致岩石在近地表一定范围内产生松动、破裂等变形破坏，从而形成具有一定厚度的松动破碎带的过程。在岩性及地形地貌等条件确定的情况下，岩体卸荷作用的强弱与岩体地应力密切相关。

总体而言，红层地区构造较为简单，岩石质地软弱，按照岩石坚硬程度划分，大多属于饱和抗压强度小于 30MPa 的软岩，岩石（特别是粉砂质泥岩及泥岩）常以塑性蠕变的方式来适应地应力场变化，其所能储存的地应力水平较低。万宗礼和聂德新（2007）通过有限元计算并与实测地应力成果对比，分析了黄河上游地区红层中的地应力场特点，其成果表明，区内泥岩红层的地应力量值大致为邻近坚硬岩体（拉西瓦及龙羊峡花岗岩岩体）的 $1/7 \sim 1/4$。

红层岩体在确定的岩性、地形地貌等条件下，由于其地应力水平较低，故岩体的卸荷作用较弱，卸荷带宽度较小，并且卸荷带宽度基本与岩体的风化带相当。红层岩体卸荷对岩体的改造作用主要表现为以下两种形式：

（1）近斜坡坡面的砂岩岩体中产生卸荷裂隙或原有的构造裂隙开度增大，最终可形成崩塌。因此在红层地区的砂岩斜坡坡脚常常可见崩塌堆积形成的倒石锥。

（2）河谷或近地表的砂岩类岩石与泥质岩的接触面，因卸荷作用而产生"脱层"现象，实际上属于红层岩体的水平卸荷，这种水平卸荷作用对岩体有以下两方面的改造作用：①砂岩与泥质岩接触面的岩体透水率大于其上下岩体。一般地，新鲜完整的红层岩体属于弱透水层，透水率 $q = 1 \sim 10Lu$；但近地表卸荷的砂岩与泥质岩接触面的透水率为 $q = 10 \sim 100Lu$ 或 $q > 100Lu$，属于中等—强透水层。②地下水顺层面的活动加剧了岩石界面附近的泥质岩的软化与泥化过程，通常在砂岩与泥质岩的界面处形软弱夹层。

4. 风化作用

近表面的大部分岩石所处的环境与其形成时的环境相比，物理及化学条件均不相同，而且地表富含氧气、二氧化碳和水，温度变化（昼夜变化和季节变化）较大。岩石在太阳辐射、大气、水和生物作用下出现破碎、疏松及矿物成分次生变化的现象，矿物和岩石发生机械碎裂和化学分解过程称为风化。风化作用的直接表现为整块的岩石变为碎块，或其成分发生变化。在岩体工程地质特征上主要表现为形成了新的风化裂隙或使得原有构造裂隙开度增大。在岩体工程特性指标上表现为岩体渗透指标的增大和强度指标的降低。显然，岩体的风化作用是对岩体强度的一个弱化过程。

在工程地质领域中，通常根据岩石的褪色度、矿物蚀变、结构崩解或破裂程度和物理性质的变化或差异，以及野外简易鉴定的性状进行岩体的风化程度分级。按照《水力发电工程地质勘察规范》（GB 50287—2016），岩体的风化程度一般按照表 2.2－16 分为 5 级。

表 2.2 - 16　　　　　　　　　岩 体 风 化 程 度 分 级

风化程度	主 要 地 质 特 征	波速比
全风化	全部变色，光泽消失岩石的组织结构完全破坏，已崩解和分解成松散的土状或砂状，有很大的体积变化，但未移动，仍残留有原始结构痕迹。除石英颗粒外，其余矿物大部分风化蚀变为次生矿物，锤击有松软感，出现凹坑，手可捏碎，用锹可以挖动	<0.4
强风化	大部分变色，只有局部岩块保持原有颜色，岩石的组织结构大部分已破坏，小部分岩石已分解或崩解成土，大部分岩石呈不连续的骨架或心石，风化裂隙发育，有时含大量次生夹泥。除石英外，长石、云母和铁镁矿物均风化蚀变，锤击哑声，岩石大部分变酥、易碎，用镐撬可以挖动，坚硬部分需爆破	0.4~0.6
弱风化（中等风化）	岩石表面或裂隙面大部分变色，但断口仍保持新鲜岩石的颜色，岩石原始组织结构清楚完整，但风化裂隙发育，隙壁风化剧烈，沿裂隙铁镁矿物氧化锈蚀，长石变得浑浊、模糊不清，锤击哑声，开挖需用爆破	0.6~0.8
微风化	岩石表面或裂隙面有轻微褪色，岩石组织结构无变化，保持原始完整结构，大部分裂隙闭合或为钙质薄膜充填，仅沿大裂隙有风化蚀变现象或有锈膜浸染，锤击发音清脆，开挖需用爆破	0.8~1.0
新鲜	保持新鲜色泽，仅大的裂隙面偶见褪色裂隙面紧密、完整或焊接状充填，仅个别裂隙面有锈膜浸染或轻微蚀变，锤击发音清脆，开挖需用爆破	

　　红层（特别是粉砂质泥岩及泥岩）的全风化层已经风化成为类土状，其工程特性更加接近于土的特性，即残积土层，通常采用土工试验方法来测试其工程特性，在红层地区工程实践中一般将全风化岩体作为土体来研究。

　　在工程实践中，由于微风化岩体常具有较强的力学特性，一般都属于可利用岩体。因此，在红层地区水利水电工程的实践中，通常将微风化岩体和新鲜岩体合并，通称为新鲜岩体（下同）或微新岩体。这样，红层地区的岩体风化带与分级就是：强风化、弱风化及新鲜（包括微风化）3 级。

　　影响红层岩体的风化因素主要有岩性、构造作用及地形地貌。表 2.2 - 17 和图 2.2 - 13 为根据大量钻孔实验所揭示的嘉陵江红层不同岩性的风化带厚度统计成果。

表 2.2 - 17　　　　　嘉陵江红层不同岩性的风化带厚度统计表　　　　　单位：m

项目	砂 岩				泥质粉砂岩				粉砂质泥岩				泥 岩			
	统计组数	平均值	最大值	最小值	统计组数	平均值	最大值	最小值	统计组数	平均值	最大值	最小值	统计组数	平均值	最大值	最小值
强风化	31	2	5.3	0.1	36	2.6	8.9	0.2	88	6	16	0.4	13	4.5	4.7	0.8
弱风化	90	5.3	15.6	0.7	55	4.5	10.4	0.4	107	9	17.3	0.8	45	9.5	10	0.2

　　统计成果表明：①红层区表层强风化带厚度一般小于弱风化厚度，其强风化厚度为2~6m，弱风化厚度为 3~9m；②泥质含量重的岩石，表层强风化深度相对较大，体现了物质组成对风化作用的影响；③各种岩石的风化带厚度变化较大，这反映了影响岩石风化的地形地貌、构造等因素的综合作用。

2.2.3.3　嘉陵江红层沉积建造与改造特征

　　1. 嘉陵江红层沉积建造特征

　　嘉陵江红层形成于早侏罗世至古近纪。在三叠纪时，古四川盆地还是广阔的内海，范

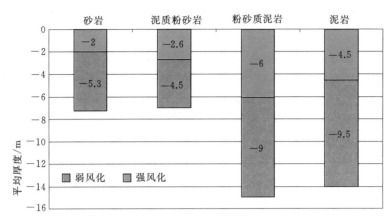

图 2.2-13 嘉陵江红层不同岩性风化厚度对表图

围覆盖部分云南和贵州；早侏罗世时的海退，古四川盆地由内海逐步过渡到内陆湖盆，开始了嘉陵江红层的沉积；白垩纪时，受燕山运动影响，湖盆由东向西缩小；古近纪时，湖盆已萎缩为一些分散的小盆地，湖水外泄，岷江、嘉陵江等各水系沟通，河流形成，古四川盆地由内陆湖盆变为山间盆地。

嘉陵江红层分布在古四川盆地及盆地周边，古四川盆地四周均为山系，且西部和北部山体相对较南部和东部高，由山中带来的大量碎屑堆积物向低洼的古四川盆地堆积，从盆地边缘至盆地中心，沉积物由粗至细，在山坡前缘一带沉积了砾岩、含砾砂岩等粗碎屑岩，向盆地中心逐渐过渡为砂岩、粉砂岩等，湖盆中心地带则为粉砂质泥岩、泥岩、页岩及泥灰岩等。同时，嘉陵江红层也表现有西、北边缘的岩石颗粒较南、东边缘粗的规律，表现出明显的沉积分带特征。

嘉陵江红层各时期的沉积还与区域构造和水环境有关，晚侏罗世的遂宁组（J_3s）时期，盆地构造活动微弱，湖水面广，湖水位较稳定，沉积了大量的浅湖相砖红色泥岩类岩石，厚度达 $200\sim600$m；晚侏罗世的蓬莱镇组（J_3p）时期，湖水面和湖水位变化较大，出现了砂岩与泥岩和页岩交互相地层。从早侏罗世到古近纪，古四川盆地由大变小，逐渐萎缩；其沉积环境由湖相逐渐过渡为河湖交替相、河流相；湖相沉积以泥岩为主，河湖交替相沉积以砂岩和泥岩互层为主，河流相沉积以砂岩为主。整个嘉陵江红层厚度达 $2000\sim4000$m。

2. 嘉陵江红层构造特征

嘉陵江红层分布地区地质构造作用总体较弱，但嘉陵江红层四周（古四川盆地四围）均为山系，构造活动则相对较强，曾经过不同地质时期的次级板块（或地块）间的多次碰撞、拼接、褶皱成山。因此，古四川盆地构造相对较弱，盆地周边地质构造活动强烈。

嘉陵江红层受燕山运动和喜山运动影响，地层有一定倾斜或褶皱，根据地质构造、成生关系及其活动强弱，将嘉陵江红层分为 3 个区：Ⅰ西部褶断区、Ⅱ中部平缓褶皱区、Ⅲ东部条形褶皱区。Ⅰ西部断褶区构造活动最强，Ⅲ东部条形褶皱区构造活动次之，Ⅱ中部平缓褶皱区构造活动最弱。

3. 嘉陵江红层浅表生改造特征

嘉陵江红层出露区主要为低山丘陵区，地形相对较缓、高差不大，区域构造活动较弱。嘉陵江红层浅表生改造主要是岩体的风化、卸荷、浅表结构面的软化等外营力作用的改造。

风化作用将引起岩石强度降低，岩体结构面松弛、泥化、强度降低，岩体透水性增大，平行层面的软弱夹层发育。

卸荷作用将引起陡坡部位岩体卸荷拉裂，缓坡部位结构面张开松弛，岩体完整性变差、透水性增强，更有利于软弱夹层的形成和发展。

重力作用和地表水流塑造现代地貌。一般砂岩抗风化能力较泥岩强，风化后，在重力搬运作用下，泥岩形成覆盖层缓坡地貌，砂岩多构成基岩陡壁。泥岩抗冲刷能力较砂岩低，陡倾角结构面出露部位容易汇集水流，在地表水的作用下，泥岩和陡倾角结构面出露部位多形成现代沟谷甚至河流急转弯。

第 3 章

嘉陵江红层岩体物理力学特征

岩体物理力学参数的取值是对水利水电工程设计经济合理性及安全性的重要依据。本章从岩石（岩块）、岩体及软弱夹层等方面，对嘉陵江红层岩体的物理力学特征进行分析。嘉陵江红层地区水利水电工程开始于 20 世纪 50 年代，包括已建、在建的水利水电工程共计 100 余项，积累了大量的岩石物理力学试验数据，为在嘉陵江红层修建水电水利工程积累了丰富的工程实践经验。通过对这些岩石物理力学试验数据进行统计分析，比较其不同岩性、不同特征的物理力学指标的差异，总结归纳其规律，以期为其他类似工程提供参考。

嘉陵江红层有其特有的岩体物理力学特征，研究岩体的物理力学特征，首先从易操作可行的岩石的物理力学特征研究着手，然后结合岩性、岩体结构等进行岩体物理力学特征研究。研究方法方面，主要根据不同岩性、风化情况等，采取现场取样、室内试验、现场大型试验、声波测试、压水试验、节理裂隙调查等方法和手段，经综合分析整理、工程类比等提出岩体的物理力学特征参数。

3.1 岩石物理力学特征

嘉陵江红层岩性单一，主要分为砂岩类（砂岩、粉砂岩、泥质粉砂岩等）和泥岩类（泥岩、粉砂质泥岩）两类。不同的物质组成与结构特征决定了岩石物理力学特征及其工程地质特性。

对岩石物理力学特征的研究，主要分析不同岩性、不同风化状态下的物理力学指标特征，研究岩石的物理性指标和力学性指标的相关关系，建立经验系统，为在今后的工程中可以采用简单易行的试验方法或少量的试验工作量而得到较准确的岩石物理力学参数，从而为工程节省投资和时间。

3.1.1　岩石的物理特征

研究岩石的物理性特征的实际测试指标主要有天然密度、干密度、比重、普通吸水率和饱和吸水率等，表征岩石的固有物理特性，一般实际工程中都省略天然密度的测试。嘉陵江红层由于泥岩类强度低，遇水易软化、崩解，失水易开裂、剥落，因此，现场取样及搬运过程较难，特别是弱风化的泥岩类，即使取样搬运到实验室后，在试验过程中试件也会破坏，故泥岩类岩石试验成果只有微新岩的。

通过对草街和新政两个工程的岩石试验成果，分析、解剖了嘉陵江红层岩石物理特征（表 3.1-1～表 3.1-8）。

表 3.1-1　草街航电枢纽工程微新黏土岩室内岩石物理力学性试验成果表

取样编号	烘干密度 /(g/cm³)	比重 G	普通吸水率 /%	饱和吸水率 /%	弹性模量 /GPa	泊松比 μ	干抗压强度 /MPa	湿抗压强度 /MPa	干抗拉强度 /MPa	湿抗拉强度 /MPa	软化系数
YJS-008	2.56	2.8	2.85	3.36	5.5	0.35	17.1	9.96	2.01	1.35	0.58
	2.54		3.14	3.77	5.4		16.8	9.67	1.98	1	
	2.53		3.23	3.89	5		15.3	8.81	1.85	0.94	
YJS-009	2.53	2.8	3.2	3.89	6.2	0.34	17.7	11.2	1.6	1.12	0.66
	2.52		3.3	3.95	6		15.5	10.6	1.59	1.04	
	2.52		3.6	4.16	5.55		14.9	10	1.3	0.82	
YJS-016	2.38	2.72	4.7	5.35	2	0.38	7.25	4.84	0.77	0.49	0.55
	2.37		4.75	5.43	1.9		6.44	3.08	0.76	0.35	
	2.36		4.84	5.48	1.75		5.6	2.75	0.58	0.28	
YJS-019	2.52	2.8	3.75	4.16	5.45	0.36	13.2	7.14	1.1	0.77	0.55
	2.52		3.77	4.18	5.2		12.2	6.86	1.08	0.75	
	2.51		3.82	4.22	5		12	6.58	1.04	0.71	
YJS-013	2.44	2.77	4.05	4.85	2.55	0.38	8.8	4.33	1.17	0.55	0.55
	2.43		4.84	5.44	2.1		7.64	4.27	1.15	0.48	
	2.42		6.5	7.25	1.95		6.88	4.21	1.08	0.46	
YJS-014	2.49	2.77	3.6	4.09	2.88	0.38	11	6.99	1.43	0.62	0.6
	2.48		3.81	4.22	2.8		10.5	5.83	0.99	0.57	
	2.48		3.92	4.31	2.75		9.41	5.79	0.83	0.4	
YJS-020	2.52	2.75	2.6	3.1	5.55	0.35	16.9	11.8	1.58	10	0.63
	2.51		2.82	3.35	5.4		16.3	9.18	1.24	9.42	
	2.51		2.9	3.46	5.1		14.8	9.14	1.21	9	
最大值	2.56	2.8	6.5	7.25	6.2	0.38	17.7	11.8	2.01	10	0.66
最小值	2.36	2.72	2.6	3.1	1.75	0.34	5.6	2.75	0.58	0.28	0.55
平均值	2.48	2.77	3.81	4.38	4.10	0.36	12.20	7.29	1.25	1.96	0.59
小值平均值	2.4	2.74	3.23	3.87	2.30	0.35	8.55	5.22	1	0.71	0.56

表 3.1-2　草街航电枢纽工程微新砂质黏土岩室内岩石物理力学性试验成果表

取样编号或位置	烘干密度/(g/cm³)	比重 G	普通吸水率/%	饱和吸水率/%	弹性模量/GPa	泊松比 μ	干抗压强度/MPa	湿抗压强度/MPa	干抗拉强度/MPa	湿抗拉强度/MPa	软化系数
YJS-001	2.57	2.78	2.5	2.88	6.55	0.33	23	15.7	2.57	1.63	0.64
	2.57		2.42	2.92	6.4		21.4	13.5	2	1.62	
	2.56		2.9	3.3	6.35		19.8	11.1	1.87	1.28	
YJS-002	2.55	2.78	3	3.25	6.3	0.34	19.7	11.8	2.14	1.19	0.63
	2.54		3.06	3.3	5.88		16	11	1.55	1	
	2.54		3.1	3.33	5.15		13.4	8.23	1.46	0.92	
YJS-002	2.53	2.75	2.95	3.15	8	0.32	28.5	17.6	2.47	1.52	0.66
	2.52		3.2	3.5	7.25		24.8	16.8	2.3	1.4	
	2.51		3.41	3.62	7		22	15.4	2.19	1.2	
YJS-004	2.57	2.77	2.6	2.84	6.2	0.33	22	15.3	2.7	2.14	0.63
	2.56		2.7	2.98	6.15		21	13	2	1.96	
	2.56		2.9	3.11	6.1		19	10.7	1.98	1.35	
YJS-005	2.55	2.77	2.6	3.12	7.88	0.32	27.5	17.9	2.08	1.2	0.65
	2.54		2.82	3.3	7.1		22.6	15.6	2.08	1	
	2.53		2.99	3.5	7		21.9	13.3	2.06	1	
YJS-007	2.56	2.78	2.44	3.04	6.4	0.34	22.6	13.6	2.58	1.84	0.63
	2.56		2.47	3.07	6.15		19	11.6	2.03	1.17	
	2.56		2.6	3.1	5.9		16.3	11.2	1.4	1.09	
YJS-015	2.53	2.77	3	3.44	6.44	0.34	20.1	13.4	2	1.21	0.6
	2.53		3.05	3.47	6.2		18.5	11	1.75	1.04	
	2.52		3.1	3.5	6.05		17.9	9.5	1.66	1	
YJS-017	2.54	2.76	2.38	2.78	8.95	0.32	34.7	21.7	3.4	1.51	0.67
	2.53		2.45	2.95	7.9		25.3	18.8	2.37	1.35	
	2.52		3.02	3.62	7.5		24.3	15.9	2.1	1.11	
YJS-018	2.53	2.77	2.55	3.09	6.2	0.34	22.5	14	2.91	1.15	0.63
	2.52		2.67	3.15	6.15		20.7	12.8	1.94	1.02	
	2.52		3.03	3.63	6.09		19.4	12.6	1.74	0.99	
sj 大剪之洞 Cr-1	2.53	2.8	3.55	3.94	13.5	0.27	31.7	21.1	1.59	1.13	
	2.53		3.89	4.25	13		29	18.5	1.28	1.08	
	2.53		3.91	4.31	11.9		26.4	14.8	1.09	0.88	
sj 大剪之洞 Cr-2	2.53	2.79	3.47	3.88	16.5	0.26	42.2	37	1.49	1.19	
	2.53		3.56	3.99	15		39.6	29	1.29	0.97	
	2.53		3.76	4.22	14.9		35.9	26.4	1.24	0.9	

续表

取样编号或位置	烘干密度/(g/cm³)	比重 G	普通吸水率/%	饱和吸水率/%	弹性模量/GPa	泊松比 μ	干抗压强度/MPa	湿抗压强度/MPa	干抗拉强度/MPa	湿抗拉强度/MPa	软化系数
sj 大剪之洞 Cr-2	2.53	2.79	3.48	3.98	14	0.27	34.3	26.4	1.3	1.07	
	2.53		3.5	4.14	13.3		32	25.4	1.14	0.97	
	2.53		3.99	4.55	12.8		31.7	23.8	1	0.88	
ZKx07-2	2.52	2.76	3.3	3.6	6.88	0.29	17.7	9.85	0.94	0.52	
	2.51		3.39	3.74	6.7		16	6.94	0.88	0.5	
	2.5		3.44	4	6		15.4	6.88	0.79	0.44	
最大值	2.57	2.8	3.99	4.55	16.5	0.34	42.2	37	3.4	2.14	0.67
最小值	2.5	2.75	2.38	2.78	5.15	0.26	13.4	6.88	0.79	0.44	0.6
平均值	2.54	2.77	3.06	3.48	8.30	0.31	23.99	15.87	1.83	1.16	0.64
小值平均值	2.53	2.76	2.91	3.12	6.55	0.27	19.50	12.11	1.31	0.94	0.62

表 3.1-3　草街航电枢纽工程弱风化砂岩室内岩石物理力学性试验成果表

取样位置	烘干密度/(g/cm³)	比重 G	普通吸水率/%	饱和吸水率/%	弹性模量/GPa	泊松比 μ	干抗压强度/MPa	湿抗压强度/MPa	干抗拉强度/MPa	湿抗拉强度/MPa	软化系数
zks10	2.47	2.62	1.37	1.45	23.5	0.24	97.6	61.1	3.25	2.06	
	2.46		1.42	1.49	22		91.9	59.4	2.9	1.93	
	2.45		2.43	2.48	19.5		71.8	58.6	2.25	1.78	
pd01 上游壁 51m	2.45	2.53	1.16	1.18	22.7	0.26	71.6	58.6	6.38	4.15	
	2.45		1.26	1.3	20		68.9	58.6	6.32	3.28	
	2.44		1.36	1.39	17.8		68.9	45.2	5.03	3	
pd01 上游壁 63m	2.41	2.51	1.46	1.54	24.5	0.25	110	87.9	6.23	4.05	
	2.41		1.47	1.57	22.8		97.5	74.6	5.79	3.77	
	2.41		1.56	1.68	21		87.5	68.6	4.21	3.16	
pd01 上游壁 41m	2.42	2.51	1.39	1.43	27.8	0.24	128	101	6.95	4.16	
	2.42		1.42	1.51	26.5		100	93.2	5.67	3.47	
	2.41		1.56	1.71	25.4		95.5	79.9	5.3	3.05	
右岸吴粟溪	2.57	2.62	0.52	0.64	18	0.26	79.5	58.6	6.19	4.15	
	2.56		0.67	0.75	16.5		78	55	5	3.03	
	2.55		0.79	0.88	15		68.6	46.7	4.25	3	
竖井下游水尺上游	2.42	2.62	2.74	3.01	23	0.26	100	65.2	6.85	4.84	
	2.42		2.92	3.13	21.8		95.2	65	5.72	4.71	
	2.42		3.15	3.3	21.2		95.2	59.6	5.25	4.24	

取样位置	烘干密度 /(g/cm³)	比重 G	普通 吸水率 /%	饱和 吸水率 /%	弹性 模量 /GPa	泊松比 μ	干抗压 强度 /MPa	湿抗压 强度 /MPa	干抗拉 强度 /MPa	湿抗拉 强度 /MPa	软化 系数
地表右岸 平洞顶	2.35		2.76	3.76	24		94.9	59.9	5.24	3.25	
	2.34	2.64	3.09	3.8	22.5	0.26	89.9	54.9	4.79	2.4	
	2.33		3.15	4.11	20		87.4	44.9	4.59	2.39	
船闸上游	2.58		1.2	1.23	34		135	97.8	12.4	9.8	
	2.57	2.66	1.31	1.33	31.5	0.24	122	94.4	12	9.15	0.78
	2.57		1.39	1.41	30		107	91.6	10.9	9	
船闸下游	2.52		2.33	2.38	22		86.9	59.5	8.15	5.66	
	2.51	2.68	2.34	2.41	21	0.27	77.3	57	7.77	5.44	0.72
	2.51		2.4	2.48	19.5		69.5	51.8	7.15	5	
最大值	2.58	2.68	3.15	4.11	34	0.27	135	101	12.4	9.8	0.78
最小值	2.33	2.51	0.52	0.64	15	0.24	68.6	44.9	2.25	1.78	0.72
平均值	2.46	2.60	1.80	1.98	22.72	0.25	91.69	66.99	6.17	4.22	0.75

表 3.1－4　草街航电枢纽工程微新砂岩室内岩石物理力学性试验成果表

取样编号	烘干密度 /(g/cm³)	比重 G	普通 吸水率 %	饱和 吸水率 %	弹性 模量 /GPa	泊松比 μ	干抗压 强度 /MPa	湿抗压 强度 /MPa	干抗拉 强度 /MPa	湿抗拉 强度 /MPa	软化 系数
YJS－003	2.39		3.42	3.77	26		82.5	60.5	4.96	3.09	
	2.38	2.61	3.51	3.81	25	0.27	79.9	57.7	4.57	3.07	0.73
	2.37		3.52	3.98	22		76	55.7	4	3.04	
YJS－006	2.51		2.43	2.47	30		102	71.1	9.44	5.85	
	2.48	2.67	2.66	2.72	28	0.26	91.4	64.4	9	5.57	0.72
	2.47		2.77	2.82	25		80.8	61.9	8.05	4.37	
YJS－010	2.53		2.03	2.05	44		159	112	14	10.2	
	2.52	2.67	2.34	2.38	43	0.23	155	111	13.5	9.72	0.74
	2.51		2.46	2.48	34		136	110	12.4	8.76	
YJS－011	2.65		1.51	1.52	39		147	106	12.5	9.23	
	2.64	2.76	1.69	1.7	37	0.24	144	100	11.9	9	0.76
	2.62		1.8	1.87	31		106	96.9	10.8	8.95	
YJS－012	2.54		1.73	2.16	34		122	81.1	11	8.11	
	2.54	2.69	1.77	2.31	33	0.24	112	77.9	10.5	7.83	0.7
	2.53		2	2.41	30		100	74.7	8.43	6.47	
最大值	2.65	2.76	3.52	3.98	44	0.27	159	112	14	10.2	0.76
最小值	2.37	2.61	1.51	1.52	22	0.23	76	55.7	4	3.04	0.7
平均值	2.51	2.68	2.38	2.56	32.07	0.25	112.91	82.73	9.67	6.88	0.73

表 3.1-5　新政航电枢纽工程微新砂质黏土岩室内岩石物理力学试验成果汇总表

整理方法	烘干密度 /(g/cm³)		比重 G		吸水率/%				抗压强度/MPa				抗拉强度/MPa			
					普通吸水率		饱和吸水率		干		湿		干		湿	
	指标	组数	指标	组数	指标	组数	指标	组数	指标	组数	指标	组数	指标	组数	指标	组数
算术平均	2.36	5	2.78	5	6.17	5	6.34	4	8.85	5	5.48	5	0.68	4	0.44	4
大值平均	2.40	2	2.80	1	7.13	2	7.12	2	11.17	2	6.18	3	0.85	2	0.72	1
小值平均	2.33	3	2.78	1	5.53	3	5.56	2	7.31	2	5.01	2	0.51	2	0.34	3

表 3.1-6　　新政航电枢纽工程微新粉砂岩室内岩石物理力学试验成果汇总表

整理方法	烘干密度 /(g/cm³)		比重 G		吸水率/%				抗压强度/MPa				抗拉强度/MPa			
					普通吸水率		饱和吸水率		干		湿		干		湿	
	指标	组数	指标	组数	指标	组数	指标	组数	指标	组数	指标	组数	指标	组数	指标	组数
算术平均	2.50	3	2.72	3	3.27	3	3.63	3	42.03	3	25.97	3	2.14	3	1.18	3
大值平均	2.53	1	2.74	2	3.72	2	4.04	2	90.77	1	56.03	1	3.63	1	2.35	1
小值平均	2.49	1	2.67	1	2.37	2	2.81	1	17.67	2	10.93	2	1.39	2	0.59	2

表 3.1-7　　新政航电枢纽工程弱风化细砂岩室内岩石物理力学试验成果汇总表

整理方法	烘干密度 /(g/cm³)		比重 G		吸水率/%				抗压强度/MPa				抗拉强度/MPa			
					普通吸水率		饱和吸水率		干		湿		干		湿	
	指标	组数	指标	组数	指标	组数	指标	组数	指标	组数	指标	组数	指标	组数	指标	组数
算术平均	2.20	8	2.67	8	5.55	8	8.06	8	47.33	8	20.45	8	2.03	8	0.79	8
大值平均	2.22	3	2.68	1	5.76	5	8.42	5	63.15	2	24.16	4	2.99	3	0.94	3
小值平均	2.18	5	2.67	7	5.20	3	7.45	3	42.06	6	16.74	4	1.46	5	0.70	5

表 3.1-8　　新政航电枢纽工程微新细砂岩室内岩石物理力学试验成果汇总表

整理方法	烘干密度 /(g/cm³)		比重 G		吸水率/%				抗压强度/MPa				抗拉强度/MPa			
					普通吸水率		饱和吸水率		干		湿		干		湿	
	指标	组数	指标	组数	指标	组数	指标	组数	指标	组数	指标	组数	指标	组数	指标	组数
算术平均	2.37	6	2.66	6	3.82	6	4.81	6	80.26	6	30.89	6	3.37	6	1.26	6
大值平均	2.45	3	2.70	1	4.74	3	6.21	3	96.38	3	35.66	3	3.57	3	1.55	2
小值平均	2.28	3	2.65	2	2.90	3	3.42	3	72.19	4	26.12	3	3.16	3	1.12	4

3.1.1.1　草街工程

1. 黏土岩类（泥岩类）

微新的黏土岩干密度范围为 2.36～2.56g/cm³，平均值 2.48g/cm³；普通吸水率范围为 2.6%～6.5%，平均值 3.81%；饱和吸水率范围为 3.1%～7.25%，平均值 4.38%。微新的砂质黏土岩（砂质泥岩）干密度范围为 2.5～2.57g/cm³，平均值 2.54g/cm³；普通吸水率范围为 2.38%～3.99%，平均值 3.06%；饱和吸水率范围为 2.78%～4.55%，平均值 3.48%。砂质黏土岩明显较黏土岩密度大，吸水率低。

2. 砂岩类

弱风化砂岩干密度范围为 2.33～2.58g/cm³，平均值 2.46g/cm³；普通吸水率范围为 0.52%～3.15%，平均值 1.80%；饱和吸水率范围为 0.64%～4.11%，平均值 1.98%。微新的砂岩干密度范围为 2.37～2.65g/cm³，平均值 2.51g/cm³；普通吸水率范围为 1.51%～3.52%，平均值 2.38%；饱和吸水率范围为 1.52%～3.98%，平均值 2.56%。微新的砂岩较弱风化砂岩密度大，吸水率高；弱风化砂岩吸水率平均值虽小于微新砂岩，但范围值较微新砂岩大。

3.1.1.2 新政工程

1. 黏土岩类（泥岩类）

新政工程的泥岩类主要是砂质黏土岩，微新的砂质黏土岩干密度范围为 2.33～2.40g/cm³，平均值 2.36g/cm³；普通吸水率范围为 5.53%～7.13%，平均值 6.17%；饱和吸水率范围为 5.56%～7.12%，平均值 6.34%。新政工程微新砂质黏土岩密度较草街工程略小，吸水率较草街工程大，且新政工程微新砂质黏土岩普通吸水率与最大吸水率非常接近。

2. 砂岩类

新政工程的砂岩类有细砂岩和粉砂岩两种，弱风化砂岩干密度范围为 2.33～2.58g/cm³，平均值 2.46g/cm³；普通吸水率范围为 0.52%～3.15%，平均值 1.80%；饱和吸水率范围为 0.64%～4.11%，平均值 1.98%。微新的砂岩干密度范围为 2.37～2.65g/cm³，平均值 2.51g/cm³；普通吸水率范围为 1.51%～3.52%，平均值 2.38%；饱和吸水率范围为 1.52%～3.98%，平均值 2.56%。微新的砂岩较弱风化砂岩密度大，吸水率高；弱风化砂岩吸水率平均值虽小于微新砂岩，但范围值较微新砂岩大。

3.1.2 岩石的力学特征

3.1.2.1 岩石强度特性

1. 泥岩强度特性

对侏罗系遂宁组的 280 组泥岩试样的抗压强度进行统计分析，弱风化泥岩抗压强度范围值为 3～12MPa，小于 3MPa 的为强风化泥岩。泥岩中有个别试样大于此范围值，是由于其砂质含量大。

2. 砂岩强度特性

对部分工点钻探采取的侏罗系蓬莱镇组砂岩、泥质粉砂岩试样进行抗压强度测试，结果列入表 3.1-9。表 3.1-9 表明天然抗压强度粉砂岩为 14～32MPa，泥质粉砂岩为 9～18MPa。由于砂岩具砂质结构，钙泥质胶结，故容易风化，抗压强度偏低。

对部分采石场的砂岩石料取样进行抗压强度试验，结果列入表 3.1-10。表 3.1-10 表明，白垩系砂岩石料干样平均抗压强度为 45.5～109.6MPa，饱水后降低为 25.33～56.83MPa；而侏罗系砂岩石料干样平均抗压强度为 21.78～89.60MPa，范围值小于白垩系砂岩，饱水后降低为 15.83～62MPa，范围值变化较大，低线低于白垩系砂岩。无论是白垩系砂岩石还是侏罗系砂岩，软化系数大多数都小于 0.75，所以砂岩为易软化岩石，也较易风化。

表 3.1-9 弱风化砂岩、粉砂岩抗压强度及岩石特性

工 点	岩石名称	抗压强度/MPa	岩 性 特 征
毛堰河中桥 (K65+637~K65+713)	泥质粉砂岩	15.00	灰白色,钙泥质胶结,层理构造,矿物成分为长石石英及深色矿物
跨冯店公路中桥 (K67+200~K67+246)	泥质粉砂岩	9.00	灰白色,钙泥质胶结,微细交错层理构造,矿物成分为长石石英及深色矿物
冯店立交	细砂岩	31.70	灰黄色、灰、暗紫色,钙泥质胶结,层理构造,矿物成分为长石石英及深色矿物
K72+733~K73+273	细砂岩	21.60	紫红色,暗紫红色,钙泥质胶结,交错层理构造,矿物成分为长石石英及深色矿物
K74+700~K74+900	细砂岩	14.63	红褐色,钙泥质胶结,细粒结构,矿物成分为长石石英及深色矿物
	泥质粉砂岩	13.10	深灰色,钙泥质胶结,细粉砂泥质结构,矿物成分为长石石英及深色矿物
K76+000~K76+250	细砂岩	32.50	紫红、深灰色,钙泥质胶结,细粒结构,矿物成分为长石石英及深色矿物
K78+825~K78+905	泥质粉砂岩	17.80	紫红色,钙泥质胶结,细粒-泥质结构,矿物成分为长石石英及深色矿物

表 3.1-10 部分采石场砂岩石料抗压强度

取样地点	平均抗压强度/MPa		软化系数	岩层时代
	干	湿		
万家沟	26.00	22.90	0.88	J
乌龟坝	53.30	46.20	0.87	J
冯店中学	45.50	29.50	0.65	K
龙威乡	109.60	47.90	0.44	K
双桥拱	102.50	56.83	0.55	K
高板粮站	63.33	31.80	0.50	K
高板下层	57.15	25.33	0.44	J
黄角垭	40.90	15.83	0.39	J
黄梁嘴	89.60	62.00	0.69	J
太安二队	81.50	49.00	0.60	J
仓山华砂	56.75	41.10	0.72	J
广兴垭口店	62.40	30.73	0.49	J
	57.60	21.78	0.38	
广兴红日村	52.35	23.75	0.45	J
仓山仁和	75.83	40.00	0.53	J
广兴	88.56	47.10	0.53	J

对典型边坡地段的侏罗系蓬莱镇组泥岩、泥质粉砂岩和细砂岩进行天然状态和饱水状态下单轴抗压强度试验,其中,泥岩浸水 3h 后即行崩解。同时,还对三种岩石进行抗剪强度试验。由三种岩石强度值散点图可知,泥岩和细砂岩的强度曲线线性较好,而泥质粉

砂岩的强度曲线的线性较差。三种岩石的强度参数见表 3.1-11。

表 3.1-11 蓬莱镇组砂泥岩岩石物理力学参数表

岩石名称	比重 G	单轴抗压强度		软化系数 η	黏聚力 C /MPa	内摩擦角 /(°)	弹性模量 /($\times 10^3$ MPa)	泊松比 μ
		干抗压 /MPa	饱和抗压 /MPa					
泥岩	23.3	2.9	0.0	0.0	0.6	38.0	0.20	0.27
泥质粉砂岩	23.6	22.0	11.5	0.52	1.2	40.0	0.31	0.22
细砂岩	23.8	35.2	23.8	0.68	3.8	44.0	4.20	0.19

由表 3.1-11 可知，蓬莱镇组泥质砂岩与细砂岩弹性模量变化范围较大，说明砂岩的胶结物对其影响较大。

3.1.2.2 岩石的应力—应变特性

对嘉陵江红层典型层位的泥岩、泥质粉砂岩和细砂岩采样进行室内测试，岩石应力—应变曲线如图 3.1-1 所示。

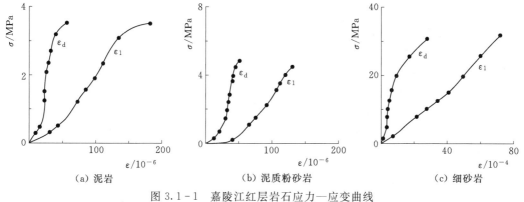

（a）泥岩　　　　　　　（b）泥质粉砂岩　　　　　　　（c）细砂岩

图 3.1-1 嘉陵江红层岩石应力—应变曲线

由图 3.1-1 可知，岩石具有以下特征：

（1）在低应力条件下，泥岩变形曲线平缓，表明泥岩有明显的微裂隙闭合变形。应力增加时，变形曲线近似呈直线，这是泥岩介质的变形；应力进一步增加时，变形曲线变缓，并呈塑性破坏，变形曲线呈 S 形，岩石割线弹性模量较低，试件破坏特征首先是沿微裂隙剪张裂破坏，然后形成剪切破坏面。

（2）在低应力条件下，泥质粉砂岩变形曲线比泥岩更平缓，表明泥质粉砂岩中的微裂隙比泥岩中的裂隙更发育；当应力增加时，变形曲线近线性，且线性变形性更明显；当应力进一步增加时，变形曲线变缓，总体呈 S 形，岩石割线模量比泥岩稍大，破坏时脆性明显，以剪裂破坏为主，破裂面局部追踪微裂隙。

（3）在低应力条件下，细砂岩裂隙闭合变形不明显；应力增加直至破坏，岩石始终表现为明显的线性变形特性，变形曲线近似直线，切割模量较大，破坏呈脆性剪切破坏。

3.2 岩体物理力学特征

作为工程建设承载体的岩体往往经过浅表生改造作用，对于红层地区的岩体而言，构造作用引起的改造程度并不强烈，而与工程建设直接相关的（100m 范围内）近地表岩体，风化作用和水的作用则是最主要的影响因素。因此在岩体物理力学特征分析前有必要分析这两类因素对各类指标的影响程度。另外，在嘉陵江红层地区的工程建设过程中，普遍发育一类连续性较好且延伸长度较大的结构面（层），其物理力学特性较两侧岩体为差，被称为软弱夹层，对工程建设的影响很大，这将在后续章节单独叙述。

工程建设的载体是工程岩体，因此，获取工程岩体的力学参数对工程设计而言更有实际意义，如岩体的结构特征、强度特征、变形特征。在水利水电工程勘察阶段，通常是在勘探平洞内或现场进行岩体力学试验（变形试验、大剪试验、载荷试验）来直接获得。

3.2.1　岩体的结构特征

3.2.1.1　主要特点

基于嘉陵江红层岩石建造和后期浅表生改造的特点及大量工程实践中获得的岩石物理力学特征，其岩体结构主要特点表现为以下内容：

（1）从岩石建造角度，嘉陵江红层岩体属于内陆河湖相沉积，是一套砂岩与泥岩不等厚互层、软硬相间的地层组合岩体。岩石（块）的试验成果分析表明，砂岩类多属于较软岩，泥岩类多属于软岩。因此，从岩体结构特征上讲，软硬相间的层状结构是嘉陵江红层岩体的一种常见结构。

（2）构造作用对原岩的改造：一是砂岩因其较硬，常在岩体中形成与层面近于垂直的一组共轭裂隙，泥岩则更多是以塑性变消耗构造应力的能量；二是在砂岩与泥岩界面及泥质岩体内部，则可形成层间剪切错动带，源于层状结构岩体在水平构造应力下，岩层之间的力耦作用所导致。

有研究表明，只要水平构造应力下作用产生的层间力偶的最大主应力大于 0.237MPa 时，软弱的泥岩类岩石将产生剪切错动从而形成剪切错动带。除非砂岩中存在结合较差的原生软弱带，否则，在较坚硬的砂岩中是不会产生剪切错动的。这一机制也佐证了工程建设过程中，层间剪切错动带常位于砂泥岩接触部位或泥岩类软岩内部的原因。这种剪切错动常作顺层分布，且一般位于上下相对强度较高的岩石之间，由于地下水作用，性状进一步弱化，故后期也称为软弱夹层。延伸长度一般在数十米到数百米之间，多为Ⅲ、Ⅳ级结构面，这种结构面的长度与大坝及水工结构的规模基本相当。因此，在岩体稳定性分析中，应将其作为控制性结构面进行重点研究。

（3）浅表生改造主要表现为由于风化作用导致岩石矿物成分发生变化，同时弱化了岩石矿物颗粒之间的胶结连接。在岩体一定深度范围内，岩石强度被降低，风化裂隙增加，表现为岩体结构、岩体质量与风化程度具有一定的对应性。例如，强风化砂岩类岩体常呈碎裂结构，而在具有膨胀性的粉砂质泥岩及泥岩中往往形成不规则的网状化裂隙。

以凤仪场航电枢纽工程为例，该工程位于四川省南充市顺庆区凤山乡境内的嘉陵江干流上，坝址区出露的基岩岩性主要为侏罗系上统遂宁组砖红色薄层粉砂质泥岩与中-薄层泥质粉砂岩互层，局部夹有中厚层长石石英砂岩。岩层产状为 NE20°～37°，倾向 SE，倾角 2°～5°，分布在坝址的遂宁组地层为四川盆地的主要红色地层之一，是一套河湖相沉积的地层，受河水、湖水季节性变化较大的影响，不仅岩性变化大，而且岩相也较为复杂，其典型的特征是旋回层多，粗、细碎屑岩交替出现的频繁高，交错层发育，在不大的范围内，砂岩透镜体可以很快尖灭，代之出现的是泥岩（图3.2-1），这种情况使得层状结构较为发育的遂宁组岩体在岩体结构方面变得较为复杂。

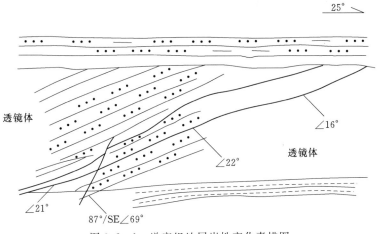

图 3.2-1　遂宁组地层岩性变化素描图

根据两岸基岩露和勘探平洞、钻孔的调查、统计资料，分析岩体质量指标（RQD）与岩体结构类型的对应关系，按水利水电工程地质勘察规范中的岩体结构类型划分标准划分的岩体结构类型见表3.2-1。

表 3.2-1　　　　　　　　坝基钻孔 RQD 值及对应的岩体结构

基岩顶下深度/m	ZK41		ZK42		ZK43		ZK44		ZK45		ZK46	
	RQD	岩体结构	RQD	岩体结构	RQD	岩体结构	RQD	岩体结构	RQD	岩体结构	RQD	岩体结构
0～2	57.0	中厚层状	4.0	碎裂状	53.5	中厚层状	0	碎裂状	34.4	互层状	35.2	互层状
2～4	29.8	互层状	28.5	互层状	65.6	中厚层状	3.0	碎裂状	45.0	互层状	39.9	互层状
4～6	27.0	互层状	83.2	厚层状	38.4	互层状	5.4	碎裂状	6.0	碎裂状	66.0	中厚层状
6～8	52.3	中厚层状	77.7	厚层状	34.6	互层状	20.6	碎裂状	31.6	互层状	169.8	中厚层状
8～10	45.9	互层状	82.8	厚层状	46.7	互层状	7.2	碎裂状	39.9	互层状	57.4	中厚层状
10～12	44.4	互层状	68.9	中厚层状					52.4	中厚层状	59.7	中厚层状
12～14	43.3	互层状	67.0	中厚层状					57.1	中厚层状	67.3	中厚层状
14～16	43.3	互层状	67.0	中厚层状					55.0	中厚层状	83	厚层状
16～18									60.8	中厚层状	59.9	中厚层状

从表中可以看出，坝址两岸强—弱风化带岩体的层状结构类型主要为薄—互层状结构，属于Ⅲ～Ⅳ岩体。河床基岩顶板下2～5m的RQD值大多为0～25，为Ⅳ～Ⅴ级体；5～10m的RQD值为25～60，属Ⅳ～Ⅲ岩体；距基岩顶板8～10m以下，RQD值已趋于稳定，这以下的RQD值多为50～70，对应的岩体结构为中厚层状结构。由此可以将坝址弱风化下带—微新岩体的岩体结构定为中厚层结构的岩体；弱风化上带为互层状结构；强风化带则属于碎裂结构岩体。

根据野外平面地质测绘、钻探、洞探、物探等地质勘探查明，坝址区岩体风化较为强烈，两岸及河床局部存在一定深度的强风化，由于岩性软弱差异较大，抗风化能力不同，风化程度具明显的差异性。上坝线左岸强风化水平深度一般 10～12m，右岸 5～8m；河床铅直深度 2～4m；左岸弱风化水平深度 30～35m，右岸水平深度 20～25m；河床 8～10m。下坝线左岸强风化水平深度 12～15m，右岸 15～20m，河床 1～3m。河床弱风化铅直厚度 10～15m，两岸稍深，右岸弱风化带厚度 20～25m。根据钻孔勘探资料，河床基岩面呈波状起伏，局部沿裂隙或软弱夹层风化较深，风化程度较强，风化特征多为囊状或带状。

3.2.1.2　力学参数及取值

对于嘉陵江红层的水利水电工程建设而言，工程勘察阶段的工作步骤一般为：首先进行地质测绘和并根据相关分类指标对岩体结构分类；然后对不同结构岩体进行岩石（块）常规物理力学指标（主要是抗压强度）、岩体声波测试、岩体变形和抗剪的现场原位测试；最后根据岩体结构特征及试验结果、结合岩体质量分级和工程类比进行综合取值。

岩体力学特征是岩体对外力作用的响应结果，表现为承载能力、变形、抗剪的特性。与工程设计相关的重要基础参数主要包括以下 3 类：

（1）承载能力参数。工程设计中一般需要获得地基岩体的允许承载力（f_{ak}）。

（2）变形参数。包括变形模量（E_0）、弹性模量（E_e）及泊松比（μ）。

（3）抗剪参数。水利水电工程中涉及两类抗剪参数：一是岩体的抗剪断参数（f'、c'）和抗剪参数（f、c）；二是大坝等结构混凝土与其围岩接触面的抗剪断参数和抗剪参数。

下面将根据现场岩体力学试验的一些成果来分析嘉陵江红层岩体的物理力学特征，需要说明的是，目前的现行规范规定的岩体力学试验试件的尺寸，大多也只能是包含Ⅴ级结构面及以下的节理裂隙。因此，下面通过现场岩体变形试验及抗剪试验获得的参数，仅仅是包含Ⅴ级结构面及以下节理裂隙的岩体力学参数。

3.2.2　岩体的声波特征

声波波速是岩体物理力学性质的重要指标，与控制岩体质量的一系列地质要素有密切关系。声波速度不仅取决于岩石本身的强度，而且当声波穿透裂隙岩体时，往往会产生不同程度的断面效应，导致波速降低。这种散射现象与岩体结构的发育程度、组合形态、裂隙宽度及充填物质有关。声波速度资料可定量划分岩体质量级别，是确定风化、卸荷的重要依据之一。本节以草街航电枢纽工程为例，对嘉陵江红层岩体的声波特征进行讨论。

经查阅有关资料和实际工作中钻孔声波统计数据可知：草街航电枢纽工程的完整致密砂岩岩石的常见最高波速为 4600～4088m/s，利用岩石和岩体波速可计算岩体完整性系数。因未直接得到岩块波速，结合以往整个测区的钻孔声波资料，暂把完整砂岩岩石块波速取值为 4600m/s。参照《水利水电工程地质勘察规范》（GB 50287—99）的规定，草街航电枢纽工程声波波速与岩体完整性系数对照表见表 3.2 - 2。

草街航电枢纽工程所涉及的地层有泥岩、细砂岩、粉砂岩。岩体风化类型包括强风化、弱风化、微风化。根据地质工作人员的要求，按地层特征仅对粉砂质泥岩、砂岩统计；按风化特征仅对强风化带、弱风化带统计。为了在整体上分析草街航电枢纽工程钻孔岩体的声波波速特征，在收集各孔地质资料的基础上，将钻孔声波数据进行分类统计，统计数据见表3.2-3。

表3.2-2　　　　草街航电枢纽工程声波波速与岩体完整性系数对照表

岩体声波的平均波速 V_{pm}/(m/s)	$V_p > 3983$	$3983 \geqslant V_p > 3411$	$3411 \geqslant V_p > 2721$	$2721 \geqslant V_p > 1781$	$V_p \leqslant 1781$
岩体完整性系数 K_v	$K_v > 0.75$	$0.75 \geqslant K_v > 0.55$	$0.55 \geqslant K_v > 0.35$	$0.35 \geqslant K_v > 0.15$	$K_v \leqslant 0.15$
完整程度	完整	较完整	完整性差	较破碎	破碎

表3.2-3　　　　草街航电枢纽工程坝址区钻孔声波波速统计表

地层、风化		声波波速 V_p/(m/s)			岩体完整性系数 K_v	完整程度
		平均	小值平均	大值平均		
地层	粉砂质泥岩	3626	3179	4001	0.62	较完整
	砂岩	3797	3457	4088	0.68	较完整
风化	强风化带	3076	2535	3450	0.45	完整性差
	弱风化带	3417	2934	3790	0.68	较完整

从以上统计数据和波速曲线图看，坝址区粉砂质泥岩和砂岩的波速差异不明显。但粉砂质泥岩稍低些；风化程度不同造成的波速差异相对明显，具体情况如下：

（1）坝址区粉砂质泥岩、砂岩声波的平均波速依次为3626m/s、3797m/s，两者波速相差171m/s，相对差别为4.7%。粉砂质泥岩波速值主要分布在3179~4001m/s，声波速度值大于3500m/s的占66.13%，完整性系数为0.59，为较完整岩体。砂岩波速主要分布在3457~4088m/s，声波速度值大于3500m/s的占82.58%，完整性系数为0.65，为较完整岩体。粉砂质泥岩和砂岩两者之间的平均波速相差比较小，但两者波速值大于3500m/s范围内的，砂岩波速总体要高于粉砂质泥岩16.45%。

（2）坝址区强风化带、弱风化带的声波平均波速依次为3076m/s、3417m/s，两者波速相差341m/s，相对差别为11.1%。强风化带波速值主要分布在2535~3450m/s，声波速度值大于3500m/s的占22.34%，完整性系数为0.43，岩体完整性差。弱风化波速主要分布在2934~3790m/s，声波速度值大于3500m/s的占47.65%，完整性系数为0.53，岩体较完整。强风化带、弱风化带两者之间的平均波速有一定的差异，在两者波速值大于3500m/s范围内，强风化带波速总体要低于弱风化带25.31%。

值得一提的是，可通过岩体纵波速度（V_p）与其他相应的岩体工程力学参数之间的回归分析，建立回归模型，得到岩体变形模量、允许承载力、抗剪强度等工程力学参数。

抗压强度是岩石强度的特征指标，通过试验结合其岩体结构及其完整性，可类比得到工程设计及岩体稳定分析中所需的岩体工程力学参数，这成为中小型工程勘察初始阶段快速、便捷获得岩体力学指标的有效方法。然而工程实践中，由于粉砂质泥岩、泥岩的强度低、质地软，尤其是风化后的泥岩类取样困难，即使取到相应式样，但由于这类岩石通常具有失水开裂、遇水崩解的特性，难以保持原始状态。因此，泥岩类抗压强度在工程实践中存在一定的问题，应通过其他指标来间接表征该类岩体的特征，岩体纵波速度（V_p）指标就是其中之一。即通过钻孔声波测试获得的岩体纵波速度（V_p）与这类软岩类力学指标的相关分析，建立回归模型，从而间接获得工程岩体力学参数。已有学者在这方面做了大量研究，并取得了较好成果。

3.2.3　岩体的变形特征

承压板法岩体变形试验在水利水电工程中应用普遍，承压板法分为刚性承压板法（适用于各类岩体）和柔性承压板法（主要适用于完整和较完整岩体），嘉陵江红层岩体变形试验成果全部来源于刚性承压板法。

这里以草街航电枢纽工程（14 组）、凤仪场电航枢纽工程（4 组）、青居水电站（4 组）、金溪电航枢纽工程（7 组）变形试验成果来讨论嘉陵江红层岩体的变形特征，其统计成果见表 3.2 - 4。图 3.2 - 2 为各个工程变形模量（E_0）与弹性模量（E_e）平均值随岩性和风化状态变化曲线；图 3.2 - 3 为变形模量（E_0）与弹性模量（E_e）的比值 E_0/E_e 随岩性和风化状态的变化曲线图；图 3.2 - 4 为草街航电枢纽工程不同受力方向变形特征曲线图。

表 3.2 - 4　　　　　　　　　　　不同风化状态嘉陵江红层岩体变形特征统计

试点编号	岩体特征	变形模量 E_0/GPa	弹性模量 E_e/GPa	E_0/E_e
草街 EoPD02－1（∥）	弱风化粉砂质泥岩	6.25	8.36	0.748
草街 EoPD02－2（⊥）	弱风化粉砂质泥岩	2.56	3.3	0.776
草街 EoPD02－3（∥）	弱风化粉砂质泥岩	4.71	7.42	0.635
草街 EoPD02－4（⊥）	弱风化粉砂质泥岩	2.7	3.91	0.691
凤仪场 PD4E4－2	弱风化粉砂质泥岩	0.802	1.523	0.527
凤仪场 PD3E3－2	弱风化粉砂质泥岩	0.483	0.84	0.575
青居 Eo－pd2－2	弱风化粉砂质泥岩	0.29	0.71	0.408
金溪 PD5DM1	弱风化粉砂质泥岩	0.19	0.31	0.611
草街 Eo－3（∥）	弱风化砂岩	6.38	9.43	0.677
草街 Eo－4（⊥）	弱风化砂岩	2.39	3.96	0.604
金溪 PD4DM1	弱风化砂岩	0.93	1.87	0.499
草街 EoSJ02－1（∥）	微风化粉砂质泥岩	4.13	6.34	0.651
草街 EoSJ02－2（⊥）	微风化粉砂质泥岩	3.71	5.3	0.700
凤仪场 PD4E4－1	微风化粉砂质泥岩	1.008	2.407	0.419
凤仪场 PD3E3－1	微风化粉砂质泥岩	1.223	1.913	0.639
青居 Eo－sj－1	微风化粉砂质泥岩	1.32	2.6	0.508
青居 Eo－pd2－3	微风化粉砂质泥岩	0.36	0.98	0.367
青居 Eo－pd2－4	新鲜粉砂质泥岩	4.04	6.8	0.594
草街 Eo－1（∥）	新鲜泥岩	6.3	8.07	0.781
草街 Eo－2（⊥）	新鲜泥岩	6.98	14.18	0.492
金溪 PD5DM3	新鲜泥岩	1.52	3.09	0.490
草街 Eo－5（∥）	新鲜砂岩	13.6	24.5	0.555

试点编号	岩体特征	变形模量 E_0/GPa	弹性模量 E_e/GPa	E_0/E_e
草街 Eo-6（⊥）	新鲜砂岩	7.89	11.41	0.691
金溪 PD4DM2	新鲜砂岩	1.23	2.23	0.551
金溪 PD4DM3	新鲜砂岩	1.61	2.86	0.561
金溪 PD4DM4	新鲜砂岩	0.58	1.00	0.577
金溪 PD5DM2	新鲜砂岩	2.10	2.88	0.732

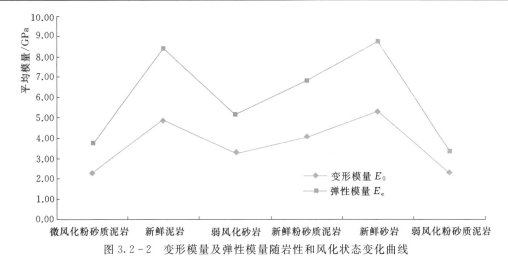

图 3.2-2　变形模量及弹性模量随岩性和风化状态变化曲线

通过现场变形试验，嘉陵江红层岩体主要变形特征可概括为以下内容：

（1）嘉陵江红层岩体的变形模量较低，反映了砂岩类红层岩体属于较软岩，而泥质岩类红层岩体属于软岩。新鲜泥岩和新鲜砂岩平均值分别为 4930MPa 和 5290MPa；弱风化粉砂质泥岩及微风化粉砂质泥岩较小，为 2250MPa 和 2280MPa。

（2）由于红层岩体大多为层状岩体，构造简单，岩体中裂隙总体上不发育，变形模量及弹性模量数值大小主要取决于岩性及风化状态。由图 3.2-2 可以看出，变形模量及弹性模量数值由高到低的顺序依次为新鲜砂岩、新鲜泥岩、新鲜粉砂质泥岩、弱风化砂岩、微风化粉砂质泥岩、弱风化粉砂质泥岩。

（3）红层岩体的软岩特性在变形试验中表现为塑性变形。采用变形模量（E_0）与弹性模量（E_e）的比值 E_0/E_e 来表征，根据表 3.2-3 的统计结果，$E_0/E_e = 0.37 \sim 0.78$，平均值为 0.59，这表明塑性变形在总体变形中的比例为 $22\% \sim 63\%$，即总变形量中大部分为塑性变形量，弹性变形量相对较小。红层软岩岩体为较明显的弹塑性岩体，且塑性为主。图 3.2-3 表明 E_0/E_e 与 6 种风化状态和岩性组合变化趋势，由微风化粉砂质泥岩、新鲜泥岩、弱风化砂岩、新鲜粉砂质泥岩、新鲜砂岩、弱风化粉砂质泥岩逐渐升高。

（4）原岩建造过程中形成的层状构造加之受到后期改造影响，导致红层岩体具有明显的各向异性性质。通过对草街航电枢纽工程红层岩体的试验，发现其垂直层理变弹模大大低于平行层理的变弹模（图 3.2-4）；平行条件下变形模量与弹性模量的比值为 $1.11 \sim$

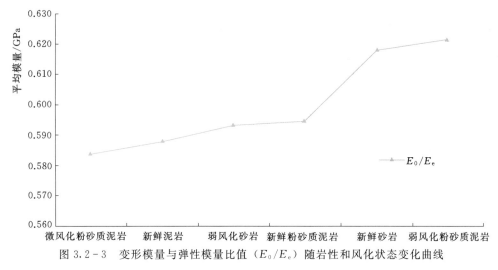

图 3.2-3　变形模量与弹性模量比值（E_0/E_e）随岩性和风化状态变化曲线

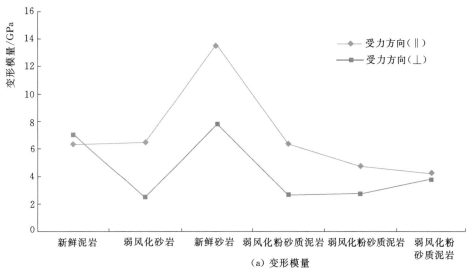

（a）变形模量

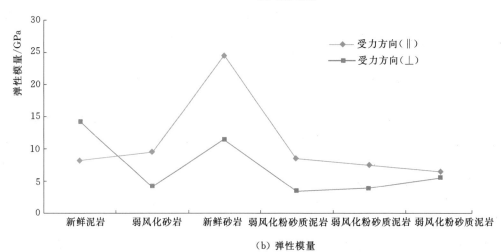

（b）弹性模量

图 3.2-4　草街航电枢纽工程不同受力方向变形特征曲线

2.67，垂直条件下变形模量与弹性模量的比值为 1.2～2.53，客观地反映了层状构造岩体各向异性的特点。

（5）红层岩体变形应力-应变主要表现为 3 种类型，即直线型（A 型）、上凸型（B型）和上凹型（C 型）。

直线型（A 型）主要出现在厚层状、完整的岩体中，如厚层状泥质粉砂岩，这种岩体变形参数一般较高；另一种情况则是在裂隙较为发育的风化卸荷碎裂结构岩体中，也表现出此种类型的变形曲线，但变形参数较低，一般出现在风化卸荷砂岩及泥质粉砂岩中。

上凸型（B 型）变形曲线反映出这类岩体一般较软弱，或者是岩体分布有软弱夹层。如草街航电枢纽工程微风化粉砂质泥岩，胶结差，湿抗压强度 25.5～28.0MPa，属于较软岩；对于分布有软弱夹层的岩体则代表的是在高应力下软弱夹层的变形增加的特性；微风化—新鲜层状结构的红层软岩岩体一般以这种类型为主。

上凹型（C 型）随应力的增加斜率增大，表示了岩体随高应力状态下的强化，可能与应力垂直该层面，在较小应力下的较大变形主要与岩体层面被压缩有关，例如草街航电枢纽工程 E0－2（⊥）岩体变形试验所测得的压力-变形关系曲线就属上凹型，主要与其处于强卸荷的地质环境有关；而较高应力下，层状岩体压缩已经完成达到了相对紧密的状态，表现出强化特征。

3.2.4　岩体的强度特征

嘉陵江红层岩体的强度特征主要为抗剪强度特征，包括了岩体本身的抗剪强度和混凝土与岩体接触面的抗剪强度两类。前者是岩体本身在剪应力作用下的抗剪断和抗剪问题，可用于验算岩体自身的剪切稳定；后者则可用于验算混凝土坝等水工建筑物与岩体接触面的抗滑稳定。根据已建工程的试验结果，层状结构为主的红层岩体本身的抗剪断强度相对较高，另外由于红层地区的坝体一般为低坝，岩体本身的抗剪强度也不是坝基抗滑稳定的主控因素。以混凝土坝为代表的坝基抗滑稳定问题，其抗滑稳定主要表现为两个方面：①混凝土与坝基接触面的浅层滑动；②沿坝基岩体中软弱夹层的深层滑动。水利水电工程勘察期间，岩体抗剪主要研究的是混凝土与坝基岩体接触面的抗剪特征，而软弱夹层则作为岩体稳定计算的边界条件进行单独研究。

根据草街、凤仪、青居、沙溪、桐子壕、老木孔、金溪、上石盘等电站或航电工程坝基岩体及混凝土与坝基岩体接触面现场抗剪试验数据（表 3.2－5），对坝基岩体抗剪特征进行归纳和总结。

基于以上试验数据分析，可得到混凝土与嘉陵江红层岩体之间抗剪强度的以下特征：

（1）混凝土与红层岩体之间的抗剪强度与红层岩体的岩性及风化程度有关，总体趋势表现为砂岩、泥质粉砂岩、粉砂质泥岩、泥岩的抗剪强度依次降低，这一总体趋势代表的是岩石（块）强度与抗剪强度的相关关系，但同时还受到岩体风化程度的影响。

（2）混凝土与岩石接触带的剪切破坏特征与岩石的强度及完整性有明显的相关性。通过剪切面的观察分析，发现以下几种特征类型：

1）一类。对于强度大于 30MPa 的完整-较完整的砂岩，其剪切破坏面一般是沿试验之前预定的混凝土与岩体接触面形成。

表 3.2 - 5　　　　四川地区部分工程嘉陵江红层岩体主要试验成果表

工程名称	代表岩类	抗剪断强度				抗剪强度			
		混凝土/岩石		岩石/岩石		混凝土/岩石		岩石/岩石	
		f'	C' /MPa	f'	C' /MPa	f'	C' /MPa	f	C /MPa
凤仪场航电枢纽工程	粉砂质泥岩	0.98	0.40	—	—	0.74	0.30	—	—
	粉砂质泥岩	0.70	0.20	—	—	0.67	0.18	—	—
	泥质粉砂岩	0.85	0.50	—	—	0.76	0.40	—	—
青居水电站	微风化粉砂质泥岩	—	—	0.53	0.10	—	—	0.53	0.05
	弱风化粉砂质泥岩	—	—	0.53	0.07	—	—	0.53	0.05
	新鲜粉砂质泥岩	1.02	0.52	—	—	0.63	0.10	—	—
	微风化粉砂质泥岩	0.85	0.60	—	—	0.57	0.14	—	—
金溪航电枢纽工程	新鲜粉砂质泥岩	0.87	0.29	—	—	0.56	0.14	—	—
	新鲜砂岩	1.36	0.82	—	—	1.20	0.00	—	—

2）二类。一部分剪切面沿混凝土与岩石接触面，另外一部分位于岩体中，这种类型的破坏面主要发生在岩石强度为 15～30MPa 的较软岩里，以及较完整的层状砂岩和泥质粉砂岩中。

3）三类。剪切破坏全位于岩石中，并非两者的接触面。这类岩石为强度一般小于 15MPa 的软岩，其岩性多为粉砂质泥岩与泥岩。这说明在软岩中，由于本身强度低于混凝土与岩石接触面强度，其剪切破坏易发生于岩体内部，混凝土与岩石的抗剪强度实际上就是岩体的抗剪强度。表征了混凝土坝与坝基岩体之间浅表层滑动破坏的形式。

（3）各类试验所得指标基本上反映了岩（土）体本身的物理力学特性，但总体来看，试验值较经验值普遍偏低，其主要原因与试样较长时间暴露、浸水而发生风化、崩解、软化等因素有关。因此，在参数选取时应考虑上述因素。

3.3　力学参数取值研究

岩体力学参数是在对室内岩石物理、力学性质试验和现场抗剪试验、变形试验、弹性波速测试等试验资料进行分析的基础上，并与类似工程的试验资料进行对比取得。对于嘉陵江红层，由于受到后期改造作用影响程度不同，即使是同种岩性，其力学参数也有一定差异，苍溪、草街、凤仪、青居、沙溪、桐子壕、老木孔、金溪、上石盘等电站或航电工程的岩体力学参数建议值见表 3.3-1。

表 3.3 - 1　　嘉陵江红层岩体力学参数建议值统计表

工程名称	代表岩类	干密度 ρd /(g/cm³)	比重 G	抗压强度 干R /MPa	抗压强度 饱和Rw /MPa	允许承载力 [R]/MPa	变形模量 E0/GPa	弹性模量 Ee/GPa	泊松比 μ	抗剪断强度 混凝土/岩石 f'	抗剪断强度 混凝土/岩石 C'/MPa	抗剪断强度 岩石/岩石 f'	抗剪断强度 岩石/岩石 C'/MPa	抗剪强度 混凝土/岩石 f'	抗剪强度 混凝土/岩石 C'/MPa	抗剪强度 岩石/岩石 f'	抗剪强度 岩石/岩石 C'/MPa	开挖坡比 临时	开挖坡比 永久
老木孔航电工程	强风化泥质粉砂岩与粉砂质泥岩	—	—	—	—	0.2~0.25	—											1:0.5	1:0.75
老木孔航电工程	强风化砂岩、泥质粉砂岩夹粉砂质泥岩	—	—	—	—	0.25~0.3												1:0.85	1:1.0
苍溪水电站	弱风化粉砂质泥岩	2.43~2.47	2.77	—	5~7	0.5~0.6	0.8~1.0		0.31~0.32	0.5~0.6	0.15~0.20	0.45~0.55	0.15~0.20	—	—	0.4~0.45	0.05~0.10	水上 1:0.4　水下 1:0.5	水上 1:0.5　水下 1:0.75
草街电航枢纽工程	弱风化粉砂质泥岩	2.52	2.78	—	7~10	0.7~1.0	0.5~1		0.35	0.55~0.65	0.2~0.3	0.45~0.55	0.2~0.3	—	—	0.35~0.4	0	1:0.5	1:0.75
风仪场航电板组工程	弱风化粉砂质泥岩	—	—	—	—	1.5~2.0	0.8~1.0	1~1.5	—	0.45~0.5	0.1~0.2	—	—	0.4~0.45	—	—	—	—	—
青居水电站	弱风化粉砂质泥岩	—	—	—	—	0.8~0.9	0.5~0.7	1.2~1.5	0.32~0.36	—	—	0.6~0.7	0.3~0.5	—	—	0.42~0.45	—	—	—
沙溪航电工程	弱风化粉砂质泥岩	2.19~2.32	2.76	7~8	5~6	0.5~0.6	0.8~1.0		0.34~0.36	0.55~0.65	0.30~0.40	0.45~0.55	0.15~0.20	—	—	0.4~0.45	0.05~0.10	水上 1:0.4　水下 1:0.5	水上 1:0.5　水下 1:0.75
桐子壕航电工程	弱风化粉砂质泥岩	2.43	2.71	17	7	0.5~0.8	0.5~0.7		0.32~0.35	—	—	0.55~0.60	0.2	—	—	0.32~0.37	0.005	1:0.75	1:1.0

续表

工程名称	代表岩类	干密度 ρ_d /(g/cm³)	比重 G	抗压强度 干 R /MPa	抗压强度 饱和 R_w /MPa	允许承载力 $[R]$ /MPa	变形模量 E_0 /GPa	弹性模量 E_e /GPa	泊松比 μ	抗剪断强度 混凝土/岩石 f'	抗剪断强度 混凝土/岩石 C'/MPa	抗剪断强度 岩石/岩石 f'	抗剪断强度 岩石/岩石 C'/MPa	抗剪强度 混凝土/岩石 f'	抗剪强度 混凝土/岩石 C'/MPa	抗剪强度 岩石/岩石 f'	抗剪强度 岩石/岩石 C'/MPa	开挖坡比 临时	开挖坡比 永久
金溪航电工程	弱风化粉砂质泥岩	2.44	2.78	48	7.2	0.4~0.5	0.2	0.4	0.4	0.45~0.50	0.1~0.2	—	—	—	—	0.32~0.35	0	1:1.25~1:1.5	1:1.5~1:1.75
上石盘航电工程	弱风化粉砂质泥岩	2.52	—	—	4.7	0.4~0.5	0.4~0.5	—	0.32~0.36	0.55~0.60	0.15~0.20	0.45~0.50	0.1	—	—	0.40~0.42	0	1:0.75	1:1.0
凤仪场航电枢纽工程	弱风化泥质粉砂岩	—	—	—	—	2.0~3.0	2~3	3~5	0.3	0.6~0.65	0.2~0.3	—	—	0.5~0.6	—	—	—	—	—
桐子壕航电工程	弱风化泥质粉砂岩	2.44	2.73	22	—	0.8~1.0	0.9	—	—	—	—	0.65~0.70	0.25	—	—	0.4~0.45	0	1:0.5	1:0.75
金溪航电工程	弱风化泥质粉砂岩	2.53	2.72	54	8.2	0.6~0.8	0.3~0.4	0.5~0.6	0.35	0.60~0.65	0.3~0.4	—	—	—	—	0.35~0.40	0	1:0.75	1:1.0~1:1.25
上石盘航电工程	弱风化泥质粉砂岩	2.38	—	—	12.8	0.7~0.9	0.5~0.6	—	0.28~0.30	0.60~0.65	0.20~0.25	0.55~0.60	0.20~0.25	—	—	0.45~0.50	0	1:0.75	1:1.0
老木孔航电工程	弱风化泥质粉砂岩与粉砂质泥岩	2.19~2.32	—	7~8	5~6	0.6~0.8	0.5~1	—	0.32	0.55~0.60	0.25~0.30	0.45~0.55	0.15~0.20	—	—	0.35~0.40	0	1:0.5	1:0.75
草街航电枢纽工程	弱风化砂岩	2.35	2.57	—	20~25	1.5~2.0	2~4	—	0.28	0.65~0.75	0.4~0.5	0.55~0.65	0.3~0.4	—	—	0.5~0.55	0	1:0.3	1:0.5
凤仪场航电枢纽工程	弱风化砂岩	—	—	—	—	3.0~5.0	5~8	8~10	—	0.7~0.8	0.5~0.6	—	—	0.6~0.7	—	—	—	—	—
桐子壕航电工程	弱风化砂岩	2.37	2.7	33	20	1.5~2.0	2.5~3.5	—	0.26	—	—	0.75	0.3	—	—	0.53~0.58	0	1:0.3	1:0.5

续表

工程名称	代表岩类	干密度 ρd /(g/cm³)	比重 G	抗压强度 干R /MPa	抗压强度 饱和 Rw /MPa	允许承载力 [R] /MPa	变形模量 E0 /GPa	弹性模量 Ee /GPa	泊松比 μ	抗剪断强度 混凝土/岩石 f'	抗剪断强度 混凝土/岩石 C' /MPa	抗剪断强度 岩石/岩石 f'	抗剪断强度 岩石/岩石 C' /MPa	抗剪强度 混凝土/岩石 f'	抗剪强度 混凝土/岩石 C' /MPa	抗剪强度 岩石/岩石 f'	抗剪强度 岩石/岩石 C' /MPa	开挖坡比 临时	开挖坡比 永久
金溪航电工程	弱风化砂岩	2.32	2.67	70	24.2	1.2~1.5	1~1.5	2~3	0.28	0.70~0.80	0.4~0.5	—	—	—	—	0.55~0.60	0	1:0.5~1:0.75	1:0.75~1:1.0
上石盘航电工程	弱风化砂岩	2.27	—	—	19.1	0.8~1.0	0.8~1.0	—	0.26~0.28	0.70~0.75	0.28~0.30	0.70~0.75	0.28~0.30	—	—	0.50~0.55	0	1:0.5	1:0.75
老木孔航电工程	弱风化砂岩、泥质粉砂岩夹粉砂质	2.17~2.25	—	40~50	20~25	0.8~1.2	2~3	—	0.28	0.70~0.75	0.35~0.4	0.65~0.7	0.25~0.35	—	—	0.50~0.55	0	1:0.5	1:0.65
苍溪水电站	弱风化细砂岩	2.16~2.18	2.67	—	15~20	1.0~1.5	2~3	—	0.26~0.28	0.75~0.85	0.35~0.4	0.7~0.8	0.35~0.4	—	—	0.55~0.60	0	水上1:0.3 水下1:0.35	水上1:0.35 水下1:0.4
沙溪航电工程	弱风化细砂岩	2.17~2.25	2.66	40~50	20~25	1.0~1.5	2~3	—	0.28~0.3	0.75~0.85	0.4~0.5	0.7~0.8	0.35~0.4	—	—	0.55~0.60	0	水上1:0.3 水下1:0.35	水上1:0.35 水下1:0.4
风仪场航电板纽工程	微风化粉砂质泥岩	—	—	—	—	2.0~3.0	1.0~1.5	1.5~3	—	0.5~0.55	0.2~0.3	—	—	0.45~0.5	—	—	—	—	—
桐子壕航电工程	微风化砂质泥岩	2.48	2.75	28	14	0.8~1.0	0.7~0.9	—	0.3~0.32	—	—	0.6~0.65	0.25	—	—	0.37~0.42	0.005	1:0.75	1:1.0
风仪场航电板纽工程	微风化泥质粉砂岩	—	—	—	—	3.0~5.0	3~5	5~8	—	0.65~0.70	0.3~0.35	—	—	0.6~0.65	—	—	—	—	—
桐子壕航电工程	微风化泥质粉砂岩	2.49	2.75	39	22	1.0~1.5	1.5~2.0	—	0.26~0.3	0.7	0.3	—	—	—	—	0.45~0.50	0	1:0.5	1:0.75

续表

工程名称	代表岩类	干密度 ρd /(g/cm³)	比重 G	抗压强度 干R /MPa	抗压强度 饱和 Rw /MPa	允许承载力 [R] /MPa	变形模量 E0 /GPa	弹性模量 Ee /GPa	泊松比 μ	抗剪断强度 混凝土/岩石 f'	抗剪断强度 混凝土/岩石 C'/MPa	抗剪断强度 岩石/岩石 f'	抗剪断强度 岩石/岩石 C'/MPa	抗剪强度 混凝土/岩石 f'	抗剪强度 混凝土/岩石 C'/MPa	抗剪强度 岩石/岩石 f'	抗剪强度 岩石/岩石 C'/MPa	开挖坡比 临时	开挖坡比 永久
凤仪场航电板纽工程	微风化砂岩	—	—	—	—	5.0~8.0	8~10	12~15	—	0.8~1.0	0.6~0.8	—	—	0.7~0.8	—	—	—	—	—
桐子壕航电工程	微风化砂岩	2.38	2.7	55	35	2~3	3.5~4.5	—	0.22	—	—	0.8	0.6	—	—	0.58~0.62	0	1:0.3	水上 1:0.5
苍溪水电站	微新粉砂质泥岩	2.50~2.54	2.75	—	8~13	0.8~1.2	1~2	—	0.30~0.31	0.60~0.7	0.2~0.3	0.55~0.65	0.2~0.3	—	—	0.45~0.50	0.1~0.15	水上 1:0.4 水下 1:0.5	水上 1:0.5 水下 1:0.75
草街航电枢纽工程	微新粉砂质泥岩	2.53	2.79	15~20	15~20	1.0~1.5	2~4	—	0.3	0.65~0.75	0.4~0.5	0.55~0.65	0.3~0.4	—	—	0.5~0.55	0	1:0.3	1:0.5
沙溪航电工程	微新粉砂质泥岩	2.44~2.46	2.75	—	12~15	0.8~1.2	1~2	—	0.32~0.34	0.65~0.7	0.35~0.45	0.55~0.65	0.2~0.3	—	—	0.45~0.50	0.1~0.15	水上 1:0.4 水下 1:0.5	水上 1:0.5 水下 1:0.75
老木孔航电工程	微新泥质砂岩与粉砂质泥岩	2.44~2.46	—	15~20	12~15	0.8~1.2	1~2	—	0.3	0.65~0.7	0.30~0.35	0.55~0.65	0.2~0.25	—	—	0.45~0.50	0	1:0.5	1:0.75
草街航电枢纽工程	微新砂岩	2.38	2.55	—	50~55	2.5~3.0	6~8	—	0.25	0.8~1.0	0.6~0.8	0.7~0.9	0.5~0.7	—	—	0.55~0.7	0	1:0.2	1:0.3
老木孔航电工程	微新砂岩、泥质粉砂岩夹粉砂质	2.23~2.34	—	50~65	30~40	1.4~1.8	3~4	—	0.25	0.75~0.8	0.45~0.50	0.7~0.75	0.35~0.45	—	—	0.56~0.65	0	1:0.5	水上 1:0.65

续表

工程名称	代表岩类	干密度 ρ_d /(g/cm³)	比重 G	抗压强度 干R /MPa	抗压强度 饱和 R_w /MPa	允许承载力 [R]/MPa	变形模量 E_0/GPa	弹性模量 E_e/GPa	泊松比 μ	抗剪断 混凝土/岩石 f'	抗剪断 混凝土/岩石 C'/MPa	抗剪断 岩石/岩石 f'	抗剪断 岩石/岩石 C'/MPa	抗剪 混凝土/岩石 f'	抗剪 混凝土/岩石 C'/MPa	抗剪 岩石/岩石 f'	抗剪 岩石/岩石 C'/MPa	开挖坡比 临时	开挖坡比 永久
苍溪水电站	微新细砂岩	2.14~2.28	2.64	—	25~30	1.5~2.0	3~5	—	0.24~0.26	0.85~0.9	0.55~0.65	0.8~0.9	0.5~0.6	—	—	0.65~0.7	0	水上 1:0.25 / 水下 1:0.3	水上 1:0.3 / 水下 1:0.35
沙溪航电工程	微新细砂岩	2.23~2.34	2.62	50~65	30~40	1.5~2.0	3~5	—	0.25~0.28	0.85~0.9	0.55~0.65	0.8~0.9	0.5~0.6	—	—	0.65~0.7	0	水上 1:0.25 / 水下 1:0.3	水上 1:0.3 / 水下 1:0.35
青居水电站	新鲜粉砂泥质	—	2.77	13~22	7~11	0.9~1.1	1.5	2.8	0.28~0.30	—	—	0.72	0.5~0.6	—	—	0.5	—	—	—
金溪航电工程	新鲜粉砂泥质岩	2.49	2.74	50	7.3	0.5~0.6	0.2~0.3	0.4~0.5	0.38	0.50~0.55	0.1~0.3	0.50~0.55	0.20~0.25	—	—	0.35~0.40	0	1:1 ~ 1:0.25	1:1.25 ~ 1:1.5
上石盘航电工程	新鲜粉砂泥质岩	2.53	—	—	10.9	0.5~0.7	0.5~0.6	—	0.30~0.32	0.60~0.65	0.20~0.25	0.50~0.55	0.15~0.20	—	—	0.45~0.50	0	1:0.5	1:0.75
金溪航电工程	新鲜泥质粉砂岩	2.51	2.72	56	8.8	0.8~1.0	0.4~0.5	0.6~0.8	0.3	0.65~0.70	0.4~0.5	0.65~0.70	0.4~0.5	—	—	0.40~0.45	0	1:0.75	1:1.0
上石盘航电工程	新鲜泥质粉砂岩	2.56	—	—	14.6	0.9~1.1	0.6~0.7	—	0.26~0.28	0.65~0.70	0.25~0.28	0.60~0.65	0.25~0.28	—	—	0.50~0.55	0	1:0.5	1:0.75
金溪航电工程	新鲜砂岩	2.41	2.69	82	36.1	1.5~2.0	1.5~2.0	3~4	0.27	0.8~1.0	0.5~0.7	0.80~0.85	0.30~0.35	—	—	0.65~0.70	0	1:0.75	1:0.75
上石盘航电工程	新鲜钙砂岩	2.31	—	—	25.3	1.0~1.5	1.0~1.5	—	0.24~0.26	0.75~0.80	0.30~0.35	0.80~0.85	0.30~0.35	—	—	0.55~0.60	0	1:0.3	1:0.5

第4章

嘉陵江红层软弱夹层特性研究

嘉陵江红层软弱夹层是指岩体中平行于层面发育的具有一定规模、结构松软、强度低的结构面，有的工程也称软化夹层、泥化夹层、软弱层带、缓倾断层带、构造破碎带、剪切带等。嘉陵江红层中软弱夹层普遍发育，它的分布、性状，对水电水利工程建设至关重要，是影响水电水利工程各建筑物基础稳定（包括沉降与变形稳定和抗滑稳定）和边坡稳定的关键因素。

嘉陵江红层岩体具有软硬相间的砂泥岩层状建造，不仅总体强度低，因其沉积环境复杂、相变大，常常在浅表部岩体中砂泥岩界面及泥质岩体中发育许多软弱夹层，在后期构造作用及表生改造作用下，进一步松散、破碎，进而泥化。因此，软弱夹层强度极低，在水电水利枢纽建筑物基础下极易引起基础抗滑稳定、沉陷变形和渗透变形稳定，在边坡容易构成滑坡的底滑面，引起边坡失稳等一系列工程地质问题。所以，在水电水利工程地质勘察设计中，必须高度重视对嘉陵江红层中软弱夹层的勘察，查明软弱夹层的成因、分布和物理力学特性，分析研究对工程的影响，否则，将会构成工程隐患，甚至酿成工程事故。

4.1 软弱夹层的成因

嘉陵江红层中软弱夹层的成因主要是岩体中的原生结构面（如层面）、层间和层内构造剪切错动面，经后期的浅表生地质改造而形成的一种强度低、工程地质性状差的特殊结构面。

层间和层内构造剪切错动面是嘉陵江红层中特有的结构面，是具有层状结构的岩体在水平构造应力的作用下，岩层的屈曲导致的层间力偶作用的结果。但不是所有的层状岩体都能产生层间错动，还需要有一定的岩性组合条件，强度高的层状岩体，在屈曲时所产生层间力偶的应力值远低于岩石的强度包线，不会导致岩层的错动和破坏；

而只有强度不同、软硬相间的互层状岩体，才能在接触面或相对软弱的岩层内形成缓倾角剪切错动面。

根据库仑准则，当岩石内应力状态满足以下条件时，岩石将产生剪切破坏：

$$\sigma_1 \geqslant \sigma_3 \tan^2\left(45° + \frac{\varphi}{2}\right) + 2C\tan\left(45° + \frac{\varphi}{2}\right) \qquad (4.1-1)$$

在近地表，$\sigma_3 = 0$ 时，破坏的临界主应力主要取决于岩石的内摩擦角（φ）和黏聚力（C），假设 $\varphi = 24°$，$C = 0.05$MPa，代入式（4.1-1），则 $\sigma_1 = 0.237$MPa，这是一个较小的应力值。这表明只要层间力偶诱导的最大主应力大于 0.237MPa 时，软弱的泥岩类岩石将产生剪切破坏，从而形成软弱夹层，但是在如此小的主应力作用下，较坚硬的砂岩中是不会产生剪切错动的，除非砂岩中发育有结合较差的原生软弱带。这就是工程实践中，软弱夹层常常位于砂泥岩接触面和泥质岩石内部的主要力学机制，因其顺层分布，强度低、工程地质性状差，故称其为软弱夹层。

嘉陵江红层的砂泥岩层层状建造、层间和层内构造剪切错动面（特有的结构面）是构成软弱夹层的内因，而浅表生改造作用是构成软弱夹层的外因。初步分析，嘉陵江红层中软弱夹层的形成条件有：①有一定黏粒含量和黏土矿物组分的母岩，是软弱夹层形成的物质基础；②层状建造、软硬相间的沉积岩层是构成软弱夹层的先决条件；③在区域水平构造应力作用下，地层轻微褶曲，层间、层内产生系列缓倾角剪切错动面是构成软弱夹层的内动力条件；④砂岩和泥岩，岩石强度和透水性差异大，岩体中层间层内错动面透水性较好，后期在空气、地下水的作用下，产生泥化、风化等现象，结构面强度进一步降低，是构成软弱夹层的外动力条件。

4.2　软弱夹层的发育特征

软弱夹层主要是受岩性、岩体结构、原生构造、轻微地质构造变形、层间层内的剪切错动，以及岩体的风化、卸荷、地下水活动等综合因素影响而发育。一般是沿早期的原生层面、节理、裂隙和构造挤压错动面（带）等，经后期的风化、卸荷、地下水活动等浅表生改造而形成。随着岩体的埋深增大、风化卸荷的减弱，软弱夹层发育的频率逐渐减少。在微新岩体内软弱夹层发育极少，其原生层面、节理、裂隙和构造挤压错动面（带）等多接触紧密、新鲜、无软化。

根据草街航电枢纽工程区钻孔、竖井资料，勘探的 28 个钻孔和 3 个竖井中均见有软弱夹层，共揭露有 66 点，大部分单孔见有 1~2 点（表 4.2-1）。分布深度主要在 0~20m 范围，占揭露点数的 80.3%（表 4.2-2）。发育部位多数在黏土岩内部，在总共揭露的 66 点中，黏土岩内部有 46 点，占 69.7%；在砂岩内部和不同岩性接触界面各有 5 点和 15 点，分别占 7.6% 和 22.7%（表 4.2-3）。软弱夹层大多无构造错动，部分有轻微的构造错动迹象，枢纽区揭露的 66 点中 11 点有错动，占 16.7%。厚度一般为 1~5cm，个别可达 10~16cm，长度多为 20~40m。

表 4.2－1　　　草街航电枢纽工程区勘探揭露的软弱夹层发育情况统计表

孔、井数	有软弱夹层		无软弱夹层		单孔（井）1 点		单孔（井）2 点		单孔（井）3 点		单孔（井）>4 点	
	孔、井/个	百分比/%	孔、井/个	百分比/%	孔、井/个	百分比/%	孔、井/个	百分比/%	孔、井/个	百分比/%	孔、井/个	百分比/%
50	31	62	19	38	10	20	13	26	5	10	3	6

表 4.2－2　　　草街航电枢纽工程区勘探揭露的软弱夹层发育深度统计表

深度/m	点数	百分比/%	累计百分比/%
2～5	9	13.6	13.6
5～10	17	25.8	39.4
10～15	14	21.2	60.6
15～20	13	19.7	80.3
>20	13	19.7	100

表 4.2－3　　　草街航电枢纽工程区勘探揭露的软弱夹层发育部位统计表

总点数	黏土岩内		砂岩内		接触面	
	点数	百分比/%	点数	百分比/%	点数	百分比/%
66	46	69.7	5	7.6	15	22.7

根据大量水电水利工程的野外地质调查和地质勘探揭示，软弱夹层的发育特征大致归纳如下：

（1）沿层面发育，特别是砂岩与泥岩的接触面。软弱夹层大多沿层面发育，特别是砂岩与泥岩的接触面，由于砂岩透水性相对泥岩强，地下水遇泥岩阻水后，在接触面形成地下水通道，在空气、水的作用下，结构面泥化、风化，形成软弱结构面。该类结构面在地表普遍发育，且夹层厚度大、延伸长。

（2）平行层面发育。主要发育在泥岩内，因泥岩强度低，在轻微构造作用下（主要是水平构造应力）容易形成层间、层内剪切错动面，后期的浅表生改造，形成了大量的软弱夹层，但其规模较砂岩与泥岩的接触面形成的软弱夹层的规模小。

（3）由表及里、由浅入深，软弱夹层发育频率逐渐减小，表部发育频率最高，规模最大。软弱夹层主要受浅表生的风化、卸荷改造影响。据钻孔资料统计，随着钻孔深度的增加，揭露的软弱夹层条数逐渐减少。

（4）空间分布上随机性强、连续性差。据勘探资料统计，软弱夹层在平面分布和埋深的变化上无明显规律，相邻钻孔之间揭露的软弱夹层多不连续，多是单条孤立的软弱夹层。

4.3　软弱夹层的物质组成

嘉陵江红层中软弱夹层的物质组成与母岩成分密切相关，受构造挤压和风化的不同，其物质形状、大小也不同，矿物成分和化学成分也略有差异。

据嘉陵江红层地区的勘察资料初步统计，一般砂岩内发育的软弱夹层，以岩块、岩屑为主，其次是泥；泥岩内发育的软弱夹层，则是以泥为主，其次是岩屑。岩块、岩屑形状主要呈棱角状，仅有构造挤压的才呈次棱角状。

嘉陵江红层中软弱夹层的矿物成分以伊利石等黏土矿物为主，其次为方解石、石英及少量氧化铁矿物。黏土矿物中伊利石含量普遍较高，一般为 $25\%\sim40\%$；其次为绿泥石，含量为 $5\%\sim30\%$；而蒙脱石和高岭石含量普遍很少，一般不超过 10%，甚至没有（如凤仪场、草街等）。而非黏土矿物中，石英含量比较均一，多为 $10\%\sim20\%$；长石含量较少，多为 5% 以下；方解石含量一般为 $10\%\sim20\%$，个别达 43%；氧化铁矿物含量总体较少，多小于 2%。由此可见，软弱夹层是多种矿物成分及不同含量的复杂的高分散体系。亭子口工程软弱夹层矿物及化学成分分析成果见表 4.3-1。

表 4.3-1　　　　　亭子口工程软弱夹层矿物及化学成分分析成果表

试验项目		样品编号					
		J_1	J_2	J_3	J_4	J_5	J_6
pH 值		8.8	9.3	9.6	9.3	9.2	10.3
有机质/%		0.19	0.20	0.17	0.22	0.2	0.22
难溶盐（$CaCO_3$）/%		20.98	9.35	13.67	8.94	9.73	4.70
易溶盐总量/%		0.09	0.26	0.20	0.08	0.20	0.20
烧失量/%		11.74	8.04	9.08	7.41	7.42	6.79
阳离子交换量（Meq/100g 土）		10.51	9.92	12.20	11.85	10.37	22.14
主要矿物成分及含量/%	水云母	20~25	35~40	10~15	35~40	25~30	38~40
	绿泥石	10~15	23~28	5~10	20~25	20~25	30~38
	I/S	—	3~5	2~3	2~3	2~3	
	长石	10~15	3	8~13	3	3	3
	石英	15~20	10~15	15~20	10~15	15~20	10~18
	方解石	23~28	10~15	38~43	13~18	18~23	3~5
	Fe	1	1~2	1~2	1~2	1~2	1~2
	蒙脱石	—	—	2	—	—	—
游离氧化物/%	Fe_2O_3	1.40	2.44	2.20	2.14	1.88	2.77
	SiO_2	0.75	0.86	0.77	0.76	0.71	0.80
	Al_2O_3	0.2	0.22	0.23	0.21	0.22	0.22

从矿物成分特征及种类来看，嘉陵江红层地区未经历变质作用，软弱夹层的矿物成分与母岩基本一致，仅仅是含量上的变化，这进一步说明软弱夹层是沿原生结构面和剪切错动面经后期地下水等改造作用，发生一系列物理化学变化形成的。而矿物成分及其相对含量的差异，不仅反映母岩特性和成因以及化学稳定性的程度，也表明夹层的物理力学性质的变化。

嘉陵江红层中软弱夹层的化学成分，也与母岩化学成分基本一致，主要是硅、铝、钙、铁、镁、钾的氧化物及挥发物质。如嘉陵江中下游的沙溪和草街航电枢纽工程揭露的软弱夹层的化学成分分析（表 4.3 - 2），软弱夹层化学成分及其含量与母岩基本一致，以 SiO_2、Al_2O_3、Fe_2O_3 为主，三者含量占 80％以上；CaO、MgO 含量则较少，仅占 2％左右。而嘉陵江上游的亭子口枢纽区软弱夹层的化学成分则是 CaO、MgO 含量较高，其次为 FeO、P_2O_5、K_2O、Na_2O、MnO_2，以及难溶盐、烧失量、易溶盐等，游离氧化物 SiO_2、Al_2O_3、Fe_2O_3 含量较少；而母岩中的 SiO_2、Al_2O_3、Fe_2O_3 含量最高，三者之和一般占到 80％～90％，CaO、MgO 含量次之。因此，软弱夹层与母岩的化学成分基本一致，只是含量上有一定差别。这些化学成分的构成及其演化过程，表明岩体经历了复杂的物理化学作用过程。

表 4.3 - 2　　　　　　　　草街和沙溪工程软弱夹层化学成分分析成果表

试验编号	分析指标							比值
	SiO_2	Fe_2O_3	Al_2O_3	CaO	MgO	SO_3	烧失量	硅铝率
草街 SJ1 - 1	59.92	6.41	21.47	2.46	2.02	—	3.71	3.92
沙溪 1	54.83	7.48	20.63	4.21	3.03	—	6.61	3.59
沙溪 2	53.11	7.56	21.19	4.42	3.17	—	6.71	3.41

4.4　软弱夹层的分类

自 20 世纪 50—60 年代以来，伴随着大规模水利水电及铁道工程建设的实践，各有关单位针对红层软弱夹层的物理性质和工程地质特性进行了大量的研究，不同工程、不同部门关于软弱夹层的分类或叫法却不尽相同，尚没有形成统一的标准，但基本上都是结合成因、性状、微观特征及工程影响等几个因素进行分类。

20 世纪 70 年代修建的葛洲坝水利枢纽，就是从层间剪切带的角度，根据夹层性状、边界条件、构造形态、剪切破坏形式和程度等差异，将夹层分为两大类和四个亚类（徐瑞春，2003）：Ⅰ 大类为剪切作用充分、发育完善的剪切带，在主剪切面上可以见到明显的构造错动和较大的剪切位移，剪切面平直光滑；Ⅱ 大类为剪切作用不充分、发育不完善的剪切带，构造破坏较轻，无完善的构造分带现象。另据《葛洲坝水利枢纽坝基红层内软弱夹层及泥化层的某些工程地质性质》（戴广秀等，1979）一文论述，根据软弱夹层的岩性特征和泥化状况，葛洲坝坝基最主要的软弱夹层又分为两类：一类为层位稳定、普遍具泥化带的黏土岩夹层；另一类为层位较稳定、仅局部有泥化层分布的黏土岩夹层。

20 世纪 90 年底修建的东西关水电站，按照夹层性状并结合成因将夹层分为三类（祝光新，1996）：Ⅰ 类为次生泥发育，泥化程度高，多出现于强风化带内；Ⅱ 类由泥和原岩颗粒组成；Ⅲ 类主要为原岩颗粒。

最近修建的亭子口水利枢纽和华强沟水库，则根据夹层的性状、成因及其对工程的影响，将软弱夹层分为软岩夹层、破碎夹层、破碎夹泥层和泥化夹层（冯建元等，2008；曾锋，2011），其实质是结合成因并以夹层物质成分和结构为主要划分依据，软岩夹层是夹在坚硬岩体中的薄层特殊岩层；破碎夹层主要由 80％以上粗颗粒组成，细颗粒成分较少，亦可称为碎块夹层；破碎夹泥层主要以细颗粒（0.2～2.0mm）和粗颗粒（大于 2.0mm）

为主，黏粒含量占 10%～30%，与目前规范定义的岩屑夹泥基本一致；泥化夹层结构松散，局部泥质团块呈定向排列，黏粒含量大于 30%，即为泥型。

另外，工程实践中其他行业也有按软弱夹层力学效应的程度，简单将夹层分为薄膜、薄层及厚层三种（谭超等，2011）：薄膜状夹层厚度一般小于 1mm，多为次生的黏土矿物及蚀变物质充填，使不连续面的抗剪强度降低；薄层状夹层的厚度与上下盘面的起伏差相似，不连续面的强度取决于夹层物质，岩体破坏的主要方式为沿软弱夹层滑动；厚层状夹层的厚度为数厘米至几十厘米不等，岩体破坏方式不仅是沿着夹层滑动，若其本身是塑性物质，则常以塑流状态被挤出，从而导致岩体的大规模破坏。

近年来，水电事业的飞速发展，大大促进了红层软弱夹层研究理论和方法的发展与完善，关于红层中软弱夹层分类也趋于基本统一。笔者认为，软弱夹层分类主要应从成因和物质组成两个方面进行分类。

4.4.1　按成因分类

嘉陵江红层的软弱夹层按成因可分为原生型软弱夹层、剪切错动型软弱夹层、风化型软弱夹层三种类型

4.4.1.1　原生型软弱夹层

在软硬相间的岩石建造中，夹于上下相对较硬岩石之间的泥岩、砂质泥岩等，其强度明显低于上下砂岩类岩体，若其厚度较薄，则就形成了原生型软弱夹层（图 4.4-1 和图 4.4-2）。其特点是夹层岩石的结构基本未受到改造，仍然保持原岩的结构及成分不变，物理力学指标与其同类的相当，可以用软岩岩石学的方法对其物理力学指标进行测试。这一类软弱夹层相对较少，一般分布在构造简单的水平岩层地区，分布较为连续，延伸长度较大。在嘉陵江干流的水电工程中（如金溪、凤仪、青居、草街等），仅在厚层砂岩中局部以透镜体出现；而在嘉陵江支流四川南部的升钟水库大坝坝基岩体中，则原生型软弱夹层较发育；升钟水库坝基根据其岩性的不同，又将原生型软弱夹层进一步细分为泥岩类软弱夹层、砂岩类软弱夹层和古风化壳类软弱夹层（表 4.4-1）。

图 4.4-1　原生型软弱夹层（砂岩类）

图 4.4 - 2 原生型软弱夹层（泥岩类）

表 4.4 - 1   升钟水库坝基原生软岩夹层特征表（据陈向荣，1994 改编）

类型	成　因	层位	岩性	工程地质特性	分　布	厚度/m
泥岩类软弱夹层	沉积过程中主要由黏土矿物组成。相变大，与中等坚硬的砂岩或泥质砂岩相间成层分布	$K^{①-6}$	粉砂质泥岩	深灰色，遇水易膨胀崩解，暴露于空气中风化很快，力学强度低	分布于坝基，在地表以下 17m 以内	2.5～8.5
		$K^{①-4}$	粉砂质泥岩	同上	地表以下 22m 以内	2～4
		$K^{①-2}$	粉砂质泥岩	紫红色，砂质含量较上两层增多，其他性质相同	地表以下 28m 以内	0～4
砂岩类软弱夹层	交错层理发育地段，泥质物与碎屑物相间成层，成岩过程胶结差	$K^{①}$	砂岩	泥质成薄层状，在 0.15m 厚的夹层中达 18～25 层，绢云母片沿层理面大量分布，结构疏松。质地软弱，虽然新鲜完整，干时也较硬，但遇水却非常软弱，用手可搓成粉末	分布于左坝肩下部，偏坝轴下游，分布面积约 9200m²	0.01～0.74
					坝基左半部，面积约 2780m²	0.05～0.18
古风化壳类软弱夹层	侏罗纪与白垩纪之间有一沉积间断，侏罗纪地层受风化剥蚀作用，形成古风化壳		粉砂质泥岩	由粉砂质混岩碎屑和黏土矿物组成，含较多钙质结核、砂质团块和条带，胶结疏松，质地软弱	坝基下普遍存在，距地表 34～42m	0.3～0.6

4.4.1.2 剪切错动型软弱夹层

这类软弱夹层主要发育在层间和层内，且与层面平行，它的形成与岩石软硬相间和构造褶曲作用密切相关。前者是形成这种软弱夹层的物质基础，后者则是必要的后期改造作用，当然还有风化、卸荷，特别是地下水对其的淋滤、软化等后期弱化作用，在地下水的参与下，最终可形成力学强度最低的一类软弱夹层（图 4.4 - 3）。

这类软弱夹层的特点是原岩的结构已经遭到剪切挤压作用而被破坏，成为了破碎带，原来的岩石已经成为各种性质的具有定向排列的碎屑和土，一般采用土工试验的方法对其进行物理力学性质测试；其另一特点是顺层分布，延伸较为连续，长度一般在数十米至数

图 4.4-3　剪切错动型软弱夹层

百米。这类软弱夹层常常出现在构造作用相对较强的地区，地层倾角多在 10°以上。如瓦屋山电站坝址区地层主要为白垩系下统夹关组的浅紫褐色薄层细粒长石石英砂岩夹粉砂质泥岩，地层产状 N10°～20°W/SW∠40°～50°，构造上位于炳灵向斜东翼，为单斜构造，未发现大的断裂存在。地质勘探揭示有软弱夹层共 64 条，其中连续性较好的剪切错动型软弱夹层有 56 条，占总条数的 87.5%。该类软弱夹层是岩体中原生结构面或薄层软弱岩层在构造作用下，产生剪切错动，形成剪切错动带，均为顺层分布，一般不切层，是软弱夹层中典型的剪切错动型软弱夹层。

4.4.1.3　风化型软弱夹层

在构造作用轻微、产状平缓的嘉陵江红层地区，近地表的原生结构面（主要是层面）在风化、卸荷作用下，岩体产生卸荷回弹，地表水入渗、淋滤和地下水沿结构面的运移，使结构面附近岩石软化、崩解，强度降低，而逐步形成的一类软弱夹层（图 4.4-4）。其物理性质是介于原生型软弱夹层和层间剪切错动型软弱夹层之间，但由于受风化卸荷及后期黏土充填改造等的差异，其性质差异也较大。此类软弱夹层在嘉陵江红层地区较为普遍

图 4.4-4　风化型软弱夹层

发育，如升钟水库、草街航电枢纽工程均有发现，升钟水库坝基岩体风化软弱夹层特征见表 4.4－2。

表 4.4－2　　升钟水库坝基岩体风化软弱夹层特征（据陈向荣，1994 改编）

类型		成因	层位	岩石	性　质	顶板高程/m	厚度/m	分布
风化型	泥岩局部泥化夹层	泥岩与粉砂泥岩为相对隔水层，与上覆之砂岩透水层呈突变	K①⁻⁸	泥岩	该层顶部为厚 0.2～1.2m 的深灰色泥岩，岩石致密、质地柔软、较破碎，局部泥化，有 1～2mm 的黏土薄膜	352.10～342.35	0.05～0.62	分布于坝基，偏坝轴下游，面积约 22840m²
	泥岩、粉砂质泥岩局部泥化夹层	接触界面软弱、地下水活动强烈，泥质或粉砂质泥岩局部泥化	K①⁻⁸	粉砂质泥岩	岩石已成碎块，大都已风化成黏土，含量约占 50%，钻进中进尺快，部分地段掉钻，分布不连续	348.19～346.36	0.11～0.27	分布于坝基偏坝轴下游，面积约 6470m²
						348.86～344.58	0.08～0.30	坝基偏坝轴下游，面积约 8770m²
			K①⁻²	泥岩粉砂质泥岩	该层顶部为厚 0.05～0.20m 的泥岩及其下厚 0.07～0.85m 的紫红色粉砂质泥岩，均已风化破碎和局部泥化，具软塑性	336.00～332.06	0.22～0.85	分布于坝基偏坝轴上游，面积约 6210m²

综上所述，原生型软弱夹层和风化型软弱夹层主要发育在构造作用轻微的近水平岩层地区，而风化型软弱夹层是在原生型软弱夹层基础上经过浅表生改造而成，前者本质上讲还是岩石，只不过其质地较上下岩体软弱；而后者在工程地质特征上更接近于土的特性。剪切错动型软弱夹层则是原岩在水平构造应力作用下，使软硬相间的岩层产生褶曲、层间滑移，同时因层间力偶的作用，使层间、层内岩体产生剪切破坏，形成剪切错动面或破碎带，破碎带由岩块、岩屑、泥等碎屑颗粒组成，并具有定向排列。因此，该类软弱夹层抗剪强度一般最低。原生型软弱夹层在构造作用轻微的近地表带可演化为风化软弱夹层，在构造作用相对较强的地区，则可形成层间剪切错动型软弱夹层。

4.4.2　按物质组成分类

软弱夹层的物质组成不同，表现出其物理力学特征、工程地质性状差异较大，对工程的影响也不同。软弱夹层的物质组成往往与原生结构面、地质构造（轻微褶皱引起的层间错动、层内剪切错动）和风化卸荷密切相关，它们是相互叠加、综合作用，而非单一因素所形成。如在构造作用较强区域的近地表，受构造挤压、剪切错动作用和浅表生改造作用叠加，可能出现既有剪切错动型软弱夹层的特点，也有风化型软弱夹层的特点的软弱夹层。工程实践中，常常遇到的软弱夹层都是在原生型软弱夹层的基础上，经后期的构造剪切错动和风化作用叠加综合作用的结果，很难说是哪种成因类型的软弱夹层。

同时，按物质组成分类，可以根据物质组成不同，研究、分析其物理力学特性，更好地为水电水利工程建设服务。在嘉陵江红层勘察实践中采用物质组成分类方法，主要是根据夹层破碎物质的粒径大小、形状和黏粒含量，将软弱夹层分为岩块岩屑型、岩屑夹泥型、泥夹岩屑型和泥型 4 种类型，其基本特征和相应的力学建议指标参见表 4.4-3。

表 4.4-3　　　　　　　　　　软弱夹层分类及抗剪强度

软弱夹层类型	工程地质基本特征	粘粒含量 $P/\%$	抗剪断强度		抗剪强度
			f'	C' /MPa	f
岩块岩屑型	薄层软弱岩层因构造挤压、错动而破碎，碎块形成层间骨架，碎块间很少有泥质物，碎块多程序排列	少或无	0.55~0.45	0.25~0.10	0.50~0.40
岩屑夹泥型	以碎块岩屑为主，在碎块骨架间充填有少量泥浆或次生泥质物，厚度常有变化	<10	0.45~0.35	0.10~0.05	0.40~0.30
泥夹岩屑型	碎块岩屑间充填泥质物较多，呈泥包碎块状，有时上下层面附有断续的泥化层	10~30	0.35~0.25	0.05~0.01	0.30~0.25
泥型	薄层软弱岩石全部风化或大部分泥化而成，可塑状，以泥质物为主，夹于上下硬岩之间，有时有次生泥质物充填	>30	0.25~0.18	0.001~0.002	0.25~0.15

4.5　软弱夹层物理力学特性

为了研究软弱夹层物理力学性质，各个工程都进行过大量的物性和力学性试验，由于泥型或泥夹岩屑型夹层普遍厚度小，取样难度大，试验成果相对较少。工程实践证明，嘉陵江红层软弱夹层多呈可塑状或半固状，具有干容重低、亲水性强、力学指标低的特点，且不同工程、不同类型、不同性状，其物理力学性质有一定差异。

4.5.1　物理特性

草街航电枢纽工程区坝基软弱夹层以岩屑夹泥型为主，根据室内物理性试验成果（表 4.5-1），竖井和平硐中揭示的夹层天然状态下湿密度 2.14~2.23g/cm³，干密度 1.93~2.01g/cm³，孔隙比 0.42~0.46，含水率 10.78%~12.3%，物性指标均相对集中。颗粒级配组成：60~2mm 砾粒含量平均值为 25.756%；2~0.075mm 砂粒含量平均值为41.756%；小于 0.075mm 粉粒含量平均值为 32.488%；小于 0.005mm 黏粒含量平均值为 16.45%。（小于 0.5mm）土的液限平均值为 27.325%，塑限平均值为 17.925%，塑性指数平均值为 9.4%，属低液限粉（黏）土。

青居坝基软弱夹层以岩块岩屑型为主，据室内物理性试验资料（表 4.5-2），其含水率、比重等指标与草街基本一致，但颗粒组成中粗颗粒明显增多且以砾粒为主，细颗粒明显较少，砾粒组含量平均为 67.47%，砂粒含量平均为 10.57%，粉粒含量平均为11.83%，黏粒含量平均为 18.79%，属碎石土类。

苍溪坝基软弱夹层以岩屑型最多，根据室内物理性试验成果（表 4.5-3），天然状态下粗细颗粒含量差异，导致其物性指标比变化较大，其中干密度最大 2.08g/cm³，最小1.39g/cm³；孔隙比最大 0.97，最小 0.31；含水率最大 9%，最小 2.1%。颗粒级配组成：

60～2mm 砾粒组含量平均为 43.11%；2～0.075mm 砂粒含量平均为 15.96%，小于 0.075mm 的粉粒含量平均为 40.93%；小于 0.005mm 的黏粒含量平均为 18.79%，液限平均值为 33.25%，塑限平均值为 18.4%，塑性指数平均值为 14.85%，属低液限粉土质砾。

金溪坝基软弱夹层物理性试验成果 4.5－4，岷江老木孔电站软弱夹层试验成果试验成果见表 4.5－5。从上述各工程对软弱夹层的物性试验成果可以看出：①软弱夹层的密度、比重等指标与软弱夹层的颗粒级配密切相关，一般情况下颗粒级配越好，孔隙比越小、密度越大；②软弱夹层的液限和塑性指数与黏粒含量密切相关，当软弱夹层中黏粒含量越高，则液限和塑性指数越大；③软弱夹层天然含水量越大，塑性指数则反而越小。

表 4.5－1　　　　　　　　　草街枢纽区软弱夹层物理性试验成果（碎屑夹泥型）

土样编号	土样颜色	取样位置 h /m	天然状态土的物理性指标								比重 G
			湿密度 ρ /(g/cm³)	干密度 ρ_d /(g/cm³)	孔隙比 e	含水率 ω /%	液限 ω_L /%	塑限 ω_p /%	塑性指数 I_p	分类	
SJ1－1（夹层）	紫红	19.5	—	—		11.41	32.0	21.7	10.3	GC	2.75
SJ1－2（夹层）	紫红	19.5	2.23	2.01		10.78	—	—	—	SM	2.74
SJ1 平均值	—	19.5	2.23	2.01		10.78	32.0	21.7	10.3	GC	2.75
CτSJ02－1	灰白	0+10.8	2.18	1.94	0.43	12.3	28.0	18.0	10.0	CL	2.78
CτPD02－1－1	紫红	0+70～77	2.14	1.93	0.46	11.3	25.8	16.0	9.8	ML	2.82
CτPD02－1－2	紫红	0+70～77	2.22	1.99	0.42	11.7	23.5	16.0	7.5	ML	2.82
CτPD02－1 平均值		0+70～77	2.18	1.96	0.44	11.5	24.7	16.0	8.7	ML	2.82

表 4.5－2　　　　　　　　　青居软弱夹层部分物性试验成果（岩块岩屑型）

试样编号	取样位置	比重 G	含水量 /%	颗粒组成										小于 5mm /%	均匀系数	曲率系数	典型土名	分类符号
				砾石				砂粒				粉粒	黏粒					
				40～20	20～10	10～5	5～2	2～0.5	0.5～0.25	0.25～0.1	0.1～0.05	0.05～0.005	<0.005					
SJ－1	竖井深 0+5.1m	2.68	12.5	25	28.5	13.9	9	2.3	1.1	1	2.2	10.8	6	32.4				
SJ－1		2.68	13	3.8	34.1	17.4	12	2.2	1.4	1.1	2.9	17.7	7.3	44.7				
SJ－1		2.68	9.9	48	23.2	8.6	5.4	1.4	0.7	0.7	1.3	6.7	3.8	20				
平均值		2.68	11.8	26	28.6	13.3	8.8	1.97	1.07	0.93	2.13	11.73	5.7	32.37	1500	84	碎石土	G－C
PD2－1	PD2 平洞 0+6.0m 底板下 1.3m	2.75	11.8		12.8	15.7	20	5.2	4.3	4.3	5	14.9	18.2	71.5				
PD2－1		2.75	11.6	12	12.6	19.3	17	3.1	4.2	3.8	3.1	11.2	13.7	55.7				
PD2－1		2.75	12	24.4	24.1	18	3.2	2.6	3	3.3	9.7	11.7	51.5					
平均值		2.75	11.8	4.1	16.6	19.7	18	3.83	3.7	3.7	3.8	11.93	14.53	59.57	2080	1	碎石土	G－C

表 4.5-3　　　　　　　苍溪闸基软弱夹层物理性试验成果表（岩屑型）

试样编号	土样颜色	取样深度 /m	天然状态土的物理性指标						
			湿密度 ρ /%	干密度 ρ_d /%	孔隙比 e /%	含水率 ω /%	液限 ω_L /%	塑限 ω_p /%	塑性指数 I_p /%
ZKS12	紫红	18.2～8.4	1.43	1.39	0.97	2.7			
ZKS15	紫红	13.4～3.9	1.84	1.80	0.52	2.1	32.0	17.5	14.5
ZKS16	紫红	18.1～8.5	2.27	2.08	0.31	9.0	34.5	19.3	15.2
ZKS17	紫红	12.9～4.0				6.5			

表 4.5-4　　　　　　　金溪坝基软弱夹层物理性试验成果汇总

试样编号	细料级配/mm			自由膨胀率 /%	比重 G	界限含水量					定名	饱和固结快剪	
	>0.05	0.05～0.005	<0.005			液限 ω_L /%	塑限 ω_p /%	塑性指数 I_p /%	下沉 10mm			黏聚力 C /kPa	内摩擦角 φ /(°)
	%								w10	I10			
ZK207 软 1	7.3	84.1	8.6	49.5	2.75	34.0	16.8	17.2	28.6	11.8	低液限黏土		
ZK212 软 1 黏	12.4	59.1	28.5	21.0	2.68	28.9	15.3	13.6	24.7	9.4	低液限黏土		
ZK212 软 2	8.0	65.5	26.5	18.5	2.69	28.0	15.7	12.3	24.3	8.6	低液限黏土		
PD4 夹泥 ZH1	21	43.5	35.5	33.0	2.70	37.8	20.5	17.3	32.5	12.0	低液限黏土	2.00	18.00
PD4 界面夹泥 ZH1	15.5	47.5	37	28.5	2.73	38.6	20.8	17.8	33.1	12.3	低液限黏土	9.00	20.42

表 4.5-5　　　　　　　岷江老木孔电站软弱夹层试验成果汇总表

软弱夹层类型	试样编号	比重 G	自由膨胀率 /%	界限含水量			粒组粒径/mm							饱和快剪	
				液限 ω_L /%	塑限 ω_p /%	塑性指数 I_p	>5	5～2	2～0.5	0.5～0.25	0.25～0.075	0.075～0.005	<0.005	黏聚力 C /kPa	内摩擦角 φ /(°)
							%								
岩块岩屑型	C_R1	2.69	22.5	17.5	14.1	3.6	20.4	28.4	17.0	12.1	8.6	11.5	2.0	3.1	26.3
	C_R2	2.63	24.6	23.1	14.5	8.6	25.2	19.0	16.1	18.9	6.8	12.5	1.5	4.6	25.1
	均值	2.66	23.6	20.3	14.3	6.1	22.8	23.7	16.6	15.5	7.7	12.0	1.7	3.8	25.7
岩屑夹泥型	C_C1	2.72	24.2	26.6	14.1	12.5	7.1	12.7	13.2	9.8	24.3	25.6	7.3	6.2	22.4
	C_C2	2.71	27.8	25.8	13.7	12.1	2.3	14.3	15.1	19.2	21.7	10.8	6.6	7.4	21.3
	均值	2.71	26.0	26.2	13.9	12.3	4.7	13.5	14.2	14.5	23.0	23.2	6.9	6.9	21.8
泥夹岩屑型	C_n1	2.73	42	38.8	21.0	18.7		6.1	13.9	15.6	14.3	26.9	23.2	10.3	18.3

注：饱和快剪强度小于 2mm 颗粒的试验值，采用图解法和最小二乘法求得的小值作为均值。

4.5.2　强度特性

软弱夹层往往构成岩体稳定分析中的边界条件，尤其对抗滑稳定分析，抗剪强度指标是其关键。工程实践中，软弱夹层的抗剪强度指标通常采用现场或室内抗剪试验来获取。

为研究软弱夹层抗剪强度，草街在竖井和平洞中共布置了三组抗剪试验，试验采用直剪平推法，千斤顶施加垂直载荷和水平载荷，分别垂直和平行剪切面。试体为方形岩柱，试验面积 $2500 cm^2$ 左右，剪力距为 $2.5 cm$，试面呈湿润—饱和状态。根据坝高、坝体设计应力及结构面性状等确定试验最大法向应力为 $0.85 MPa$。

现场大剪试验成果表明（表 4.5-6），碎屑夹泥型抗剪断强度摩擦系数 f' 为 $0.36 \sim 0.44$，黏聚力 C' 值为 $0.025 \sim 0.25 MPa$；泥型夹层抗剪断强度摩擦系数 f' 为 0.2，黏聚力 C' 值为 $0.013 MPa$，基本上反映了上述两类软弱夹层的强度特性，总体随着岩屑含量增大，摩擦系数有所提高，黏聚力则略有减小。当夹层厚度大于夹层的上盘、下盘岩体的糙度时，软弱夹层的抗剪指标主要受夹层本身的物理力学性质所控制。剪切破坏主要表现为塑性破坏，其次为混合型破坏（τ_1），τ-σ 关系曲线表明（图 4.5-1~图 4.5-6）：成果值相关性良好，分布状态具有一定规律性，离散度不大，表明每组试验各试点间剪切面性状变化不大；同时，存在的较小离散度又显示出各试点剪切面性状具有一定差异，试后翻开的剪切面也反映了这一点。

表 4.5-6　　　　　　　　　　　　　草街现场抗剪试验成果

试验编号	类　型		位置	抗剪（断）强度				地　质　描　述
				f'	C'/MPa	f	C/MPa	
τ_1	软弱夹层（②层黏土岩内）	碎屑夹泥型	SJ01 竖井 0+19m	0.36	0.025	0.34	0.01	夹层在试验部位厚 2~15cm，主要为碎屑夹泥，碎屑粒径 1~2cm，底部夹 1~3mm 泥线
τ_{SJ02-1}	软弱夹层（②层黏土岩内）	碎屑夹泥型	SJ02 竖井 0+10.8m	0.44	0.25	0.44	0.2	（碎块）、碎屑夹泥型，剪切面具渗水，为较连续的泥面
τ_{PD02-1}	软弱夹层（②层黏土岩内）	泥型	PD02 平洞 0+70~77	0.2	0.013	0.2	0.013	纯泥面剪切，夹泥软塑状，剪面似镜面

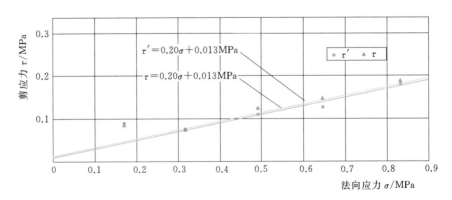

图 4.5-1　τ_{PD02-1} 抗剪（断强度关系曲线）[PD020+70~77m 上游壁扩帮、夹泥型结构面（f_2）]

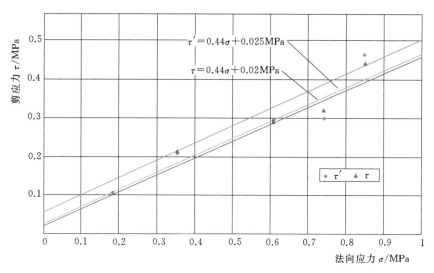

图 4.5-2 τ_{SJ02-1}抗剪断强度关系曲线（SJ02 0+10.8m 山内侧支洞、碎屑夹泥型）

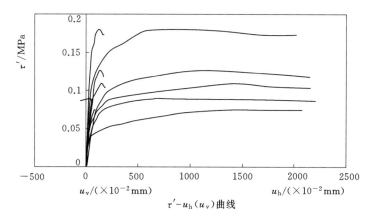

图 4.5-3 τ_{PD02-1}剪应力—剪切位移强度关系曲线［PD020+70~77m、
泥型结构面（f_2）、抗剪断］

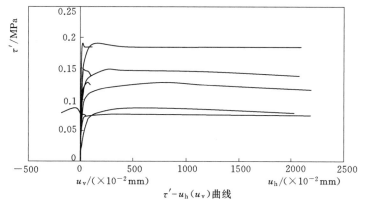

图 4.5-4 τ_{PD02-1}剪应力—剪切位移强度关系曲线［PD020+70~77m、
泥型结构面（f_2）、抗剪］

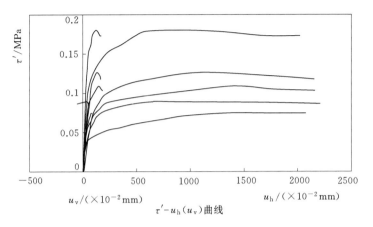

图 4.5 - 5　τ_{SJ-1}剪应力—剪切位移强度关系曲线 （SJ020＋10.8m 山内侧壁、
碎屑夹泥型结构面、抗剪断）

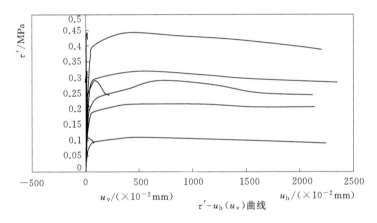

图 4.5 - 6　τ_{SJ02-1}剪应力—剪切位移强度关系曲线 （SJ020＋10.8m 山内侧壁、
碎屑夹泥型结构面、抗剪）

剪应力—剪位移关系曲线表明，初始阶段仍为一向上直线，但直线段相对较短，当直线上升到一定程度后，即呈非线性向上凸起，位移急剧增加而进入屈服阶段，之后曲线爬升更加平缓直至破坏达到峰值强度。比例极限、屈服极限及峰值强度等特征点明显。

当现场没有试验条件时，为了获得夹层较可信的强度参数，往往采用与泥质物性状相对应的室内强度试验来获取夹层的强度参数。试验方法是：首先在现场获取可代表夹层原位状态的泥质物的天然密度、含水量，然后在室内配制成与原位状态接近的试样进行强度试验。试验工况为饱和、固结、快剪。抗剪断强度试验成果采用峰值强度，抗剪强度成果采用易于确定、相对稳定的一次剪残余强度。

如金溪、老木孔、亭子口等工程实践中就是采用室内强度试验来确定强度参数的。草街工程为了对比效果，也曾在竖井 SJ1 中取样进行了 1 组室内抗剪强度试验，试验结果：黏聚力为 0.025MPa，摩擦角为 23.0°。从多项工程的室内强度试验结果可以看出，夹层内摩擦角平均值为 18°～26.3°，对应摩擦系数 f 为 0.32～0.50，黏聚力一般小于

10kPa，最大也仅为20kPa左右，与现场抗剪试验相比，摩擦系数基本相近，而黏聚力取值范围相对要小，这正是由于室内试样配制过程可能造成含水量变化和结构差异所导致的。

凤仪电站曾专门对不同含水量条件下的软弱夹层进行了强度试验对比，结果表明（表4.5-7）：试样的强度参数与含水量的关系明显，随含水量增高而明显降低，且含水量对细颗粒含量高的夹层影响尤为显著；与现场试样含水量相对应的摩擦系数 $f = 0.25 \sim 0.517$，变化范围较大，接近塑限含水量的 $f = 0.28$ 左右。

表 4.5-7　　凤仪电站软弱夹层不同含水量的强度参数（据凤仪初步设计报告，西北院）

样号	含水量 W /%	干密度 W_p	塑限 W_p	W/W_p	摩擦系数 f	黏聚力 C /MPa
PD36	11.02	1.763	17.7	0.62	0.554	0.148
	12.92	1.783	17.7	0.73	0.466	0.122
	16.29	1.785	17.7	0.92	0.364	0.078
	21.11	1.757	17.7	1.19	0.176	0.016
	22.23	1.742	17.7	1.26	0.105	0.016
	26.45	1.586	17.7	1.49	0.052	0.009
PD41	11.84	1.741	17	1.70	0.577	0.095
	14.03	1.741	17	0.83	0.51	0.092
	16.4	1.749	17	0.96	0.329	0.088
	17.50	1.754	17	1.03	0.287	0.058
	21.77	1.709	17	1.28	0.105	0.017
	22.91	1.662	17	1.35	0.017	0.011
TK	12.88	1.782	20.7	0.62	0.424	0.167
	14.35	1.778	20.7	0.69	0.466	0.159
	17.15	1.769	20.7	0.83	0.287	0.132
	22.10	1.757	20.7	1.07	0.231	0.029
	25.45	1.736	20.7	1.23	0.176	0.021
	19.96	1.496	20.7	1.45	0.070	0.012

无论是原位大剪试验还是室内强度试验，其结果都说明，红层软弱夹层抗剪能力很弱，且较原岩的抗剪能力小，其中摩擦系数降低20%~60%，黏聚力降低60%~98%，尤其经剪切错动后其黏聚力几乎丧失殆尽。从理论上看，岩块岩屑型和岩屑夹泥型都属于粗粒土范畴，应无黏聚力，不过实际上受剪切过程中颗粒之间的相互绞合作用以及夹层界面起伏形态，均显示出一定的黏聚力。另外由于存在颗粒成分上的差异，在相同含水状态下，粗细颗粒的相对含量与抗剪强度有明显关系，一般随着粗颗粒含量的降低，从岩块岩屑、岩屑夹泥到泥夹岩屑，其摩擦系数依次降低，这说明粒度粗细明显控制内摩擦角大

小；就同一软弱夹层而言，其抗剪强度高低与含水量密切相关，含水量越高，强度越低，细粒含量越高，含水量的影响越显著。胡卸文等对夹层饱水前后强度特性试验研究表明：岩块岩屑型和岩屑夹泥型饱水前后峰值强度内摩擦系数降低幅度一般为 $8\% \sim 10\%$；残余强度一般降低为 5% 以内。

然而，实际状态下红层软弱夹层强度除了受颗粒组成和含水量影响外，还有其他很多因素。徐瑞春等通过葛洲坝大量的剪切试验研究和分析，认为软弱夹层的抗剪强度还受到以下 7 个因素影响：

(1) 受原岩岩性影响。不同类型的原岩具有不同的岩性条件，其抗剪强度也就不一样。如黏土岩、粉砂质黏土岩、黏土质粉砂岩、粉砂岩的抗剪强度以黏土岩最低，并依次往后逐渐增加。

(2) 受剪切破坏充分程度的影响。同一岩性衍生的夹层，受剪切作用充分的要比受剪切作用不充分的强度要低得多；剪切作用充分，沿主剪切面大都泥化，结构构造完全被破坏，黏土颗粒和团粒呈片状相叠，高度定向，相互联结比较松弛，抗剪强度低。

(3) 软弱夹层厚度及起伏差和围岩接触面粗糙度的影响。在一般情况下，当夹层厚度大于起伏差高度时，抗剪力由夹层控制。否则，在剪切滑动时，抗剪力由夹层与起伏的围岩共同作用，尤其是应力水平较高的情况更是如此。如果应力水平较低，滑动时则有爬起过程，此时夹层与围岩受力状态比较复杂。但总的趋势是：起伏差与粗糙的接触面有利于抗滑稳定，可作为安全裕度考虑。

(4) 黏土矿物成分、化学特性及组构特征的影响。当夹层主要由细颗粒组成时，夹层的残余强度与黏土矿物成分及其相对含量密切相关。葛洲坝试验研究表明，黏土矿物为钠蒙脱石时，其强度最大，其次为钙蒙脱石、伊利石和高岭石。

(5) 动荷载对强度的影响。坝基软弱夹层在工程运转后，将长期处于水流与电厂水轮机运转产生的振动状态中，还可能有地震波的影响。振动以剪切波的方式在夹层内产生往返的剪切作用以消耗波能，因此，动能对强度具有一定的影响。振动时振幅的大小和频率的高低对夹层强度的影响比较大，弱发生强烈的振动，一次振动就可能使夹层带产生破坏；而振动产生的剪切力达不到夹层屈服点的强度时，即使多次振动也不至于使夹层破坏。

(6) 阳离子交换对抗剪强度的影响。泥化夹层在长期渗压水作用下将产生阳离子交换，如果渗透水为重碳酸型水，其中钠离子与泥化层中的 Ca^{2+}、Mg^{2+} 离子产生置换作用，使泥化层的分散性降低，增强了土颗粒和粒团之间的化学联结强度，因此不会导致泥化夹层强度下降。如果渗透到夹层的补给水为重碳酸钠型水，那将导致夹层强度降低。

(7) 反复剪切对抗剪强度的影响。坝基在库水位不断升降的过程中将处于重复或反复受力的状态。根据对葛洲坝 202 号剪切带的反复剪切试验，每一次剪程度出现一个小尖峰，后一剪程的尖峰比前一剪程的尖峰小，且逐渐趋于一个极限值，该值趋近于参与值，泥化光面因经过多次剪切作用，抗剪强度接近于残余值，而泥本身需经过反复剪切后才能降低残余值。夹层经反复受力，若所加的力超过它的屈服强度，经多次反复剪切后将逐渐产生破坏，若受力小于屈服强度，多次反复剪切也不见得产生破坏。

4.5.3 膨胀性

嘉陵江红层软弱夹层物质成分以伊利石等亲水性黏土矿物为主，遇水易膨胀，失水易收缩，具有一定的膨胀性。金溪项目自由膨胀率最大为49.5%，最小为18.5%，平均为30.1%；老木孔项目最小为22.5%，最大为42%，平均为26.22%，且随着细颗粒含量增加，膨胀率也增加，岩块岩屑型平均为23.6%，岩屑夹泥型平均为26%，泥夹岩屑型平均为42%。按照岩土工程勘察规范对膨胀岩土的评判标准（自由膨胀率大于40%），岩块岩屑型和岩屑夹泥型虽有一定的膨胀性，尚不属于工程意义上的膨胀岩土范畴，而泥夹碎屑型或泥型的膨胀性明显要强很多，属于弱膨胀。

最早在20世纪70年代葛洲坝工程实践中，为了解夹层膨胀性，戴广秀等针对原状结构和重塑试样分别进行了膨胀量和膨胀力的测定。试样资料表明（表4.5-8），原状试样的膨胀量最小者为0.30%，最大者为2.4%；重塑试样的膨胀量最小者为2.0%，最大者为33%。原状试样的膨胀力最小者为33kPa，最大者为65kPa；而重塑样试样最小者为39kPa，最大者为280kPa。从总的趋势看来，无论是膨胀量或是膨胀力，均是原状试样小于重塑试样。试验资料表明，夹层结构完全被破坏后，其膨胀量和膨胀力也相应地增大。此外，试样的膨胀性尚与其试前含水量有关。无论是原状试样或重塑试样，随着含水量的增高其膨胀量和膨胀力亦相应地减少。

表4.5-8　　　　　　　　葛洲坝软弱夹层膨胀性试验表

试样编号	含水量/%		孔隙比		容重/(g/cm³)		干容重/(g/cm³)		膨胀力/(kg/cm²)	膨胀量/%
	试前	试后	试前	试后	试前	试后	试前	试后		
原4	38.0	44.3	0.38		1.67		1.21		0.65	
原5	46.2	46.6	0.37		1.61		1.17		0.33	
重4	31.2	62.1	0.30		1.72		1.31		2.8	
重6	43.6	46.1	0.43		1.69		1.18		0.39	
重9	40.9	42.0	0.42		1.73		1.22		1.50	
重11	41.9	45.8	0.41		1.74		1.23		1.82	
重13	31.1	38.2	0.31		1.69		1.29		2.48	
原1	44.4		0.44		1.68		1.17			0.30
原2	43.9		0.45		1.72		1.19			0.90
原3	43.9	47.5								2.40
重1	51.7	57.9	0.51	0.58	1.63	1.58	1.08	1.00		7.72
重2	50.2	53.9	0.50	0.53	1.63	1.63	1.09	1.07		2.00
重3	33.8	66.2	0.34	0.66	1.71	1.79	1.28	1.08		18.8
重5	46.4	55.5	0.44	0.54	1.69	1.51	1.17	0.98		18.3
重8	37.6	41.3	0.36	0.66	1.72	1.80	1.26	1.08		15.5
重10	36.2	60.0	0.37	0.60	1.60	1.67	1.17	1.04		11.5
重12	32.8	67.2	0.33	0.70	1.64	1.56	1.23	0.92		33.0

4.5.4 围压效应

通过多年来的工程实践和野外观察，笔者发现：工程开挖过程中，刚刚开挖揭露出来的软弱夹层物理性状是相对致密、很少泥化的，特别是埋深很大的，几乎与原岩相差无几，一旦地应力（围压）解除，夹层性状即会很快软化或泥化；而另一方面，泥化夹层或性状很差的夹层往往也是处于强风化强卸荷带内。为什么会有如此现象，笔者认为这正是说明了天然状态下地应力对夹层物理力学性质有很大的影响，也就是围压效应，软弱夹层的物理力学性质除与成分结构有关以外，还与所围限压力有关。

从围压定义上看，对一定的介质而言，作用于介质周围的力都应称之为围压。目前围压的含义在岩土体三轴试验中，一般指侧向压力，垂直压力不叫围压而称为轴向压力或正压力。就软弱夹层而言，其延伸方向只是其自身，而垂直其延伸方向则是它的围岩，因此，按围压及轴向应力（正应力）的定义，此时围压应是平行于软弱夹层的延伸方向，而正应力则应是垂直于软弱夹层上的压应力，即沿结构面法线方向的压应力（σ_N）。显然，软弱夹层的围限压力包括上述的侧向应力（围压）和轴向应力（压应力）。在一般情况下，软弱夹层的压密程度与侧向应力有关外，又更主要受控于轴向压力。由于地应力有随深度增加而增大的规律，因此，位于一定深度的软弱夹层因受到较高量值的天然围压而具有良好的物理性质，从而决定了夹层具有较高的力学参数，以及随上覆岩体厚度的增大摩擦系数增高并趋于稳定的特征。这种情况实际上正像土工压缩试验一样，在围压作用下，试样必然以其自身的密度、孔隙比来满足应力条件。只不过软弱夹层的压密状态是自然条件，时间更长而已。经过长期固结压密的软弱夹层，一旦开挖暴露，应力解除，在其自身吸水性和膨胀性作用下，其原始高密度状态将会发生大的改变，以致很快发生软化、饱水、泥化等现象，进而导致力学指标急剧下降。

正是由于软弱夹层天然状态下的围压效应，导致目前工程实践中，不管是现场试验还是室内试验，试样状态都已不是天然围压下的状态，难以表征软弱夹层真实的工程特性，取得的软弱夹层物理力学指标不仅偏低，而且严重脱离实际，成为软弱夹层工程评价中的重要问题。

聂德新、胡卸文等学者专门针对软弱夹层围压效应做了大量试验研究，结果表明，软弱夹层物理力学性质受天然围压控制且具有很好的相关性，无论哪类软弱夹层，其 ρ_d 与 σ_N 均呈正相关关系，其中以岩块岩屑型相关性最好；而组成物质的 e 与 σ_N 呈负相关关系。胡卸文教授还通过室内模拟试验建立了 ρ_d、e 与 σ_N 相关公式，且试验结果表明室内模拟与现场实测极为相近，解决了工程中针对难以勘探或难以取样的软弱夹层物理参数取值问题，更重要的是为获取天然围压软弱夹层真实强度，合理选取软弱夹层力学参数提出了新的方向。

4.6 强度参数取值

软弱夹层作为一种软弱结构面，对坝基和岸坡稳定性具有控制作用，因此，如何正确、合理选取软弱夹层强度参数，是作好坝基坝肩岩体稳定性评价的重要基础。

工程实践中，优先根据试验分析确定，第一步以大量有效试验数据为基础，采用最小二乘法或优定斜率法进行归纳整理；第二步，试验值经过统计修正提出标准值；第三步，在标准值基础上，根据软弱夹层类型和厚度的总体地质特征综合分析，进一步提出地质建议值。大多数工程是根据现场和室内试验成果，综合各种因素采取适当折减，并考虑一定工程安全裕度进行取值，当不具备试验条件或试验资料不足时，也可通过工程类比、经验判断等方法确定或按规范选取，如嘉陵江流域部分工程软弱夹层建议值（表4.6-1），试验值比建议值大多偏低，黏聚力几乎不考虑。

表4.6-1　　　　　　　　　嘉陵江流域部分工程软弱夹层抗剪指标建议值表

工程 夹层类型	桐子壕		金银台		沙溪		草街		凤仪	
	f	C /MPa	f	C /MPa	f	C /MPa	f	C /MPa	f	C /MPa
泥型	0.26	0.01					0.2	0		
泥夹碎屑类	0.3	0.01	0.25～ 0.28	0.01	0.28～ 0.30	0.01～ 0.02	0.2～ 0.25	0	0.20～ 0.25	0
碎屑夹泥类	0.34	0.05～ 0.01	0.3	0.007	0.30～ 0.35	0.02～ 0.05	0.32～ 0.35	0	0.35～ 0.40	0

现行的电力行业标准《混凝土重力坝设计规范》（NB/T 35026—2014）、水利行业标准《混凝土重力坝设计规范》（SL 319—2005）和《水力发电工程地质勘察规范》（GB 50287—2016）等规范中关于软弱层参数取值都给出了相关规定和参数建议（表4.6-2和表4.6-3），但上述规范中，除《混凝土重力坝设计规范》（NB/T 35026—2014）给出了用粒度成分定量指标选取软弱结构面的抗剪强度参数以外，其他规范均未给出量化指标，给设计人员实际选取时造成一定的困惑或不确定性。

表4.6-2　　　　　　　　　　坝基深层结构面抗剪断参数表

分类名称		成因类型及特征	定量分辨指标/% <0.005mm, >2.0mm a—黏粒, b—砂砾	抗剪断参数均值和标准值			
				f'		C'/MPa	
				平均值	规范 建议值	平均值	规范 建议值
软弱 结构面	A1 黏泥型	压扭性断层，层间错动带泥化结构面，裂隙充填物风化或次生充填物，具连续的黏泥层或全部为黏泥充填	>30, 少量或无 a>b 黏土类	0.18～ 0.24	0.14～ 0.18	0.06～ 0.08	0.03～ 0.04
	A2 泥含粉 粒碎屑型	同上，但黏泥中含粉粒较多	10～30, 10～20 a>b 壤土类	0.24～ 0.32	0.19～ 0.25	0.08～ 0.12	0.043～ 0.064
	B 碎屑夹 泥型	压扭—张扭性断层构造岩成混杂状。层间错动泥化不完全者，夹泥断续分布或混杂	<10, 20～30 a<b 砾质壤土	0.32～ 0.40	0.26～ 0.32	0.12～ 0.18	0.068～ 0.102
	C 碎屑碎 块型	层间剪切带，断层破碎带构造分带不完全由软弱构造层透镜体、碎屑、局部夹泥风化物充填	少或无, >30 a<b 砂质壤土或碎屑土	0.40～ 0.52	0.33～ 0.43	0.18～ 0.30	0.11～ 0.18

表 4.6 - 3   软弱层抗剪断强度和抗剪强度参数

软弱夹层类型	抗 剪 断 强 度		抗 剪 强 度	
	f'	C'/MPa	f	C/MPa
岩块岩屑型	0.55～0.45	0.25～0.10	0.50～0.40	0
岩屑夹泥型	0.45～0.35	0.10～0.05	0.40～0.30	0
泥夹岩屑型	0.35～0.25	0.05～0.01	0.30～0.25	0
泥型	0.25～0.18	0.001～0.002	0.25～0.15	0

规范提出的以粒度成分定量或定性的评价软弱夹层强度参数是根据多个工程资料统计分析得到，用这种标准可以较为方便地得到夹层的强度参数值，但它没有考虑夹层的状态特征、夹层原状条件下的含水量、黏土矿物成分和夹层所处的地应力环境等因素。据唐良琴等研究表明，即使同一类型的软弱夹层，粒度成分在同一区间，其强度参数不会始终是一个不变的量，而是与含水量、性状（W/W_p）、干密度等因素密切相关且差异很大的变量，规范给出的参数取值范围仅仅适用于某一指标的特定区间。例如，某水电站坝址斜井夹层，保持相同粒度成分和干密度条件下，含水量降低，强度增大高，对于 A1 型夹层，当含水量为 10.76%～18.01% 时，其强度参数与规范建议值较为接近；而对于 A2 型夹层，当含水量为 10% 左右时，夹层的 f' 和 c' 高达 0.65 和 78.47kPa，其结果远大规范取值，尽管含水量增加到接近 18% 时，f' 为 0.329，仍高于规范值 0.266；同样，在 PD47 - 169 处和 PD44 - 139 处的不同粒度成分、不同密度的夹层，当含水量都为 18% 时，前者 f' 为 0.207，后者 f' 为 0.452。因此，在对具体工程软弱夹层强度参数取值时，应综合考虑夹层所处环境条件下的物理性状、应力状态，并结合原位大剪试验成果进行综合分析。

凤仪电站软弱夹层强度参数取值就是在利用现场取得的夹层物理指标的基础上，充分考虑天然环境下的应力状态及室内压缩试验、剪切试验之间的关系式，以及黏粒含量等因素综合分析给出的强度参数，试验成果一般都是低值或是试样受一定扰动后的强度值。

实际上当坝下一定深度的软弱夹层不受开挖扰动，保持一定围压状态时，夹层泥化的可能性很小，其强度参数应该取高值；当浅表层滑动或有扰动时，强度参数应该取低值。如凤仪电站夹层含水量不会大于 16%，f' 不小于 0.35，c' 不小于 0.08MPa。因此，深层坝基抗滑稳定计算时，建议可取软弱夹层的强度参数为 $f' = 0.35$、$c' = 0.05$MPa。浅表抗滑计算时，可取表 4.6 - 4 中的建议值。

表 4.6 - 4   凤仪电站坝址软弱夹层强度参数综合评价及选取值

荷载组合	评 价 方 法								综合取值		
	重力坝设计规范		软弱夹层力学试验			夹层应力状态					
	f'	C'/MPa	工程部位	f'	C'/MPa	工程部位	f'	C'/MPa	工程部位	f'	C'/MPa
Ⅰ类	0.21	0.035	坝肩	0.27	0.087	坝肩	0.265	0.035	坝肩	0.26	0.35
Ⅱ类	0.2	0.053	坝基	0.23	0.03	坝基	0.246	0.03	坝基	0.23	0.03

第5章

嘉陵江红层主要工程地质问题

近些年随着水电开发的巨大发展，嘉陵江红层地区水电开发发展迅速，除有待开发的川江和岷江下游外，其余各流域的水力资源开发已完成一半以上，为嘉陵江红层地区修建水电水利工程积累了丰富的工程实践经验；同时，早期由于经验不足，在某些工程建设和运行中也出现了一些工程地质问题。如黑龙滩水库坝基岩体滑动导致坝体廊道开裂、漏水；高凤山电站坝基由于石膏溶蚀形成类岩溶，导致副坝坝基渗漏，地质环境恶化；回龙宫等隧洞因膨胀岩导致其衬砌破坏等各类工程地质问题。

嘉陵江红层地区一般为丘陵及低山地貌，地形坡度相对较缓，天然边坡不高，坝体高度也相对较低；其次，嘉陵江红层地区河谷一般较为开阔，水工建筑物布置方便，一般为地面建筑物，无地下厂房等地下洞室群，即使有地下洞室，也是小跨度的引水洞等，洞室围岩稳定问题不突出。但是，由于嘉陵江红层为砂岩与泥岩互层地层，岩体软硬相间，软弱夹层发育，泥岩等软岩类岩石强度低，岩体的承载力和抗变形稳定能力差，易产生抗滑稳定和不均匀变形稳定问题。因此，嘉陵江红层地区的水利水电工程地质问题主要表现为坝基承载和变形稳定问题、抗滑稳定问题、坝基渗漏问题、边坡稳定问题，以及由红层岩体特殊组分而产生的类岩溶渗漏问题、膨胀变形稳定问题和岩体快速风化等特殊工程地质问题。

5.1 坝基承载力问题

如前所述，红层岩体属较软岩—软岩，且具有明显的亲水性和崩解性，强度普遍较低，按照现行规程规范，一般承载力建议值为 $0.5\sim1.0\text{MPa}$，最大为 1.5MPa（草街），基本可以满足低闸坝建筑要求。但随经济发展，红层地区建筑规模会越来越大，承载力要求也会越来越高，要么地基承载力难以满足工程建设需要，要么地基处理成本大幅增加。另外，现有规范普遍采用饱和抗压强度进行经验折减的确定方法，具有较高的安全储备，因此，进一步探讨研究红层承载力的影响因素及其确定方法，充分发挥红层承载能力，对节约工程造价、缩短工期、保证建筑安全稳定都有重要的意义。

5.1.1　嘉陵江红层地基承载力影响因素

嘉陵江红层岩体是一种复杂的力学介质，其变化特征和强度特征不仅取决于应力状态，而且与矿物成分、结构构造和水的作用密切相关。

5.1.1.1　矿物成分

软岩中矿物种类繁多，各种矿物的化学成分和物理性质不同。因此，软岩中各种矿物含量的比例，直接影响软岩的力学性质，主要表现在以下两个方面：

（1）矿物硬度的影响。一般来说，岩石中硬度大的粒状和柱状矿物，如石英、长石、角闪石、辉石和橄榄石愈多，岩石的弹性愈明显，强度愈高。而红层中矿物成分中绝大部分为硬度不大的黏土矿物和云母，方解石、石英和长石等硬度比较大的矿物含量相对不多。因此，就决定其在工程应力的作用下往往产生显著的塑性变形，换句话说，红层岩体常以塑性变形来适应外力作用。

（2）黏土矿物影响。红层中含有大量的黏土矿物如蒙脱石、伊利石和高岭石等，这些黏土矿物在浸水后都会发生膨胀和软化，从而使岩石强度明显降低，同时发生膨胀和软化后的软岩中的碳酸盐类由于遇水后易溶解，从而使其孔隙增大、结构松散、强度降低。由于孔隙溶液的离子成分、浓度、pH 值均将影响黏土矿物颗粒表面扩散层厚度的变化，所以软岩工程地质性质也随之而改变。

5.1.1.2　结构构造

软岩结构对软岩力学性质的影响主要是结构差异的影响。一般等粒结构比非等粒结构强度高。在等粒结构中，细粒结构比粗粒结构强。同时，晶粒之间结合紧密，强度较高，而可溶性结晶联结的，强度尽管也较高，但抗水性差，加上软岩中有一部分是重结晶联结，其强度比其他坚硬岩石要差得多。

岩石的构造对软岩力学性质的影响主要有岩石中矿物晶粒的排列，岩石颗粒的胶结类型以及孔隙、微裂隙及其他微结构面等。软岩颗粒与颗粒之间通过胶结物连接在一起，岩石的强度取决于胶结物及胶结类型。

从胶结物来看，硅质、铁质胶结强度高，钙质次之，泥质胶结强度最低。从稳定性来看，硅质胶结稳定，铁质胶结易风化，钙质胶结不耐酸，泥质胶结遇水时强度降低很快。

从胶结类型来看，基质胶结，颗粒之间不直接接触，完全受胶结物包围，岩石强度基本上取决于胶结物；接触胶结，只在颗粒接触处才胶结，胶结一般不牢固，故岩石强度低，透水性强；孔隙胶结，胶结物完全或部分充填于颗粒之间的孔隙中，胶结一般牢固，岩石强度和透水性主要取决于胶结物类型及其充填程度。颗粒胶结情况如图 5.1-1 所示。

红层软岩中的矿物成分和结构构造，是影响软岩力学性质的内在因素。由于岩石的成因不同，形成的环境条件不同，导致软岩的矿物成分不同、结构构造千差万别，即使同类软岩，其力学性质也因位置不同而有一个变动范围。

5.1.1.3　水的作用

水是泥质软岩力学性质发生变化的最主要因素之一，水岩相互作用使水稳定性不同的

（a）基质胶结　　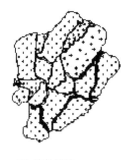（b）接触胶结　　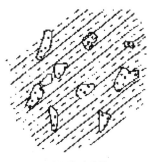（c）孔隙胶结

图 5.1-1　颗粒胶结情况

泥岩强度和变形特征不同：水稳定性差的岩石，变形大，而且很快达到极限荷载；水稳定性好的岩石，变形较小，强度低于水稳定性差的岩石。从水岩作用角度，一方面不仅要考虑水对泥岩的物理—力学作用；另一方面还应考虑水对泥岩的化学—力学作用：如水化学环境的改变引发泥岩颗粒及粒间的力学联结弱，导致泥岩结构强度发生变化。后者的作用往往被忽视，但它往往会使水稳定性好的泥岩发生根本性变异。因此泥岩的水稳定性研究应包含水岩作用的两个方面。水稳定性的评价应该在不同水化学环境下应用湿化崩解试验、干燥饱和吸水率等指标加以评价，所以在工程上针对不同水稳定性岩石可采取不同的防止地下水、地表水入渗的措施。

1. 水对软岩物理-力学性质的影响

水对软岩物理-力学性质的影响可归纳为五种作用，即联结作用、水楔作用、润滑作用、孔隙压力作用、溶蚀和潜蚀作用。前三者作用是由于赋存岩体中的结合水所造成的。

（1）联结作用。联结作用是指结合水通过其吸引力将矿物颗粒拉近、拉紧，起联结作用。这种作用在松散的红层强风化层表现明显，而对于红层的中风化层和微风化层而言，其矿物颗粒之间的联结力远大于水的这种联结作用，故在这两层中的水联结作用不明显，但对于被土和其他风化颗粒充填的结构面的力学性质的影响则比较明显。

（2）水楔作用。水楔作用示意图如图 5.1-2 所示，当两个矿物颗粒很近时，矿物与水之间的吸附力使水分子向两颗矿物颗粒之间的缝隙挤入。这种作用存在外力时表现明显。水分子挤入矿物之间后，使软岩体积发生膨胀，产生膨胀压力，并使其联结的可溶盐溶解，胶体水解，软岩强度降低。当外力加大时，由于外力大于水的吸附作用所产生的膨胀力，水分子从矿物颗粒中被挤出来，水楔作用消失。

（3）润滑作用。由可溶性盐、胶体矿物联结的软岩，在水入浸时，可溶性盐溶解、胶体水解，使原有的联结变成水胶联结，导致矿物颗粒间联结力减弱。水在此起了润滑剂的作用，此过程包含化学作用。

（4）孔隙压力作用。存在软岩中的孔隙水，当其受到载荷而来不及排出时，将产生孔隙水压力。这种压力减小了孔隙周围岩石颗粒之间的压应力，从而降低了岩石的抗剪强度，甚至可使裂

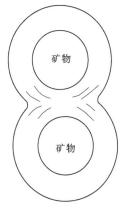

图 5.1-2　水楔作用示意图

隙端部处于受拉状态，使裂隙扩展、破坏岩石的结构，这就是孔隙压力作用。

（5）溶蚀和潜蚀作用。软岩中的自由水在流动过程中将可溶物质溶解带走，称为溶蚀作用；有时将岩石中的小颗粒冲走，称为潜蚀作用。如果地下水的流动性比较差，那么这两种作用就不十分明显了。此外，在冷热交替季节，孔隙、裂隙中的自由水发生冻融时，其膨缩作用对软岩强度影响也很大。

2. 水对软岩化学-力学性质的影响

水对软岩化学-力学性质的影响主要表现为水化学环境的改变引发软岩颗粒及粒间的力学联结减弱，导致软岩结构强度发生变异。由于自然和人为的影响，软岩的水化学环境一直都在不断变化之中，这种变化一般是比较缓慢的，往往被忽视，但是它往往会使在特定环境下水稳定性好的软岩性质发生根本性的变化。

在地下水的渗透、浸泡过程中，必然导致水与软岩间的相互作用，促使水中富集或失去某些元素成分，即产生元素的富集和变迁，同时也改变了岩石的性质和成分，这一系列的化学和物理化学反应，即称之为水文地球化学作用。软岩处于弱酸、氧化的地球化学环境将加剧这一作用的进行，强碱环境虽有利于软岩中 SiO_2、Al_2O_3 的分解，但径流滞缓又制约这一作用的进行。

软岩水处于氧化环境（主要集中在强风化层）时，有利于水中有机质（CH_2O）的氧化和分解，从而导致水中侵 CO_2 含量丰富。当水化学环境中 CO_2 含量不断增高时，就会出现弱酸水，即 $CO_2 + H_2O = H_2CO_3$。

硅酸盐、铝硅酸盐矿物是多数岩石的主成分，其水解速度是缓慢的，但在碳酸的参与下，水解速度加快，硅酸盐矿物晶格表面之阳离子（K^+、Na^+、Ca^+、Mg^{2+}）易被水中 H^+ 取代，使其成分分解成（黏）土。以钠长石为例，即

$$Na_2Al_2Si_6O_{10} + CO_2 + 2H_2O \longrightarrow H_2Al_2Si_2O_8 \cdot H_2O + N_2CO_3 + 4SiO_2 \qquad (5.1-1)$$

在这过程中，软岩的水化学环境中阳离子（K^+、Na^+ 等）和（次生）黏土矿物增多，而胶体（SiO_2）的增多对水解起到缓慢作用，这样就可以通过分析在定期抽取地下水的水样中的 K^+、Na^+ 等阳离子的含量，并和以往水样的阳离子含量相比（要考虑到地表水浸入携带的部分阳离子）来判断软岩在某一时段内受到水作用是否明显。如果软岩在某一时段内受到水作用是明显的，那么基础工程在维护和施工中应积极采取防治措施。

5.1.1.4　应力状态

1. 不同的应力状态，软岩的变形不同

软岩在三轴压缩条件下的弹性模量一般高于在单轴压缩条件下测定值；在无侧压或低侧压条件下一般呈脆性破坏，在高侧压情况下转化为延性破坏；在瞬时荷载作用下显示出弹性、塑-弹性、弹塑性、塑弹-塑性等变化特征，在长期荷载作用下则发生不同的蠕变现象。

2. 各种应力状态下强度相差悬殊

软岩的单轴抗拉强度只有抗压强度的 $1/10 \sim 1/30$，有的差别更大。而且不同的含水状态其强度不同，如泥岩在饱和状态下的抗拉强度为天然状态下的 40% 左右。软岩在三轴压缩条件下强度大于单轴抗压强度，并随围压的增高而增大。软岩的抗剪强度随剪切面上正应力不同而不同，但一般介于单轴抗压强度与单轴抗拉强度之间。因此，软岩的各种

强度之间有如下关系：三轴抗压强度 σ_{1c} 大于单轴抗压强度 σ_c 大于抗剪强度 τ 大于抗拉强度价 σ_t。

而对于嘉陵江红层软岩来说，其强度主要有以下两个方面特点：

（1）黏土矿物含量。黏土矿物具有表面大、亲水性强、离子交换容量大等特性，因此黏粒含量越高，岩石的强度越差。对于黏土矿物含量大于 25% 的泥质岩类和黏土岩来说，其剪切破坏具有塑性破坏的特点，剪切位移大，弹性变化范围小，剪切破坏过程具有明显的屈服阶段和流塑破坏过程。

（2）对于砂岩类来说，其强度主要取决胶结物的成分和胶结类型，对于相同的胶结成分一般具有：基底型大于空隙型大于接触型；对于相同的胶结类型则有：硅质型大于钙质型大于泥质型。

5.1.1.5　流变性对于红层软岩力学性质的影响

流变性反映物体受力变形过程中存在的与时间有关的变形性质。流变是岩石承受荷载后产生变形，保持荷载不变的情况下，岩石变形随时间的延长而增加。不同的岩性和结构面的流变不同，红层软弱岩体、软弱结构面和夹层的流变比较显著，其中又以低强度的泥岩和泥化夹层最容易产生流变。

1. 流变特征

根据已有的红层软岩流变试验成果（图 5.1-3）（长江流域规划办公室），流变过程可以分为三个阶段：阻尼变形—等速变形—加速变形。阻尼变形阶段即为流变开始阶段，变形特点是按常规加载方法加到预定的流变作用载荷级后，虽然载荷转为持续恒定，但变形没有终止，而是随时间推移，变形以减速方式继续发展，直到稳定为止。等速变形阶段，在规定荷载作用下，流变速度与时间无关，为一常数；在不同荷载作用下，其流变速度随应力变化，应力越大，流变速度越大，而变形阶段越小。加速流变阶段，流变变形与时间、流变速度与作用荷载之间均呈非线性加速发展，不管作用荷载大小，在规定时间内，均能由加速流变导致时间破坏，应力越大，则加速流变阶段越小。

流变速度与作用荷载的关系如图 5.1-4 所示。其中 b 点称为起始流变起始点，它表明当 $\sigma \geqslant \sigma_b$ 时，试件要产生流变（阻尼变形）；b 点至 c 点称为流变速度，由阻尼变形阶段向等速变形阶段过渡应力段；c 点称为等速变形起始应力点，它表明当 $\sigma \geqslant \sigma_c$ 时，试件要

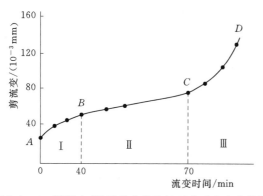

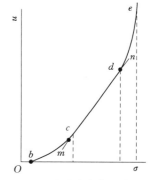

图 5.1-3　混凝土/泥质粉砂岩接触面典型流变曲线图　　图 5.1-4　流变速度与作用荷载的关系

产生与应力成线性函数关系的等速流变；c 点至 d 点为等速流变阶应力段；d 点称为加速流变起始应力点，它表明当作用载荷 $\sigma \geqslant \sigma_d$ 时，在规定的时间内，试件在 σ 的作用下，其流变过程的三个阶段逐次出现，即在阻尼变形、等速流变阶段后要过渡到加速流变阶段所需要最小的应力；d 点至 e 点称为加速流变由产生至加速破坏应力段；e 点称为流变瞬间破坏应力点。

2. 流变强度

工程界讨论岩体强度有两个标准：①从变形上考虑，当变形超过允许值，就认为岩体破坏，与此相应的作用载荷就是工程设计的强度极限；②从应力考虑，可以分别取导致起始流变、等速和加速流变的最小荷载强度极限，而确定等速流变和加速流变起始应力点有个时间概念。例如：在规定观测时间内，岩体变形不能进入等速流变或加速流变，但有可能稍延长一点时间就可观测到结果，因此讨论流变强度必须有时间概念。根据岩体特征确定流变观测时间就是极为重要的一项工作，比较简单的方法是以观测稳定的等速流变为标准，只要观测到等速流变，前两个特征应力就可以确定，其中以等速流变起始点最为重要，因为岩体变形一旦进入等速流变，岩体破坏只是时间长短的问题，即迟早会破坏。

事实上，软岩起始流变强度与等速流变强度相差比较大。产生差异的原因主要决定于岩体的黏塑性成分，岩体黏塑性成分越多，起始应力点和等速流变应力起始应力点相差越大。流变强度取值区间要考虑这个因素，最终取哪一级作为强度极限，比较合理的原则是既要考虑工程特点，又要考虑岩体力学特性，综合分析确定长期强度极限。

对于红层软岩地基而言，其流变强度取值应不超过等速流变的起始应力 σ_c。因为在一定的载荷作用下要使软岩不发生流变是不可能的，而一旦载荷超过 σ_c，就意味着软岩开始发生等速流变，建筑的沉降就无法控制。虽然由于红层竖向分布特点，等速流变不可能一直延续下去，但是这本身就不利于控制建筑物的沉降。

需要强调的是，工程实践中无论是软岩石的旁压试验、原位载荷试验、灌注桩的静载荷试验还是室内单轴（三轴）抗压试验等，所获得的软岩石强度均为"岩石在外荷载作用下短时间内产生破坏的强度——瞬间强度"，而建筑（构）物对软岩的作用是长期的，即软岩地基的极限承载力应该是流变强度。根据《工程岩体的流变性能及应用》的有关结论得知：室内的流变试验得到的流变强度是计入时效特性后的岩体强度指标，其值是小于瞬间强度的。根据刘小伟等学者（2012）针对新近红层软岩（泥质粉砂岩、粉砂质泥岩）进行的流变特性试验研究表明，红层软岩的流变强度一般为瞬间强度的 $75\% \sim 80\%$。

5.1.2　嘉陵江红层地基承载力确定方法

5.1.2.1　国家标准

按照现行国家标准，软岩地基承载力可以采用以下三种方法。

1. 室内单轴饱和抗压强度经验折减法

岩石单轴抗压强度，即岩石在无侧限的单轴压应力状态下，当压力达到某一值时，岩石试块内部产生的内应力超过其微裂纹的拉张应力，会沿着岩石试块受力方向局部张裂且迅速扩展贯穿整个试件，此时岩石试块的侧向膨胀变形所产生的应变，超过了岩石试块的拉张应变，于是导致了岩石试块宏观破坏。而岩石饱和抗压强度是指经过饱和处理后的岩石标准试件在单向受压状态下破坏时的极限强度，它取决于组成矿物的成分、结构和组织。结构和组织越均匀、越致密，组成矿物越细，则矿物间的联结越好，岩石的强度越高。

该方法简单易操作、成本低，目前仍被广泛采用。按照国家标准《水力发电工程地质勘察规范》（GB 50287—2006），坝基岩体允许承载力普遍采用单轴饱和抗压强度，结合岩体结构、裂隙发育程度，做相应折减确定，与《建筑地基基础设计规范》（GB 50007—2002）及其他行业或地方规范做法基本一致，属于明显的经验取值，区别在于考虑折减因素的侧重点和折减系数范围不同，参见表 5.1-1。同时，与水电规范不同的是，建筑地基规范对于泥质岩类，在确保施工期和使用期不致遭水浸泡时，可采用天然湿度的试样，不进行饱和处理，这显然是考虑到泥岩容易崩解软化，饱和处理对试样损伤较大，很难反映岩石真正的力学状态。

表 5.1-1　　　　　　　　　　红层软岩单轴饱和抗压强度取值对比表

规范名称	允许承载力/MPa				备　注
	完整	较完整	较破碎	破碎	
GB 50287—2006	$1/5R_b$	$(1/6\sim1/7)R_b$	$(1/8\sim1/10)R_b$	$(1/11\sim1/16)R_b$	试样完全饱和
GB 50007—2002	$1/2R_b$	$(1/2\sim1/5)R_b$	$(1/5\sim1/10)R_b$	平板载荷试验	天然湿度试样

工程实践表明，简单采用单轴抗压强度确定软岩地基承载力明显偏低，主要存在以下几方面问题：

（1）含水状态。按照试验规程，从钻进—取样—制样—试验，岩石经过饱和—失水—再饱和的循环反复，对于红层岩体，实际是岩样先崩裂、后超吸水、再膨胀而弱化后的抗压强度，造成了一定的强度损失，试验数值偏低，不能代表岩体真实的赋存环境和力学环境。

（2）尺寸。岩样试验中，尺寸效应是一个不可忽视的因素，按《工程岩体试验方法标准》（GB/T 50266—2013），试件高径比一般为 2～2.5。有时岩样较少，也有采用 1∶1 的。这样造成试验结果增大，故应乘以一定的系数折减。试验研究表明，在一定范围内的试件尺寸变化，具有断面尺寸越大，强度越低，高径比越大，并趋于某一定值。

（3）形状。相同横截面积圆形比方形试件的试验值大，因为圆形具有轴对称、应力分布均匀的特点。

（4）红层本身取样困难。红层岩体在回转钻进过程中，很容易遭受扰动破坏，因此，很难取到既符合规格又能保持原状的岩样；而一般在露头由于岩体风化严重甚至风化成土，也很难取到满足要求的岩样，即使采取到了有限的岩样，其代表性也很差，试验数值离散型大，根据这些岩样的试验结果来评价红层的地基承载力，明显偏低，往往有些泥岩的饱和抗压强度仅为几 MPa，甚至低于 0.5MPa，从而导致人们低估红层的地基承载潜力。

2.现场原位载荷试验

理论上讲，原位载荷试验是最可靠的岩石地基承载力方法，特别适用于重要工程确定地基承载力，但由于基岩埋深较深，现场进行试验难度很大，加上水电工程荷载要求高，试验加载困难，实践中往往采用的不多。

原位岩体在外荷载作用下的破坏与岩石在无侧限的单轴压应力下岩块试样破坏是完全不同的。由于岩体不是孤立的单元体，而是周围有泊松效应约束的整体，因此，在荷载作用下，承压板周围会产生应力集中，迫使岩体沉降，造成局部裂纹开始张裂，当荷载增加时，迅速扩张，岩体沉降变形明显增大，岩体由非破坏性沉降向破坏性沉降转变。当外荷载达到某一值时，岩体急剧沉降，承压板周围岩体出现蜘蛛网状的裂纹或明显挤出隆起，导致其宏观破坏。规范规定，取极限荷载除以 3 与比例界限荷载的较小值作为地基承载力。相关试验成果表明，采用载荷试验所确定的岩体承载力远高于室内无侧限的单轴抗压强度值，其值相差 2～3 倍。

3. 室内三轴压缩试验

《水力发电工程地质勘察规范》（GB 50287—2016）附录 D 明确提出了软岩宜采用三轴压缩试验确定允许承载力，该方法测定的是三向应力状态下的岩石强度，能比较确切地反映天然岩体的实际受力特性，理论上相比单轴抗压强度更为准确，较现场原位载荷试验操作难度和成本相对较小，但实际应用三轴压缩试验来确定红层软岩地基承载力的报道并不是很多。长江科学院重庆研究中心曾对重庆嘉陵江黄花园大桥等建筑物基础持力层岩体在低围压（$\sigma_3 = 0.1 \sim 0.3 \text{MPa}$）三向应力状态下的三轴压缩强度试验研究成果表明，软岩的围岩效应十分明显，即软岩在三轴应力状态下的强度高于单轴应力状态下的强度〔式（5.1-2）〕，其值相差 1.5～2 倍。水电工程设计中，往往将三轴压缩试验成果作为确定岩体强度和承载力的辅助对比手段，草街航电工程就是依据施工阶段进行的室内三轴压缩试验成果，对岩体强度及承载力参数进行了适当的提高，以满足工程设计的需要。

$$q_f = \sigma_1 = \sigma_3 \tan^2\left[45° + \frac{\psi}{2}\right] + 2C\tan\left[45° + \frac{\psi}{2}\right] = R_c\left[1 + \tan\left(45° + \frac{\psi}{2}\right)\right] \qquad (5.1-2)$$

式中：q_f 为极限承载力；σ_1 为最大主应力；σ_3 为围压应力；R_c 为单轴抗压强度；ψ 为岩体内摩擦角；C 为黏聚力，取 $\sigma_3 = R_c$。

岩石试块在较低围压的三向应力状态下的破坏机理，既不完全相似于岩石试块在无侧限的单轴压应力状态下的拉张破坏机理，也与原位岩体在外荷载作用下的破坏机理不相同。因为岩石试块在三向应力状态下是受主应力的作用受压面为主平面，试件表面无剪应力作用，所以随着轴向压力的增加时，岩石试块一方面会沿着最大主应力方向的微裂纹产生拉裂且延伸；另一方面由于围压作用，会迫使其沿着最大主应力斜交方向产生滑动，使其岩石试块产生以张裂为主的拉剪的宏观破坏。

三轴压缩试验成果反映实际岩体力学特性的前提是，所采岩样必须未受扰动，这对于红层软岩取样是比较困难的。因此，该试验所获得的岩石强度虽较单轴抗压强度高，但由于样品的原因，其值仍小于原位载荷试验所获得的强度。

5.1.2.2　地方规范

由于现有的国家标准无法一一满足各地基础工程的设计和施工需要，各个地方也纷纷根据各自的工程实践，研究、总结出适合各自的红层软岩地基承载力规范，比如广州、南京、长沙等红层分布地区都提出了适合当地的地方标准。

1. 广州规范

广州地区处广州—三水红色盆地东延部分，普遍分布有中生代白奎系红色岩系。由于分布广泛，工程力学特殊，以广东省建筑设计研究院为代表的广州多家建筑勘测和研究单位都对该层岩石的工程力学性质进行研究、分析和评价，并制定了得出的岩石地基承载力设计建议值如下：

$$f = \varphi f_{rk} \qquad\qquad (5.1-3)$$

式中：f 为岩石地基承载力设计值，kPa；f_{rk} 为岩石饱和单轴抗压强度标准值，kPa；φ 为折减系数，取值通过表 5.1-2 获得。

表 5.1-2　　　　　广州地区折减系数及岩石地基承载力设计建议值

岩石单轴抗压强度标准值 f_{rk}/MPa	折减系数 ψ	岩石地基承载力设计建议值 f/kPa
0.5～1.0	0.75～0.85	400～750
1.0～2.0	0.60～0.75	750～1200
2.0～5.0	0.40～0.60	1200～2000
5.0～10.0	0.25～0.40	2000～2500

由于极软岩的特殊工程特性，在野外时取芯难度相对较大，特别是风化软岩取芯更不容易。因此，广东省标准《建筑地基基础设计规范》（DBJ15-31—2016）如下规范还需参考芯样情况和结合标贯试验进行取值（表 5.1-3）。

表 5.1-3　　　　　广州地区风化软岩地基承载力标准值和变形模量

岩芯形状	表观击数	岩石天然地基承载力标准值	变形模量
	N/击	f_k/kPa	E_0/MPa
土状	≥50～60	700～900	120～180
半岩半土状	≥70～80	1000～1200	170～240
碎块状	≥80～100	1200～1500	200～300

2. 南京规范

构成南京市区主要是中生代白垩纪红色岩系，红层岩组大致包括泥质岩、砂岩、砾岩、巨砾岩等。南京市区大部分高层建筑均选用这些地层作为天然地基或桩基持力层，因此能否较准确地确定该岩层地基承载力具有重大的工程意义。为满足工程建设的需要，南京市有关单位先后采取不同的方法对该软岩承载力进行大量的研究，并制定了符合南京市基础工程建设需要的规范——《南京地区建筑地基基础设计规范》（DGJ32/J12—2005），得出岩石地基承载力设计建议值如下：

$$f = \varphi f_{rk} \qquad\qquad (5.1-4)$$

式中符号意义同式（5.1-3），取值通过表 5.1-4 获得。

3. 长沙规范

长沙市位于平江弯褶皱断裂和宁乡凹断裂两构造单元接触处，湘江正由此接合部流过。由于两构造单元的地质构造特征，该区在地形上表现为一个明显的盆地。湘江西岸属褶皱丘陵多为古生代地层；东岸的广大地区的基岩中除泥盆系或元古界零星出露外，均为下古近系或白至系，且以紫红、暗红色粉砂岩为主。针对岩石单轴抗压强度确定极限岩石地基承载力的局限性，长沙市组织了长沙有色勘察设计院、长沙勘测院等多家单位进行广

表 5.1-4　　　　　　　　　　南京市折减系数与岩石地基承载力

岩石单轴抗压强度标准值 f_{rk}/MPa	折减系数 ψ	岩石地基承载力 f/kPa
0.5~1.0	0.80	400~800
1.0~2.0	0.75~0.80	800~1500
2.0~5.0	0.5~0.75	1500~2500
5.0~10.0	0.35~0.50	2500~3500
10.0~20.0	0.30~0.35	3500~6000
20.0~30.0	0.25~0.30	6000~7500
>30.0	0.25	>7500

泛的研究，并在 1999 年制定了《长沙市地基基础设计与施工规定》（DB 43/T010—1999），该规定的第 3.3.4 条指明了对于长沙软岩岩石的地基承载力设计值可根据室内天然湿度单轴抗压强度按式（5.1-5）计算：

$$f = \psi f_{rk}$$

$$f_{rk} = \mu_{fr} - \left(\frac{1.704}{\sqrt{n}} + \frac{4.678}{n^2}\right)\sigma_{fr} \tag{5.1-5}$$

折减系数 ψ 值相较于国家标准提高到 040~0.80，《长沙市地基基础设计与施工规定》（DB43/T010—1999）的出台，可以说相对建筑地基国家标准有了较大的改进，更符合长沙市软质岩石的实际情况。但是在长沙市红层极软岩的岩土工程勘察中，即使是室内天然湿度单轴抗压强度，其强度也往往偏低，大部分均小于 5MPa。值得注意的是，在相当地段的极软岩石所做的圆锥动力触探试验和标准贯入试验的实测击数均比较高，因此，王卫平等认为圆锥动力触探试验和标准贯入试验适宜确定极软岩石地基承载力，并总结了相应的经验值，参见表 5.1-5。

表 5.1-5　　　　　　　长沙红层软岩强度与标贯击数对应表（据王卫平）

泥岩风化层	N63.5 /击	f_k /kPa	砂岩风化层	N63.5 /击	f_k /kPa
全风化	<20	250~400	全风化	<30	200~400
强风化（Ⅰ）	20~40	400~500	强风化（Ⅰ）	30~70	400~600
强风化（Ⅱ）	40~80	550~700	强风化（Ⅱ）	70~120	600~800
弱风化	80~150	700~950	弱风化	120~250	800~110
微风化	>150	950~1350	微风化	>250	110~1500

上述这些地方规范都是在很多当地工程实践及研究成果的基础上总结制定的，应该说是符合当地工程地质条件，并满足当地地基基础设计与施工需要的。虽然各地经验取值有所差异，但总体来看，在岩石强度较嘉陵江红层并不算高，甚至低于嘉陵江红层的情况下，其承载力建议值却相反很高（最高取值达到了 7.5MPa），折减系数也明显大于国家

标准，且其折减系数随着抗压强度增大而减小，这点是因为折减系数是在大量原位载荷和单轴抗压试验的基础上，经过统计分析极限强度（P_u）与单轴抗压强度（R_c）及岩体风化程度（K_r）之间的相关性而得到的，随着岩石强度增大，完整性越好，岩体隐微裂隙对岩样单轴抗压强度影响就越大，表现出来强度试验数据离散性就越大，相关性也就越低。无论如何，这些规范的出台与实践显然是值得国家标准尤其水电标准借鉴与思考的。同时，尝试利用动力触探或标贯试验评判软岩和极软岩承载力的方法，也值得在水电工程设计当中推广应用。

总之，由于红层特有的水敏性，极易崩解和软化，在外荷载作用下容易发生流变等特点，从而造成岩体的力学损伤，导致力学性质快速大幅度降低这些特点，以致利用目前规范确定的地基承载力都比较保守。要充分挖掘红层软岩承载力潜力，应在红层岩体系统研究的基础上，进行大量的室内、现场试验及模型试验，为工程设计提供可靠的理论依据。同时，在工程实践中，我们应采用多方法多途径对红层岩体承载力进行研究，在满足工程设计需要的前提下，尽量积累更多更好的实践经验。

5.2　坝基岩体变形问题

5.2.1　岩体变形概况

岩体承受的外力不超过抗压、抗剪强度极限时表现出的结构和形态的改变，统称为岩体变形。坝基岩体在蓄水以后，受到坝体本身的垂直荷载和库水、泥沙等的三角形荷载的共同作用，这些荷载通过坝体作用于坝基，由于坝体与坝基的耦合作用以及坝基岩体的不均匀性，引起内部应力分布的不均匀或者变形差异，最终导致岩体的不均匀变形。

从工程地质角度来说，岩体不均匀变形（沉降）通常主要由岩体中存在的不连续结构面或者不连续结构体引起，包括：①由于岩浆岩侵入、岩相变化或断层错动引起的岩性突变等；②岩体不均匀风化，如局部的深风化槽、风化囊和风化夹层的存在；③存在断层、软弱夹层或剪切破碎带；④卸荷裂隙发育的不均一性；⑤层理、节理或劈理发育带或产状的局部变化；⑥岩溶洞穴的存在；⑦存在可能发生机械或化学管涌的岩层或夹层等。

在嘉陵江红层地区，由于岩体内多发育各种类型的软弱夹层及裂隙等不连续结构面，加之软硬相间，在荷载作用下，这些结构面部位和软硬岩层接触部位将出现应力集中现象，变形也将会比其他部位大，从而导致岩体内部出现明显的不均匀变形（沉降）。可以说，嘉陵江红层坝基岩体变形主要是由软硬岩石明显的抗变形能力差异及软弱夹层等不连续结构面引起的不均匀变形（沉降），而这种不均匀变形往往可能导致上部坝体的变形和开裂破坏，这对于坝体而言是需要极力避免的，否则将导致坝体溃决、垮塌而形成灾难性后果。

对于坝基岩体变形稳定研究，我们首先要查明岩体结构及分布特征，确定岩体变形参数，其次是坝基岩体变形量的分析计算与模拟。工程实践中。岩体变形参数通常是在岩体特征研究的基础上，按岩体结构分区进行的现场岩体变形试验，然后根据各种与变形有关的地质因素综合来确定的变形指标。现场岩体变形试验主要有承压板法、狭缝法、钻孔径向加压法等静力测试方法和声波法、地震法等动力测试方法，水电工程中采用承压板法较为普遍。从理论上来说，由于岩体结构本身具有复杂性，且具有非均质各向异性特征，确定一个真实的岩体变形参数是很复杂的，国内外很多学者都对此进行了大量研究，比如：Lekhnitski（1963、1981），Kayabasi A 和 Gokceoglu C（2003），Gokceoglu C 和 Sonmez H（2003）对岩体变形模量的预测与估算作了论述；周维垣等（1992）用计算机模拟法，建立岩体损伤模型，研究了节理岩体抗剪强度与变形模量等主要力学指标的各向异性特点；刘东燕等（1998）用 Hoek-Brown 经验准则，建立了强度参数 m、s 值与断续节理的结构型式、几何尺寸及岩桥和节理面物理力学参数之间的定量关系；胡卸文（2001）考虑了似层状结构岩体中软弱结构面厚度效应在岩体变形模量中的弱化参数；张志刚和乔春生（2006）在大量收集目前国内外节理岩体变形模量经验确定方法的基础上，提出了改进的节理岩体变形模量确定方法，即"尺寸效应折减"与"节理特征折减"的二次折减法。

当然，针对红层地区这种软硬互层结构的特殊岩体，国内很多学者结合工程也进行了不少研究：刘彬（2006）通过对软硬相间层状岩体综合变形参数的理论、试验和数值模拟对比分析，建立了层状岩体综合变形模量求解从理论到试验再到数值分析的步骤，获得层状岩体综合变形模量的求解方法，并据此对金沙江观音岩水电站软硬相间层状坝基岩体进行了综合变形模量评价；聂德新（2000）结合嘉陵江红层地区许多工程对岩体变形模量与地应力的关系及其在空间的变化特征进行了深入研究。

相对较老的结晶类岩体而言，红层岩体由于质地软弱，通常表现出软岩弹塑性特征，在工程荷载作用下常表现出非线性、大变形等特征。李迪（1998）对软岩的变形和破坏特征进行了系统研究；何满朝、景海河和孔晓明（2002）根据理论分析和大量的矿山巷道工程实践，将软岩变形力学机制初步分为 3 大类，即物化膨胀型、应力扩容型和结构变形型，各大类又根据引起变形的严重程度分为 A、B、C、D 四个等级，然后给出了软岩巷道变形机制及破坏特点的判定原则；万宗礼、聂德新（2007）对黄河上游古近系红层软岩的变形特性与环境的关系、施工开挖效应及其对变形试验成果的影响，以及变形参数评价等都作出了较为详细的论述。

5.2.2　岩体变形模量特征

红层岩体软硬相间，变形模量量值总体较低且差异很大，同时又具有各向异性特征（表 5.2-1），砂岩尤其明显，水平向明显高于垂直向，量值大小主要取决于岩性及风化程度，砂岩类抗变形能力强于泥岩类，同种岩性在风化卸荷增强的情况下，变形模量也会大幅度降低。

据相关工程变形试验成果统计表明：红层微新砂岩 E_0 多为 $1 \sim 10 GPa$，最高达 $13.6 GPa$；微新砂质泥岩 E_0 多为 $0.2 \sim 3 GPa$，最高可达 $7 GPa$。总体其量值大小与岩体强度相适应，嘉陵江干流相对较高，但设计中针对泥岩类的建议取值往往留有很大裕度（表 5.2-2）；红层岩体是较明显的弹塑性体，其变形以塑性变形为主，弹性变形相对较小；变形岩体应力-应变曲线主要表现为下凹形、上凹形和直线形。

表 5.2-1　　　　　　　　　　　　　草街现场变形试验成果表

岩性	风化	卸荷	荷载与层面关系	组数	变形模量 E_0/GPa
砂岩	弱风化	弱卸荷	水平	1	5.57
			垂直	1	0.93
	弱风化	弱卸荷	水平	1	6.38
			垂直	1	2.39
	微风化	无卸荷	水平	1	13.6
			垂直	1	7.89
砂质黏土岩	弱风化	弱卸荷	水平	1	3.77
			垂直	1	3.6
	弱风化	弱卸荷	水平	2	5.0
			垂直	2	2.35
	微风化	无卸荷	水平	1	6.3
			垂直	1	6.98

表 5.2-2　　　　　　　　　　　　　红层变形指标建议值统计

工程名称	岩性	风化程度	变形模量/GPa	弹性模量/GPa	泊松比
苍溪	细砂岩	弱风化	2～3	—	0.26～0.28
		微新	3～5	—	0.24～0.26
	砂质黏土岩	弱风化	0.8～1.0	—	0.31～0.32
		微新	1.0～2.0	—	0.30～0.31
金溪	砂岩	弱风化	1～1.5	2～3	0.28
		微新	1.5～2.0	3～4	0.27
	粉砂质黏土岩	弱风化	0.2	0.4	0.40
		微新	0.2～0.3	0.4～0.5	0.38
凤仪	长石石英砂岩	弱风化	5～8	8～10	0.3
		微新	8～10	12～15	
	粉砂质泥岩	弱风化	0.8～1.0	1～1.5	
		微新	1.0～1.5	1.5～3	
	泥质粉砂岩	弱风化	2～3	3～5	
		微新	3～5	5～8	
青居	砂质黏土岩	弱风化	0.5～0.7	1.2～1.5	0.32～0.36
		微新	1.5	2.8	0.28～0.30
草街	砂岩	弱风化	2～4	—	0.28
		微新	6～8	—	0.25
	砂质黏土岩	弱风化	0.5～1	—	0.35
		微新	2～4	—	0.28

5.2.3　坝基岩体变形特征

根据嘉陵江红层岩体的特点，影响坝基岩体变形的因素主要有岩层产状和岩性组合。

红层岩层产状即倾角在一定程度上表示了构造对红层岩石建造改造的强度大小，因为红层作为河湖相的沉积岩，在其沉积形成后，其层面一般是水平状的，地层中一定倾角的单斜层状岩体，是构造对其的推挤作用使岩体发生倾斜，岩层倾角越大，表面构造作用对岩体的改造作用越强烈，岩体中的裂隙和软弱夹层也越发育，岩体质量也越差，变形模量则越低。

从岩性组合上来说，单一的砂岩类坝基岩体多为厚层状，岩性为单一的砂岩或泥质粉砂岩或为二者互层组合，其特点是岩石强度较高，地基变形均一，不存在不均匀变形问题，随着岩层倾角增大，构造作用加强，岩体中裂隙发育程度逐渐增加，可能存在的变形问题主要为剪切破碎带等结构面因应力集中而导致的不均一变形问题；单一的泥岩类坝基岩体，岩性均一，岩体以塑性变形来适应构造改造作用，岩体中结构面一般不发育，均一性好，不均匀变形问题不突出，但岩石质地软弱，变形模量低，坝体沉降变形量大是其最不利的工程地质问题。另一方面，由于泥岩类结构致密，可灌性差，无法通过固结灌浆等工程措施使其模量得到有效提高，故该类岩体一般不能作为较高混凝土坝的坝基。

砂泥岩互层类坝基岩体是嘉陵江红层最为普遍的岩性组合，其变形特点是由于砂泥岩及其中分布的软弱夹层强度具有明显差异，导致其不均匀变形问题最为突出，当岩层倾角较大时（大于 $10°$），在砂泥岩接触面大多存在的软弱夹层也是影响坝基岩体的主要不利结构面。在工程实践中，普遍采用在平行层面和垂直层面的变形模量试验值基础上折减给出的同一岩性变形模量建议值进行变形计算，而实际坝基岩体是互层且倾斜的，显然这种取值并不准确。因此，分析这种砂泥岩互层坝基岩体的变形，能否明确给出不同岩性组合坝基的综合变形模量对于工程设计来说尤为重要。据有关研究（刘彬，2006），按照坝体传给坝基岩体的应力与岩层间的角度关系，可以将综合模量的计算模式分为三种情况，当层面垂直（应力平行于层面）或水平（应力垂直于层面）时，综合变形模量主要取决于各岩体厚度和各自变形模量，而当岩层倾斜时，则与岩层倾角密切相关，公式如下：

（1）岩层垂直时，
$$E_y = \sum_{i=1}^{n} E_i \frac{L_i}{L} \tag{5.2-1}$$

（2）坝层水平时，
$$\frac{1}{E_z} = \sum_{i=1}^{n} \frac{L_i}{E_i L} \tag{5.2-2}$$

（3）岩层面倾角为 α（应力与层面夹角为 $90-\alpha$）时，
$$\overline{E} = \frac{E_y}{\sin^4\alpha + \dfrac{E_y}{E_z}\cos^4\alpha + \left[\dfrac{E_y}{G_{yz}} - 2\mu_{yz}\right]\cos^2\alpha\sin^2\alpha} \tag{5.2-3}$$

式中：L_i 为第 i 层岩体厚度；E_i 为第 i 层岩体变形模量；μ_{yz} 为岩层垂直时的综合泊松比，$\mu_{yz} = \sum_{i=1}^{n} \mu_i \dfrac{L_i}{L}$；$G_{yz}$ 为岩层水平时的综合剪切模量，$\dfrac{1}{G_{yz}} = \sum_{i=1}^{n} \dfrac{L_i}{G_j L}$。

由上面公式分析可以看出：当岩层倾角为 α 时，砂泥岩软硬相间组合岩体的综合变形模量（E）是层状岩体水平向综合变形模量（E_y）、垂直向综合变形模量（E_z）、垂直层面综合剪切模量（G_{yz}）、平行层面综合泊松比（μ_{yz}）和岩层倾角 α 的一个函数关系式。这种砂泥岩互层岩体中第（1）、第（2）种情况的综合变形参数主要是受各岩体厚度和各自变形参数影响，在第（3）种倾斜条件下，则与岩层倾角密切相关。大量工程实践表明，嘉陵江红层坝基岩体主要为第（3）种组合。

王子忠根据以上公式，假定坝基砂泥岩体以 3m 的厚度水平互层，共分 4 层，用表 5.2 - 3 中的相关变形指标，计算了不同倾角下的砂泥岩互层综合变形模量值，得到坝基岩体综合变形模量随岩层倾角的变化关系及综合变形模量值与单一岩性模量之间的关系（图 5.2 - 1）。由此可见，综合模量值大小介于两种组合材料之间；综合模量随着岩层倾角的增加而增加，至 50°～60° 时达到峰值，此后直至 90° 均是降低的，但 0° 时是最低的，90° 时介于最低值和峰值之间，红层岩层倾角一般为 0°～30°，因此随着倾角的增加，其综合模量是增加的，但增加幅度不大，在上述条件下，30° 时的综合变形模量增加了 26.7%。

表 5.2 - 3   **红层岩体相关变形指标（王子忠）**

岩性	弹性模量 E_e /GPa	变形模量 E_0 /GPa	剪切模量 G /GPa	泊松比 μ
砂岩	5.0	3.0	2.0	0.28
粉砂质泥岩	1.8	1.0	0.7	0.35
备注	$G = E_e / 2(1+\mu)$			

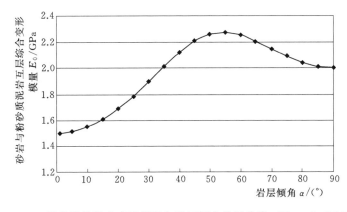

图 5.2 - 1   坝基岩体综合变形模量与岩层倾角关系曲线（$E_0 - \alpha$）（王子忠）

大量工程实践证明，嘉陵江红层地区坝基岩体变形主要问题是由于软硬相间的变形模量差异，以及缓倾地层中软弱夹层发育，而导致的坝基岩体不均一变形问题，且不均一变形随着岩层倾角的增大有逐渐严重的趋势。设计中，为提高坝基岩体的抗变形能力，减小不均匀变形，常常采用基础固结灌浆、局部混凝土置换以及增加基础底板本身的结构刚度等处理措施，使坝基变形问题得到了很好的解决。

5.2.4 坝基岩体抗变形问题

多年来的工程实践，我们也遇到了不少不同坝基组合条件下的具体变形问题，各类坝基岩体变形问题分析工程实例见表 5.2 - 4。

表 5.2－4　　　　　　　　　各类坝基岩体变形问题分析工程实例

工程名称	坝基岩体的岩性	岩层产状	软弱夹层及其分布特点	坝基变形问题
中江继光水库	白垩系下统七曲寺组（K_1q）地层中，主要为长石石英砂岩	N60°～70°E/NW∠3°～5°	软岩夹层的母岩类型为泥岩，质地较纯，主要矿物成分为水云母，岩性软弱，一般层位稳定，厚度较大，分布连续；泥化夹层一般发育在软岩夹层顶、底界面处，受风化与地下水作用，软岩产生泥化或软化，挤压破碎，局部可见镜面和擦痕	大部河床段岩石湿抗压强度为 8.2～10.8MPa，仅局部地段岩石湿抗压强度大于 20MPa，故坝岩体变形模量及基承载力低，地基中砂岩、泥质粉砂岩的弹性模量为 0.21～0.67GPa，因此，坝基岩体的抗变形能力差
过军渡航电工程	遂宁组下段（J_3s），岩性主要由鲜紫红色、棕红色粉砂质泥岩夹砂岩和泥质粉砂岩组成；沙溪庙组（J_2s）岩性主要为浅紫红、棕红色粉砂质泥岩与泥质粉砂岩互层，主要分布于坝基深部	N75°～85°E/NW∠1.5°～5°	坝体浅部有顺层分布的软弱夹层关若夹层	坝体的变形主要是由于坝基岩体质地软弱及其中的软弱夹层所决定的
张窝电站	上沙溪庙组（J_2s_2），紫灰色厚层状砂岩，该层厚度稳定	N20°～60°E/SE∠9°～15°	为层间剪切错动带，按组成物质可分为岩屑夹泥型和泥化夹层（泥夹岩屑型）两种类型；一般顺层出现；层间剪切错动带泥质物相对集中，岩性极为软弱，手捏即碎；泥化夹层是软弱结构面在后期地表水渗入长期作用下变软泥化形成，其物质主要为黏土夹少量碎石，呈软-可塑状，细腻、黏手；软弱夹层一般较连续，贯通性较好-好，顺层发育	坝体的变形主要是由于坝基岩体质地软弱，其中的软弱夹层分布较多，决定了坝基的变形特点，存在不均一变形问题
飞仙关电站	粉砂质泥岩与泥质粉砂岩呈不等厚互层，后者溶蚀孔洞普遍发育。岩体中层间的剪切错动带发育较好，顺层分布且连续性较好	N10°～15°E/NW∠20°～30°	坝基岩层倾向上游偏左岸，倾角 20°～30°，岩体中顺层分布的软弱夹层控制了坝基岩体变形和抗滑特点。泥化夹层为黏土夹少量碎屑组成，黏土呈可塑-软塑状，压缩及变形量大；剪切破碎带内裂隙密集呈网状，软弱岩石呈碎块或角砾，沿破碎带顶、底界面处局部为角砾夹粉质黏土，挤压剪切破碎带为砾粉质重壤土	坝基岩体主要为泥质粉砂岩但分布有软弱夹层和厚度为 1～1.5m 的薄层粉砂质泥岩，软弱夹层及粉砂质泥岩其变形指标与粉砂岩相差 4.6 倍；因此，存在不均匀压缩变形问题
城东电站	泥岩夹粉砂质泥岩薄层（或透镜体），底部分布有角砾岩透镜体，局部夹弱胶结的砂岩	N15°E/SE～N70°W/NE∠2°～4°	坝基岩体中未见软弱夹层	坝基岩体变形主要是有岩石强度控制

5.3　坝基抗滑稳定问题

5.3.1　抗滑稳定研究概况

在各种荷载作用下，大坝与坝基岩体的抗滑稳定问题关系到大坝的整体稳定，是大坝设计与安全分析的首要问题。由于坝基岩体结构及岩体特性的差异，大坝在库水推力作用下，根据抗滑稳定产生的部位和其滑动变形机理的差异，滑动破坏一般分为三种类型：表层滑动、浅层滑动和深层滑动。在红层地区，由于坝基岩体质地软弱，一般沿混凝土与基岩接触面的浅层滑动现象较少，比较常见的破坏方式为浅层滑动和深层滑动，仅在少数强度较高、完整的砂岩坝基岩体条件下才可能出现表层滑动。

工程实践中，坝基岩体的抗滑稳定分析一般包含以下四方面的内容：首先查明坝基岩体结构特征，特别是岩体中软弱夹层或结构面的特征；其次是分析可能存在的滑移破坏模式；再者进行坝基岩体稳定性验算；最后拟定抗滑工程措施。而目前对于坝基抗滑稳定分析的难点和重点往往体现在滑移破坏模式分析和稳定验算两个方面，因此，关于坝基抗滑稳定的研究也主要集中在这两个方面。

关于坝基岩体滑移破坏模式，国内外学者进行了大量的研究。Jaeger C（1972）、Walstorm E E（1974）及 Zaruba Q 和 Mancl V（1976）等对坝基岩体结构和滑移控制边界条件进行了研究。国内重力坝的勘察设计实践中，均依据坝基岩体中结构面组合特征，对坝基岩体抗滑的地质模式及其滑移破坏机理进行了分析研究，如李仲春（2001）、任正兰（2002）及戴会超等（2006）分别对万家寨、高坝洲及三峡大坝的抗滑稳定条件进行了分析和评价；黄润秋等（2006）对武都水库坝基岩体结构面的形成演化、地质特征及抗滑稳定等作了系统专题研究；王思敬（1988）对控制坝基岩体稳定问题的各因素进行了系统的论述。

在坝基岩体结构及滑移破坏模式分析的基础上，进行稳定性验算，求解大坝稳定安全系数，是坝基岩体稳定评价与设计的重要任务之一。坝基稳定验算方法通常有刚体极限平衡法、数值分析法和模型试验法三种。潘家铮（1980、1985、1987）对坝基稳定验算原理、方法作了系统而深入的研究，这些文献目前已成为国内坝工设计的重要参考和依据。现行重力坝设计规范均采用刚体极限平衡法。陈祖煜等（2002）、黄东军（2005）、周伟（2005）、蔡江碧（2005）又对这一方法在实际工程应用进行了深入的讨论和分析，使之更具操作性。

刚性极限平衡法求得的安全系数实际上是把大坝与基础结构的某一部分各个点都达到破坏时当作结构整体失稳的极限状态；然而实际上，大坝基础结构破坏过程是由点到面的累进性破坏过程，这就要求对大坝基础结构各点的应力和应变进行详细计算。因此，随着计算机技术在工程地质、土木工程领域的广泛应用，各种数值模拟方法被逐渐运用到坝基抗滑稳定分析研究中来，成为当前复杂坝基岩体稳定分析的必要手段。目前，抗滑稳定分析中数值计算的方法主要为有限元法和边界元法。周维垣（2005）

对工程前缘课题所需的数值模型与方法作了系统研究和介绍，在岩石力学理论研究的基础上，加入了系统的数值分析法，如有限元、边界元、离散元、流形元、不连续变形分析法等，对岩土工程问题进行数值模拟研究，是国内应用数值分析求解岩土工程问题的最新成果总结。

对于复杂的重要的坝基抗滑稳定问题，除进行数值模拟外，往往还需要利用模型试验对其破坏过程进行模拟，一般包括三维整体模型和石膏应力模型两类。周维垣（1990）在《高等岩石力学》一书中对模型试验的原理、材料和量测等作了介绍，张强勇等（2005）系统阐述了岩体，尤其是节理岩体的地质力学模型试验的基本原理及在大型岩体工程中的应用；周维垣（1988）、杨若琼（1993）结合工程进行了较多坝基抗滑稳定模型试验与研究；李朝国等（1995）、何显松等（2006）以变温相似材料来模拟软岩坝基在地下水等作用下的强度弱化效应，其原理、概念及应用效果等在国内处于领先水平。

目前，专门针对红层（或软岩）坝基岩体稳定的文献并不多，其研究成果大多散落在单个工程相应的勘察设计研究报告或文章中，如四川涪江金华电站、嘉陵江小龙门电站、金溪电站及升钟水库等，坝基岩体均为嘉陵江红层岩体，工程勘察设计中均对软弱夹层和抗滑稳定作过一定的分析论证。徐瑞春（2003）对葛洲坝水利枢纽区白垩系坝基红层岩体的层间剪切带工程特性、抗力体结构、破坏方式及利用与加固等坝基抗滑稳定问题作了研究；万宗礼和聂德新（2007）对黄河上游古近系红层坝基、嘉陵江凤仪场电站侏罗系坝基以及黄河积石峡电站白垩系坝基的岩体及其软弱夹层工程特性作了研究。

那么，回到嘉陵江红层本身，由于其特定的成岩环境、构造和表生改造特点，岩体明显具有以下结构特征：①岩石质地较软；②砂泥岩互层的坝基岩体中，顺层分布的软弱夹层发育，且多分布于砂泥岩界面，常伴生有与层面近于垂直的两组共轭构造裂隙；③基岩产状近于水平，倾角一般小于20°。上述这些结构特征恰恰决定了红层坝基在抗滑稳定方面有以下特点：①混凝土与岩体接触面及岩体本身抗剪强度低；②产状平缓，顺层分布的软弱夹层与近于垂直层面的构造裂隙组合下，容易产生受软弱夹层控制的深层滑动；③抗滑稳定类型多为浅层滑动和软弱夹层控制的深层滑动。

5.3.2　抗剪强度特征

与坝基抗滑稳定密切相关的抗剪强度主要是混凝土与坝基岩体接触带的抗剪强度和岩体中分布的各类软弱夹层的抗剪强度，其中关于软弱夹层的抗剪强度在前面第5章软弱夹层工程特性内容中（5.5.2节）已进行了详细阐述，这里不再赘述。

关于岩体本身的抗剪强度，大量的工程实践表明：在不受开挖和浸水影响的情况下，岩/岩抗剪断强度较混凝土/岩略低。一般砂质泥岩 $f'=0.45\sim0.65$，平均 0.55；$C'=0.1\sim0.3MPa$，平均 0.2 MPa；砂岩 $f'=0.65\sim0.9$，平均 0.77，$C'=0.3\sim0.7$ MPa，平均 0.5 MPa。同种岩性由于砂质或泥质含量的高低不同，指标略有变化，砂质含量高，指标高；泥质含量高，指标低，各工程抗剪强度指标参见表 5.3-1。

当受施工开挖和浸水影响时，抗剪指标会一定幅度降低，且混凝土/岩较岩/岩下降明显，尤其是泥岩，遇水容易泥化崩解，抗剪强度会降低 50% 以上。因此，在施工过程中应避免爆破松动、基坑进水，以防止软化、泥化和崩解。

需要强调的是，由于红层岩体组成以泥质物为主，岩石质地软弱，抗剪能力普遍较低，坝基岩体抗滑稳定主要受岩体强度控制，滑动破坏面也多数位于坝基岩体浅部；另外由于岩石具有遇水软化失水干裂之特性，软弱夹层具有围压效应和泥化特性，导致试验成果指标往往更低，与坝基岩体的真实力学状态有一定差距。

表 5.3 - 1   嘉陵江红层抗剪强度建议值统计

工程名称	岩性	风化程度	抗剪强度		抗剪断强度			
					岩/岩		混凝土/岩	
			f	C/MPa	f'	C'/MPa	f'	C'/MPa
桐子壕	砂岩	弱风化	0.53~0.58	—	0.75	0.3	—	—
		微新	0.58~0.62	—	0.8	0.6	—	—
	砂质黏土岩	弱风化	0.32~0.37	0.005	0.55~0.6	0.2	—	—
		微新	0.37~0.42	0.005	0.6~0.65	0.25	—	—
新政	细砂岩	弱风化	0.55~0.60	0	0.65~0.75	0.35~0.45	0.75~0.85	0.5~0.6
		微新	0.65~0.70	0	0.8~0.9	0.5~0.6	0.9~1.0	0.65~0.75
	砂质黏土岩	弱风化		0	0.45~0.5	0.1	0.45~0.5	0.1
		微新	0.5~0.55	0.1~0.2	0.55~0.65	0.2~0.3	0.7~0.75	0.35~0.45
金银台	泥质砂岩	弱风化	0.51	0	0.8	0.25	0.65	0.15
		微新	0.6	0	1	0.3	0.71	0.2
	砂质黏土岩	弱风化	0.33	0	0.4	0.16	0.38	0.1
		微新	0.35	0	0.45	0.2	0.4	0.1
沙溪	砂岩	弱风化	0.55~0.60	0	0.7~0.8	0.35~0.45	0.75~0.85	0.4~0.5
		微新	0.65~0.70	0	0.8~0.9	0.5~0.6	0.85~0.9	0.55~0.65
	砂质黏土岩	弱风化	0.35~0.4	0.05~0.10	0.45~0.55	0.15~0.20	0.55~0.65	0.3~0.4
		微新	0.45~0.5	0.1~0.15	0.55~0.65	0.2~0.3	0.65~0.7	0.35~0.45
草街	砂岩	弱风化	0.5~0.55	0	0.55~0.65	0.3~0.4	0.65~0.75	0.3~0.4
		微新	0.55~0.7	0	0.7~0.9	0.5~0.7	0.8~1.0	0.5~0.7
	砂质黏土岩	弱风化	0.35~0.4	0	0.45~0.55	0.2~0.3	0.55~0.65	0.2~0.3
		微新	0.5~0.55	0	0.55~0.65	0.3~0.4	0.65~0.75	0.3~0.4

5.3.3 抗滑稳定特征

红层坝基岩体抗滑稳定的主要控制因素包括岩性组合及岩层产状与大坝推力的关系。岩性组合主要有以下三种：砂岩类、泥岩类（含泥岩夹砂岩）及砂泥岩互层类。岩层产状大多近于水平或缓倾角产出，岩体结构属于水平层状结构或缓倾单斜结构，而软弱夹层普遍顺层分布，尤其在砂泥岩界面；其次，软弱结构面倾向上游或下游，对抗滑稳定也是一个重要因素，倾向上游（在坝体下游以外出露，下游没有抗力体）较倾向下游其抗滑稳定条件更差。因此，根据岩性类别、岩层倾角及倾向与大坝推力的关系组合，将抗滑稳定可以分为 9 种类型，参见表 5.3 - 2。

表 5.3 - 2 嘉陵江红层坝基抗滑稳定类型表（据王子忠）

岩层倾角（D_a）及倾向		砂岩类（S）	泥岩类（N）	砂泥岩互层（H）
近于水平（≤3°）		S_1	N_1	H_1
倾斜（3°＜D_a≤30°）	下游	S_2	N_2	H_2
	上游	S_3	N_3	H_3

（1）砂岩类（S）。岩性单一，通常为砂岩或砂岩与粉砂岩互层，软弱夹层不发育，即使在倾斜岩体中软弱夹层出现频率也较低，岩体中常常发育有两组与层面近于垂直、延伸较长的陡倾角共轭裂隙。因此，砂岩类抗滑稳定往往主要受岩体强度及完整性控制，常见的滑动类型为浅层滑动（个别强度高的砂岩可表现为表层滑动），而沿着软弱夹层出现深层滑动的可能性较小，即使存在潜在深层滑移面，仍需完全剪断砂岩抗力体，才能产生滑动，抗滑稳定条件较好。

当岩层近于水平时（S_1），基本不存在深层抗滑问题，主要滑动类型为浅层和表层滑动，此时岩体的风化程度就成为控制抗滑稳定的关键，风化程度越高，坝基岩体完整性越差，其抗剪能力也就越弱。强风化砂岩岩体一般呈碎裂结构，可能产生剪动滑移破坏（浅层滑动），但在水电工程中通常均已挖除；弱风化砂岩一般为层状结构，其抗剪强度较新鲜岩体低，其滑动破坏面一般产生在砂岩表层内；新鲜砂岩强度高，完整性好，抗滑稳定条件好，发生滑动破坏的可能性较小。当岩层倾斜时，岩体内可能分布有岩屑岩块型软弱夹层，但出现频率低，此时抗滑稳定不但决定于岩体的风化程度，还受控于软弱夹层的分布，滑动类型除了浅表层滑动外，很可能还存在深层滑动，岩层及软弱夹层倾向下游的岩体（S_2），沿软弱夹层深层滑动需要剪断下游岩体后才能产生，其稳定系数相对较高，而对于岩层及软弱夹层倾向上游（S_3）的岩体，顺层分布的软弱夹层（滑移控制面）与层面近于垂直的构造裂隙（横向切割面）为潜在深层抗滑边界，其抗滑条件明显最差，稳定系数主要取决于软弱夹层的性质。

总之，对于砂岩类坝基岩体，浅层滑动最为常见，深层抗滑一般可能在 S_2 类和 S_3 类岩体中出现，且 S_2 类岩体稳定系数明显高于 S_3 类岩体。

（2）泥岩类（N）。岩体为单一的砂质泥岩或泥岩，或局部夹杂少量砂岩透镜体，岩体强度一般低于混凝土强度，岩体抗剪强度较低，水平岩层中软弱夹层普遍少见。倾斜岩层可能有顺层分布的软弱夹层，但出现的几率也较低。由于该类岩体为弹塑性体，且以塑性变形为主，导致这类岩体一般以塑性变形来消耗构造作用对其的影响，以致其构造裂隙并不发育。因此，该类坝基岩体抗滑稳定主要受控于岩体强度，最主要的滑动方式为岩体浅表内部的剪切滑动，现场原位剪切试验大多也能说明这一点。

当岩层近于水平时，主要问题是混凝土与岩体接触面上的浅层滑动，由于岩体强度低于混凝土强度，据现场抗剪试验，剪切滑动面常常位于表层岩体内部，对于薄层状的泥岩还有可能产生沿层面的滑移弯曲破坏。当岩层倾斜时，坝基岩体可能分布有碎屑夹泥或泥型软弱夹层，其抗滑稳定除了受控于岩体强度影响外，还受控于软弱夹层特征，即除了浅层滑动外还可能出现深层滑动问题（具体抗滑分析与上述砂岩类相似），而该类岩体的深层滑动问题在工程实践中相对较为少见，特别是在倾向下游的 N_2 类岩体，在设计过程中，浅表部抗滑稳定问题一般很容易解决，对其潜在深层抗滑稳定也应进行必要的复核。

（3）砂泥岩互层类（H）。该类坝基岩体在嘉陵江红层地区最为普遍，特别像嘉陵江流域，坝基几乎全部为互层结构。这种软硬相间的岩性组合，砂岩类岩石一般为较软岩（$R_b = 15 \sim 30\text{MPa}$），泥岩类为软岩—较软岩互层（粉砂质泥岩一般 $R_b = 5 \sim 10\text{MPa}$，泥岩一般 $R_b < 5\text{MPa}$），在构造应力作用下，易产生层间剪切错动，在砂泥岩分界面或其附件常形成剪切破碎带；其次，由于砂岩与泥岩透水性差异，使得两种岩性界面附近地下水活动较强。由此，砂泥岩接触带及泥岩内部软弱夹层往往较为发育，其常见类型为岩屑夹泥、泥夹岩屑或者泥型。砂泥岩互层坝基岩体抗滑稳定特征详见表5.3-3。

表 5.3-3　　　　　　　　　砂泥岩互层坝基岩体抗滑稳定特征表

类别	基 本 简 图	坝基岩体特征	抗滑稳定类型	抗滑稳定问题初步分析
H_1	（水平岩层，上覆泥岩，下伏砂岩）	砂岩与泥岩互层，软硬相间，软弱夹层发育	浅层滑动为主	主要表现为混凝土与岩体接触面的浅层滑动
H_2	（倾向下游，上覆泥岩，下伏砂岩）	与 C3 基本一致，但岩层及软弱夹层倾向下游	浅层滑动、深层滑动	浅层抗滑稳定与 C3 类基本一致，岩体中的软弱夹层倾向下游，沿软弱夹层的深层滑动需在剪断下游岩体后才能产生，其抗滑稳定系数主要取决于下游抗力体的抗剪断强度（f'、c'），但其抗滑稳定条件较 C3 类好
H_3	（倾向上游，上覆泥岩，下伏砂岩）	砂岩与泥岩互层，软硬相间，软弱夹层发育，岩层及软弱夹层倾向上游	浅层滑动、深层滑动	浅层滑动的潜在滑动面一般位于近混凝土接触面的岩体内部；深层抗滑稳定取决于软弱夹层（滑移控制面）和岩体中与层面近于垂直的构造裂隙的组合（横向切割面）

当岩层近于水平时（H_1），坝基岩体主要是浅层抗滑稳定问题，潜在滑动面一般位于近混凝土接触面上的岩体浅层部位，当混凝土接触面为砂岩时，与 S_1 类基本类似；当接触面为泥岩时，与 N_1 类相似。当岩层倾斜时，由于软弱夹层发育，其深层滑动问题较为

突出，特别对于岩层和夹层倾向上游的 H_3 类坝基岩体，深层抗滑稳定问题常常是影响工程成败的关键工程地质问题，其抗滑稳定系数取决于砂泥岩界面附近软弱夹层（滑移控制面）的类型及砂岩中近于垂直层面的陡倾角裂隙的组合，抗滑条件相对较差；而对于岩层和夹层倾向下游的 H_2 类坝基岩体，其深层滑动必须剪断下游抗力体后，才能产生滑动，其稳定系数往往较高。

根据上述分析可知：砂岩类坝基抗滑稳定条件较好；泥岩类和砂泥岩互层类坝基岩体中常常有顺层分布的软弱夹层；N_3 和 H_3 类坝基岩体中，裂隙与软弱夹层的组合是其深层抗滑的边界，以 H_3 类稳定性最差；N_2 和 H_2 类坝基岩体由于存在下游抗力体，是否产生滑动主要由下游抗力体的抗剪断强度决定。总之，在嘉陵江红层地区，由于坝基岩体以砂泥岩互层为主，导致其抗滑稳定问题较为突出，尤其像 H_3 类受控于软弱夹层的深层抗滑稳定是需要关注的常见重点工程地质问题。

5.3.4　抗滑稳定处理

工程实践中，大家已普遍认识到软弱夹层是控制抗滑稳定的关键因素，前期勘察过程也将查明软弱夹层分布及特征作为重中之重。因此，一般分布广、影响大的坝体基础范围内的软弱夹层利用现有勘察手段基本能够查明，并满足上部结构总体设计的要求，但由于勘察工作的局限性和不确定性，施工中往往会新揭示一些规模不大、影响局部稳定的软弱夹层，对这些夹层进行稳定复核和现场处理，就成为抗滑稳定过关甚至工程成败的关键。

结合嘉陵江闸坝工程的实践经验，施工过程中可根据软弱夹层分布情况及其对抗滑稳定的影响程度，分别采用以下措施：首先考虑挖除（针对建基面附近，且上覆岩体较破碎）；其次是采用部分置换并加设钢筋（针对基础浅表部，上覆岩体有一定厚度且较完整，抗滑影响较小）；再者考虑在基础上下游布设齿槽截断软弱夹层，也可以在基础下游增设混凝土抗力体或采用锚索（针对基础以下埋深较大，抗滑影响大）。例如草街航电厂房安装间基础对 C_2 软弱夹层就采取的挖除措施，冲沙闸基础和泄洪闸基础就采取加深、加宽上下游齿槽，局部加设混凝土抗力体的措施（图 5.3-1），确保基础达到了抗滑稳定要求。

图 5.3-1　软弱夹层处理

5.4　坝基岩体渗漏问题

岩体允许水流透过的性能，称其为渗透性。红层岩体以泥质物为主，本身是不透水或微弱透水的地质体，但由于岩体中（特别是砂岩中）存在结构面、裂隙等空隙，因此，实际存在一定的透水能力，尤其在大坝上下游水头差作用下，可能导致坝基岩体产生渗漏，从而引起库水流失、岩体稳定和效益降低等问题。工程实践中，坝基岩体渗漏也是红层地区工程设计需要关注的问题之一。

目前，对于红层坝基岩体渗漏问题的研究主要分散在各个具体工程关于岩体水文地质结构和渗透参数的勘察及防渗设计等方面，研究成果也相应分布在各个勘察设计文件中，且公开发表的文献较少，国内与此有关的研究文献仅检索到数篇，比如：韩延伦（1989）分析了红层河谷岩体渗透带的分布特点；濮声荣（2005）归纳了陕西近水平砂泥岩地层分布区的坝基渗漏和由此引起的工程地质问题；卢刚和周志芳（2006）分析了软硬相间层状岩体中裂隙的分布特征及其渗透特点；童憬（2011）以岷江犍为水电站坝址区为研究对象，详细论述了软硬互层岩体的渗漏水文地质条件；等等。

不管从理论研究还是工程实践，我们都不难看出，红层岩体渗漏问题主要就是风化岩体透水带的渗漏问题，其透水性的形成主要取决于近地表的表生改造作用、岩性组合及构造。

5.4.1　透水带的形成

红层岩体中原生的砂岩和泥岩，在未遭受构造及表生改造前，岩石（岩块）本身的透水性较弱，据 Serafim 岩石室内渗透试验，砂岩渗透系数为 $1.6 \times 10^{-7} \sim 1.2 \times 10^{-5}$ cm/s，细砂岩渗透系数为 2×10^{-4} cm/s（张有天，2005）。泥质岩类由于其孔隙率较砂岩低，其渗透系数应小于上述值，未遭受构造及表生改造前的岩石渗透系数低是因为孔隙的尺度小，存在初始水力坡度的限制（张有天，2005），按照《水力发电工程地质勘察规范》（GB 50287—2016）渗透性级别划分标准，应属于极微-微透水层。因此，红层岩体透水带的形成主要与成岩后的构造及表生改造作用有关。

构造对红层岩体透水性的影响主要是对岩体裂隙及软弱夹层发育程度的影响。构造作用下，砂岩易形成裂隙，而泥岩主要表现为塑性变形，一般不形成构造裂隙，因此，构造作用主要对砂岩透水性影响较大。其次，受构造作用影响，一般在断裂部位及两侧常发育有裂隙密集带，使得断裂构造两侧岩体常出现较强透水性，从而使断裂影响区内的岩体在平面和剖面上均表现为一个透水性相对较强的带状区域；但另一方面，较大规模的断裂带内多发育有低渗透性的断层泥等物质，从而使断裂带在横向上往往具有一定的隔水性。再者，由于构造作用，岩体中形成层间剪切带或软弱夹层等结构面，其透水性与其物质组成密切相关，一般颗粒较粗、层间裂隙张开度大的透水性较强，而细颗粒组成的透水性弱。红层地区所遭受的构造作用轻微，岩层倾角较缓，形成构造裂隙的闭合性较好，在未受表生改造作用之前，其透水性是较弱的，形成的软弱夹层、断层带等本身结构较为密实，且具有泥质物充填，应该说其透水性也是较弱的。因此，总体来看构造作用对红层岩体的透水性影响不大，红层岩体透水带形成的原因主要应该是表生改造作用。

红层地区表生改造作用主要表现为风化卸荷和淋滤等作用，这些作用使得砂岩岩石颗粒连接力弱化、孔隙增加、构造裂隙张开，从而提高了砂岩透水性。对于砂质泥岩或泥岩，由于其本身具有遇水软化、失水干裂、含水量变化而膨胀等特性，在表生改造作用下，易产生网状风化卸荷裂隙；另一方面，软弱夹层或层间剪切带在水平卸荷作用下被张拉，改变了其结构较密实、透水性较弱的特点，结果使其透水性增加。同时，红层岩体构造简单，质地较软，特别是泥质岩石，常以塑性蠕变的方式来适应地应力变化，其卸荷作用较弱，卸荷作用所达的深度基本与风化深度相当，故岩体表生改造作用以风化作用为主。一般随着从地表到地下风化卸荷作用的逐渐减弱，岩体的透水性有随深度增加而减小的总体变化趋势，强风化岩体为强-中等透水性，弱风化岩体以中等透水性为主；微新岩体以弱-微透水性占主导地位。风化程度与透水率的关系见表 5.4-1。

表 5.4-1　　　　　　　　　　　　　风化程度与透水率的关系

风化程度	强风化	弱风化	微新
透水率/Lu	10～>100	5～100	<10

5.4.2　渗透特点

如果说上述构造及表生改造作用是影响红层岩体透水性的基本因素，那么岩性组合则是决定红层坝基岩体透水性的关键因素。裂隙岩体中，裂隙是地下水渗流的唯一通道，而裂隙的发育受岩性控制。根据观察统计，砂岩中裂隙的发育程度远大于泥岩，所以，一般砂岩透水性较大，P-Q 曲线多呈 D 形，为含水层；泥岩、砂质泥岩、泥质粉砂岩透水性均较小，P-Q 曲线多呈 E 形，为相对隔水层。

嘉陵江红层地区岩性组合上以砂泥岩互层、泥岩夹砂岩等非可溶性岩居多，但在白垩系夹关组和灌口组常见到岩石中含有石膏及芒硝等膏岩矿物，具有一定的可溶性，形成类岩溶。需要说明的是，笔者将这种因含有可溶性岩石成分而引起的类岩溶问题归纳为嘉陵江红层特有的工程地质问题。

根据岩性组合与透水率的关系，可以将嘉陵江红层坝基岩体岩性组合分为四类，即砂岩夹泥岩类、砂泥岩互层类、泥岩夹砂岩类和泥岩类，参见表 5.4-2。

表 5.4-2　　　　　　　　　　　　嘉陵江红层岩性组合分类表

编号	岩性组合名称	岩性比例	岩性描述
1	砂岩夹泥岩类	砂岩为主，所占比例大于 60%；其余岩性所占比例小于 40%	砂岩夹泥质粉砂岩、泥岩、砂质泥岩
2	砂泥岩互层类	各岩性比例相当，呈薄层状交替出现	砂岩、泥质粉砂岩、泥岩、砂质泥岩互层
3	泥岩夹砂岩类	以泥质岩为主，砂岩类所占比例 10%～20%	泥岩、砂质泥岩夹砂岩类岩石
4	泥岩类	泥岩为主，所占比例大于 90%	砂质泥岩或泥岩夹泥质粉砂岩

张颖（2009）曾以青衣江流域葫芦坝为例，研究了坝基新鲜岩体中砂岩所占比例与透水率的关系（图 5.4-1），结果表明：砂岩所占比例与透水率呈正比关系，砂岩比例 40% 以下时（泥岩夹砂岩类），透水率多集中在 2Lu 以下，为微透水层；砂岩比例 60% 以上时（砂岩夹泥岩类），透水率集中在 10～14Lu，为中等透水层；砂泥岩各占 50% 左右时（互层类），透水率分布较为零散，互层结构透水率较低，平均值为 3.4Lu。

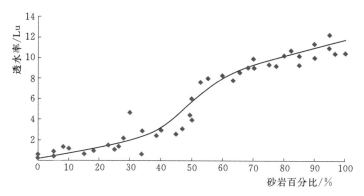

图 5.4-1　砂岩百分比与透水率关系图（张颖，2009）

通过对嘉陵江红层地区富金坝、小龙门、过军渡、犍为等十个水电工程新鲜岩体不同岩性组合的透水率特点统计分析，不难看出，透水率的大小关系为砂岩夹泥岩类大于泥岩夹砂岩类大于互层类大于泥岩类（图 5.4-2），不同岩性组合透水率特点如下（张颖，2009）：

（1）砂岩类。此类岩性组合的新鲜岩体透水率一般为 8～12Lu，为弱-中等透水层，平均值为 10Lu，在构造断裂部位，裂隙发育密集，最高可达 271Lu。砂岩渗透性强，与之相比，砂质泥岩、泥岩、泥质粉砂岩透水性微弱，可以忽略不计。在这类岩性组合中，主要考虑砂岩的透水率，其渗透介质类型以裂隙介质为主，渗透性在各个方向上没有明显的差异。

（2）泥岩夹砂岩类。此类岩性组合的

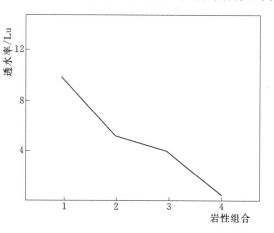

1—砂岩夹泥岩类；2—泥岩夹砂岩类；
3—互层类；4—泥岩类
图 5.4-2　岩性组合与透水率关系图（张颖，2009）

透水率平均值为 5.6Lu，为极微-弱透水层，处于风化岩体中时，透水率最高值达 95Lu，为中等透水层。此类岩性组合一般具有层状渗透结构，渗透介质类型以裂隙介质为主，具有各向异性渗透特征。由于泥岩、砂质泥岩为相对隔水层，砂岩在此类岩性组合中所占比例虽小，但其对透水率的贡献不可忽视，透水率较大处多为砂岩裂隙发育密集区。

（3）互层类。此类岩性组合的透水率一般为 0～5Lu，为极微-弱透水层，平均值为 3.8Lu，最高值可达 34Lu，主要是受到层间裂隙发育情况的影响。砂岩（含水层）与砂质泥岩、泥岩、泥质粉砂岩（相对隔水层）呈薄层状交替出现，层间裂隙发育。其渗透介质以裂隙介质为主，主要分为两种渗透情况：①当岩层缓倾或水平产状时，地下水主要赋存、运移于各透水层中，其补给、径流、排泄都严格受透水层上下的相对隔水层控制，常具多层水位，易形成承压水；②当岩层产状较陡、裂隙较密集时，透水性相对较强，地下水多与层状、网格状等渗透结构相通，构成同层或多层透水层地下水集中渗漏通道。互层结构一般顺层渗透性明显大于垂直方向渗透性，具有明显的各向异性渗透特征。

（4）泥岩类。此类岩性组合的透水率为 0～1Lu 的占 74.8%，为极微-微透水层，平均值为 0.5Lu，这类岩性组合中不管是泥岩、砂质泥岩还是泥质粉砂岩，其透水性本身都很微弱，相对主要透水层即是泥质粉砂岩，几乎不存在强透水层（带），因此，该组合岩体透水率为四类岩性组合中最低的一类。但相比之下，透水率仍存在这样的规律：泥岩＜砂质泥岩＜泥质粉砂岩，说明随着砂质含量增加，其透水率有一定的提高。该类岩性组合个别透水率可达 49Lu，主要原因是岩石中可能存在的易溶组分被地下水溶蚀形成溶孔或溶洞提供了地下水运移通道，导致透水率增加。

综上可以看出，岩性作为决定岩体工程地质特性的基础，也是决定岩体渗透特性的最重要的因素，岩性组合与透水率的对应关系见表 5.4-3。

表 5.4-3　　　　　　　　　　　岩性组合与透水率关系表

岩性组合	砂岩夹泥岩	砂泥岩互层	泥岩夹砂岩	泥岩
透水率/Lu	8～12	0～5	2～8	0～1

注　表中为微新岩体透水率。

研究各种岩性组合的坝基岩体透水性，还要同时考虑风化程度的影响。根据王子忠采用四川盆地 22 个水电工程的 3899 组压水试验数据成果，统计得到的不同岩性组合不同风化程度下的透水率成果（表 5.4-4）。不管哪种岩性组合，岩体风化状态对透水率的影响都是较大的。如前所述，从强风化、弱风化到新鲜岩体，其透水率总体降低的趋势是明显的，新鲜岩体透水率均在 10Lu 以内，属弱透水岩体；而风化岩体不管是哪一类岩性组合，其透水率都是介于 10～100Lu 之间，属于中等透水岩体。由此看出，近嘉陵江红层岩体的渗透特性从近地表的风化壳内的风化岩体到其下伏的新鲜岩体，其渗透性具有"壳-核"二元结构，风化岩体为透水的"壳"，新鲜岩体为相对不透水的"核"，这种结构是由红层岩体透水带形成的地质过程决定的，在嘉陵江红层岩体渗漏及防渗的勘察设计中，只要得到透水"壳"的渗透特性及相对不透水的"核"的上界就可进行相应的分析计算和防渗设计了。

表 5.4-4　　　　　　　　　　透水率与岩性组合及风化程度的关系

岩性组合	各风化状态岩体透水率/Lu					
	强风化	统计组数/段	弱风化	统计组数/段	新鲜	统计组数/段
砂岩夹泥岩类	37.8	37	23.8	72	6.75	220
泥岩夹泥岩类	25	13	26	9	3.16	57
互层类	33.5	53	19.7	74	6.65	463
泥岩类	28.1	54	21.3	249	4	1001

综上所述，嘉陵江红层岩体坝基渗漏属裂隙性渗透，总体透水性弱，除了个别含有可溶性组分岩石外，一般不存在水库渗漏问题，渗漏问题主要表现为坝址区的坝基渗漏和坝肩的绕坝渗漏，而坝基或坝肩岩体（弱风化—微新）透水率一般都小于 10Lu，属弱透水层，进行必要的帷幕灌浆即可满足防渗要求。

5.4.3 防渗设计的要点及认识

坝址区的渗漏与防渗设计是水工建筑物拦水坝工程中的重要问题之一，它直接影响到工程的效益和安全运行。水库的渗漏符合标准需同时满足两个条件：①渗漏量小于允许渗漏量；②岩体中的最大水力坡降小于岩体的允许水力坡降。

据邹成杰（1994）主编的《水利水电岩溶工程地质》关于水库岩溶渗漏的标准分级原则，在红层地区，由于防渗的实施相对较容易，工程量所占投资比例也不大。提出嘉陵江红层地区水库允许渗漏指标，防渗要求按"微弱渗漏或者基本不渗漏"的原则考虑，允许渗漏量 $Q_允$ 可按照表 5.4-5 的规定确定。嘉陵江红层地区分布水系主要有嘉陵江、沱江、涪江、岷江（下游）、川江等，据各条河流设有的水文站统计资料，主要河流多年平均流量参见表 5.4-6。

表 5.4-5 嘉陵江 红层水库允许渗漏量（$Q_允$）确定表

计 算 方 法	允许渗漏量/%	上游是否有调节水库
渗漏量（Q_s）与河流多年平均流量（Q_b）的百分比（P_Q）	0.5~1	无
	1~3	有

表 5.4-6 嘉陵江红层地区主要河流多年平均流量

河流名称	沱江	涪江	嘉陵江	岷江（下游）	川江
多年平均流量（Q_b）/(m³/s)	317	572	2120	2470	8132

注 表中数据由相应河流部分代表性水文站统计获得。

关于 $J_允$ 允许水力坡降的选择需要考虑两种情况，岩体中含有软弱夹层形成的破碎带时，它由软弱夹层破碎带控制，若不含软弱夹层形成的破碎带时，则由岩体本身的渗透特性来控制。允许水力坡降是在临界水力坡降的基础上考虑一定的安全系数得到的，按照《水力发电工程地质勘察规范》（GB 50287—2016）的规定，临界水力坡降一般为允许水力坡降的 1.5~2 倍，特别重大的工程可取 2.5 倍。红层区的水利及水电工程等别一般不高，一般无特别重大、等别较高的工程，因此一般对于安全系数较高的情况，取上限值 2 倍即可。

软弱夹层的允许水力坡降 $J_允$ 通常可以采用室内或现场渗透变形试验获得。根据相关工程试验资料，各类型软弱夹层临界水力坡降及允许水力坡降参见表 5.4-7。

表 5.4-7 部分工程软弱夹层临界水力坡降及允许水力坡降统计（据王子忠改编）

夹层类型		岩块岩屑型	岩屑夹泥型	泥夹岩屑型	泥型
临界水力坡降（J_{cr}）	平均值	3.53	6.47	13.75	6.28
	最大值	7.13	12.00	17.50	7.75
	最小值	1.54	2.95	10.00	5.50
允许水力坡降（$J_允=J_{cr}/2$）	平均值	1.77	3.24	6.88	3.14

岩体的允许水力坡降 $J_允$ 的确定。按照以下步骤确定，首先根据岩体透水率 q(Lu)，计算得到渗透系数 K(cm/s)，然后再根据渗透系数 K(cm/s) 与临界水力坡降的统计相

关关系得到 J_{cr}，J_{cr} 除以安全系数 2 得到允许水力坡降 $J_允$。

根据《水力发电工程地质勘察规范》（GB 50287—2016）规定：$q(Lu)$ 与 $K(cm/s)$ 之间可按照下面简单对应关系进换算：$1Lu=10^{-5}cm/s$，进而按照常士骠等（2007）编著的《工程地质手册》（第四版）中的渗透系数（K）与临界坡降（J_{cr}）关系相关图可以查得 J_{cr}。得到的各类红层岩体的允许水力坡降 $J_允$ 参见表 5.4-8。

表 5.4-8　　由透水率换算得到的红层岩体允许水力坡降（据王子忠改编）

岩性组合/风化状态	强风化	弱风化	新鲜
砂岩夹泥岩类	4.94	5.64	8.09
泥岩夹砂岩类	5.57	5.4975	10.04
互层类	5.12	5.955	8.12
泥岩类	5.38	5.82	9.39

工程防渗设计时，对于水文地质条件简单、岩层均一的一般工程，渗漏量和最大水力坡降可以直接采用相关公式估求出［《水力发电工程地质手册》（2011 版）］，对某些条件相对复杂的大型或重要工程，则往往需要针对工程坝址渗漏建立特定的渗漏模型，但最终都是以满足渗漏量和最大水力坡降两个指标为判别依据。

经过多年的工程实践，笔者对红层地区岩体防渗设计总体有以下几点认识：

（1）嘉陵江红层岩体泥质含量高，允许水力坡降较大，因此，水力坡降是很容易满足的，在精心设计严格施工的情况下，一般不会发生渗透变形破坏，防渗设计主要就是控制渗漏量的问题。

（2）风化岩体透水带深度是渗漏量变化的拐点，当防渗帷幕深度大于中等透水层时，帷幕深度的增加对于削减渗漏量及最大水力坡降贡献的有效性没有在透水层内明显。因此，防渗重点应为风化岩体透水带即中等透水层，微新岩体可作为防渗依托的边界。

（3）一般位于坝基新鲜岩体中的软弱破碎夹层不会对渗漏产生影响，不需要对其进行防渗处理。这主要是由于其中的软弱夹层埋深较大且透水性弱，坝基岩体也属弱透水层，软弱夹层与库水的联系差，故对于坝基防渗帷幕的设计，只要穿过中等透水层进入弱透水层一定深度即可，而不必非得穿过其下部的软弱夹层。

（4）对于绕坝渗漏的防渗设计，传统的设计理念试图将岸坡坝肩防渗帷幕长度延伸至地下水位与水库正常水位的交点。但红层地区难以形成完整统一地下水位线，经验做法也只需将帷幕进入弱透水层一定深度即可。

5.4.4　坝基防渗处理

坝基防渗处理的目的：一方面是减少坝基渗漏量和绕坝渗漏量；另一方面是有效降低坝基渗透压力。目前，国内处理坝基渗漏采取的防渗措施概括起来体现在两个方面：一是降低水力梯度；二是保护渗流出口。具体措施主要包括：帷幕灌浆等常规措施和截水槽、防渗墙、铺盖、堵塞、排渗沟、减压井等特殊情况下的针对性措施。

降低水力梯度又可以分为加长渗流途径和排水减压两类措施。加长渗流途径的措施包括：帷幕灌浆、防渗铺盖、齿槽等；排水减压措施包括：排渗沟、减压井等。两种措施并用常常有较好的效果。保护渗流出口主要是针对土石坝，常用措施是设置反滤层，反滤层通常由 2～4 层颗粒大小不同的砂卵石或碎石等材料组成，顺着水流的方向颗粒逐渐增大，任一层的颗粒都不允许穿过相邻较粗一层的孔隙。同一层的颗粒也不能产生相对移动。设置反滤层后渗透水流出时就带不走堤坝体或地基中的土壤，从而可防止管涌和流土的发生。

而对于嘉陵江红层岩体来说，帷幕灌浆无疑是最常用的，也是最主要的防渗措施。当然，帷幕灌浆的标准和范围的确定需要综合考虑坝型、坝体规模和基岩条件、水文地质条件等众多因素。由于嘉陵江红层地区以重力坝为主，其帷幕灌浆一般应满足以下两个要求：①防渗标准，坝高 50～100m，通常以 $q<3Lu$ 为相对隔水层；坝高 50m 以下，可以 $q<5Lu$ 为相对隔水层。②防渗深度，如前所述，通常穿过风化岩体即中等透水层进入微新岩体 5～10m 即可，当相对隔水层埋藏较深或分布无规律时，需设置悬挂式帷幕，帷幕深度一般按 0.3～0.7 倍坝高或坝前壅水高度的 1/3～1/2 考虑。

另外，结合嘉陵江红层岩体的渗透特性，针对不同的透水带问题应采取相应的处理措施：

（1）构造问题防渗处理措施。对于缓倾含泥结构面的渗透破坏，在处理过程中，应查明可能渗透部位的地质情况和溢出点，采取相应的措施进行处理。可以从加长渗流途径、排水减压、灌浆降低渗透性这几方面来考虑其防渗措施。目前采用较多的处理措施有开挖回填、钻孔灌浆和加深齿墙等。在对裂隙灌浆处理时，应在不抬动上覆岩层的前提下，尽量加大灌浆压力，提高防渗效果。

（2）岩体风化层防渗处理措施。岩体风化层常常结构松散，透水性大，渗透变形可能性高，一般应将工程坝址区建筑物建于风化层清除干净的基岩上，以确保其稳定性。如永川的陈食和合川的渣口石两座砌石连拱坝就是由于风化岩体未清理干净而引起坝体的渗透失稳。这两个工程问题的共性在于水库蓄水后风化层中的裂隙渗流加剧，使裂隙中的充填物被水流冲刷带走，最终形成涌水洞，将坝基冲蚀近 7m 之深。

（3）人为因素控制措施。为了防止人为因素对渗透性产生的影响，应当在基岩开挖过程中做好保护工作。在工程施工中若不可避免的对易溶岩层地段局部挖深，应当在回填过程中用防腐蚀材料进行严格封闭。工程建成后，坝基在围压、地应力、地下水渗流场改变的情况下，也有可能诱发渗漏。通常对于有放空设施的水库，可以在枯水季放空水库，在坝上游加设黏土或混凝土铺盖，这是减少坝基渗漏的有效措施之一。在坝基重要部位预留检测孔，对坝基的稳定性、地下水的渗流特性、水化学特性定期分析、评价，及时对坝基可能出现的渗透稳定问题做出判断。

5.5 边坡稳定问题

由于红层岩体具有强度低、变形大、水敏性强、容易风化剥落、缓倾结构面（软弱夹层）发育等特征，导致岩体边坡开挖后自稳能力差，即使整体稳定，若坡面不加以防护，在风化卸荷作用下会逐渐产生剥落、掉块甚至局部崩塌，进而引起边坡失稳，通常由于结构面控制顺向边坡会发生滑移-拉裂破坏，反向边坡则会发生压缩-倾倒变形。因此，嘉陵江红层岩体开挖后的稳定性问题是工程实践中常常遇到的主要工程地质问题之一，也是工程设计需要密切关注的重要问题。

5.5.1　嘉陵江红层边坡岩体结构

所谓的边坡岩体结构是指组成边坡岩体的结构面和结构体及其组合特征的总和，是在漫长的地质历史过程中形成的，是通过原生建造、构造改造及表生改造三个阶段综合作用的产物。不同地区所经历的地质历史过程不同，上述三个阶段所发挥的作用和产生的结果是不一样的。原生建造是基础，构造改造是主体，而表生改造则是在一定程度、一定范围内劣化了岩体结构及其工程性状。

从结构控制论的观点出发，边坡岩体的稳定性、破坏模式和类型是与岩体结构密切相关的，不同结构类型岩体的控稳因素和破坏类型常常是大不一样的，也就是说，岩体结构类型在很大程度上决定了它的稳定性和破坏模式。因此，研究岩体的结构特征，是边坡稳定性研究的一项重要基础，也是建立地质概念模型的必要条件。

5.5.1.1　边坡岩体结构划分需考虑的几个问题

嘉陵江红层作为软硬互层的缓倾角层状结构，在进行边坡岩体结构类型划分时，需要重点考虑以下几点：

（1）需要考虑对边坡稳定性影响最大的层面和层间软弱夹层的特征。嘉陵江红层软岩属于陆相河湖沉积，为砂岩、泥岩、砂质泥岩、粉砂岩、泥质粉砂岩等交互成层，原生软弱结构面发育较多，后期经历多次地质构造运动，层间错动及构造节理较发育，加之地下水的长期作用和风化卸荷，很多结构面充填有黄泥，甚至形成泥化夹层，这些结构面力学指标极低，是岩体强度的最薄弱的环节，从而成为控制边坡稳定的关键因素。

（2）需要考虑层面、节理面等结构面及其与坡面的组合特征。岩体中构造节理的发育及其组合特征，以及节理面与边坡面的交切关系，往往决定边坡变形破坏的模式及其危害程度。在嘉陵江红层地区，地层产状平缓，通常发育两组近相互垂直的陡倾裂隙，这两组裂隙在巨厚层砂岩中特别发育，其中一组裂面平直光滑，延伸可达数十米至上百米，常把砂岩切割成板柱状；而另一组发育受前一组切割限制，延伸相对短小。通常情况下，这两组裂隙与层面可以形成各种规模的不稳定块体，在一定外力作用下即可产生局部掉块或垮塌，更为关键的是，特定条件下结构面的不利组合往往可以引起边坡整体变形或失稳。比如，当厚层板柱状砂岩高悬于砂泥岩互层之上时，常发生各种类型的崩塌滚石，而当顶部厚层砂岩在地质构造作用下发生倾倒时，恰好陡倾裂隙倾向临空面时，就会发生大型滑塌和顺层滑坡；当层面与坡面倾向相近时即为顺向坡时，在自重及地下水作用下，前缘容易沿缓倾坡外的层面或软弱夹层产生滑移，进而导致后缘沿着陡倾裂隙拉裂破坏；当层面与坡面倾向相反时即为逆向坡时，则主要受陡倾裂隙发育程度影响，容易产生倾倒变形，特别当边坡下部为泥岩或砂泥岩互层上部为厚层砂岩时，下部泥岩在上覆岩体的长期压缩和地下水作用下，很可能产生非均匀的压缩变形（坡面最大，向坡内逐渐减小），从而致使坡体遭受倾覆力矩的作用，导致坡体整体向外倾倒，倾倒的同时，带动坡体内的结构面产生剪胀变形，表现为向坡外的拉张和顺结构面的错动，并在坡体后缘形成具有一定贯穿深度的后缘拉裂或沿坡体内倾向坡外的结构面发生剪胀错动-拉裂。

（3）需要考虑岩性组合特征。在嘉陵江红层地区，常见有以下 5 种岩性组合：①巨厚层砂岩边坡；②上部巨厚层砂岩盖顶，下部为泥岩、砂岩互层边坡；③泥岩为主，夹有砂岩、粉砂岩的边坡；④砂岩、泥岩、粉砂岩、泥质粉砂岩互层边坡；⑤上部为堆积土（如坡残积、崩坡积），下部为层状软岩边坡。不同的岩性组合，其结构形态都不尽相同。由于砂岩强度较高、抗风化能力较强，往往形成陡坡或陡崖，而泥岩类强度较低，抗风化能力较弱，一般形成缓坡，因此嘉陵江红层边坡常常为陡缓交替的地貌形态。换句话说，岩性不但决定边坡陡缓程度，而且影响边坡整体结构及形态。比如，巨厚层砂岩可以为整体结构（结构面间距较大时）、块状结构或板柱状结构（陡倾角裂隙发育时），而其余泥岩类基本都属于层状结构或层状碎裂结构。

（4）需要考虑上覆堆积层的红层边坡岩体的二元结构。红层软岩在长期内力地质作用和外力地质作用下，形成了各种第四系堆积物。在边坡工程中常遇到红层软岩及其第四系堆积物在同一边坡上出现，这种二元边坡结构必须考虑。

（5）需要考虑边坡坡顶形状。边坡坡顶形态反映了边坡岩体的状态，也反映了边坡岩土体组合的结构特征。胡厚田等（2006）按边坡坡顶线形状把红层地区边坡分为3种（图5.5-1）：①倒U形边坡，如图5.5-1（a）所示，这是红层地区最常见的一种边坡形式，堆积层厚度不大，通常小于1m，基本上属于岩石边坡，不按二元边坡结构考虑；②M形边坡，如图5.5-1（b）所示，中间凹槽部分的松散土层厚度较大，通常为2~5m以上，M形两边凸起部分的土层厚度较小，雨水常向凹槽部分集中，凹槽中土层含水率较大，抗剪强度较低，可能产生溜坍和滑塌；③双M形边坡，如图5.5-1（c）所示，中间凸起部分往往是松散堆积土层厚度最大的部位，而且常常是坡崩积和老滑坡堆积，堆积物厚度可达15m以上。左右两个凹槽均有向中间凸起汇水的作用，故中间凸起部分含水率较大，抗剪强度较低，是滑坡等地质灾害多发部位。

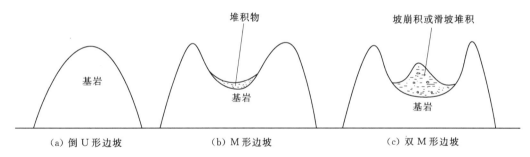

图 5.5-1　红层地区常见的 3 种边坡形式

5.5.1.2　边坡岩体结构类型划分

目前，关于岩体结构分类标准并不统一，我国采用较多的是国标《岩土工程勘察规范》（GB 50021—2001）中的岩体结构分类，如建筑工业出版社出版的《工程地质手册》和林宗元主编的《岩土工程勘察设计手册》推荐的分类都是这个分类，此外铁道、水利水电等行业勘察规范关于岩体结构类型划分又各不相同，但对于层状岩体，不同行业、领域和文献总体划分依据是以沉积岩的单层厚度为基础，只是单层厚度的确定标准有很大出入，《水力发电工程地质勘察规范》（GB 50287—2016）将层状岩体结构分为巨厚层状结构、厚层状结构、中厚层状结构、互层状结构、薄层状结构（表5.5-1）。《岩土工程勘察设计手册》（林宗元主编）将层状岩体结构分为整体层状结构、块层状结构、互层状结构、薄层状结构。张倬元等（1994）将层状结构按软弱面的发育密度分为层状（软弱面间距 30～50cm）、薄层状（间距小于 30cm）；按岩性不均一程度划分出一种软硬相间的互层状结构。

表 5.5 - 1　层状岩体结构分类［据《水力发电工程地质勘察规范》（GB 50287—2016）］

层状结构	巨厚层状结构	岩体完整，呈巨厚层状，结构面不发育，间距大于 100cm
	厚层状结构	岩体较完整，呈互厚层状，结构面轻度发育，间距一般为 10～500cm
	中厚层状结构	岩体较完整，呈中厚层状，结构面中等发育，间距一般为 30～50cm
	互层状结构	岩体较完整或完整性差，呈互层状，结构面较发育或发育，间距一般为 10～30cm
	薄层状结构	岩体完整性差，呈薄层状，结构面发育，间距一般小于 10cm

　　上述这些岩体结构类型划分都是针对所有的岩体工程，且往往更多的是考虑地下洞室，对于线状延伸的、临空方向比较固定的边坡工程并不完全合适，对于红层边坡岩体结构就更不合适。比如，侏罗系巨厚层砂岩，按上述岩体结构类型划分，属于整体块状结构，分析岩体稳定也不会出现什么问题，但在高陡的红层边坡之上，这种边坡岩体常发生倾倒崩塌、滑移崩塌和错断式崩塌；再如，红层边坡岩体按上述岩体结构类型的划分，大部分应属层状结构，但顺向层状边坡岩体结构、反向层状边坡岩体结构和斜向层状边坡岩体结构的稳定性以及边坡岩体破坏的模式都不相同。因此，对于红层边坡不能简单套用这些常用的岩体结构分类标准进行分类。

　　如果按照常用的《水力发电工程地质勘察规范》（GB 50287—2016）中的岩体结构分类标准，红层软岩岩体结构主要有以下特征：对于巨厚层砂岩体来说，当结构面间距大于 1.0m 时，应定为整体结构；当巨厚层砂岩的两组近正交陡倾裂隙发育，结构面间距为 0.5～1.0m 时，可定为块体或板柱状结构；其余红层软岩体基本上属于层状岩体结构，当单层厚度大于 0.3m 时，定为层状结构（中厚-巨厚），当单层厚度小于 0.3m 时定为互层或薄层结构；另外在红层软岩岩体表面，因风化严重，风化裂隙十分发育，岩体表面 0.3～0.1m 的岩体可定为碎裂结构。

　　针对软硬互层的红层边坡岩体来说，边坡结构类型划分不仅要考虑岩体结构特征、岩层厚度、岩性组合等岩石建造特性，还应重点考虑坡体结构，即构成坡体的岩层和各类结构面组合关系以及层向结构面在斜坡中的产状、位置、性质及其变化。通常边坡结构的分类具体指标首先考虑层面（包括各种软弱夹层）倾向与岸坡倾向夹角 γ 的关系。一般定义认为，当岩层倾向与岸坡倾向大致相同时，是顺向坡，反之为逆向坡，但这种提法过于定性和粗糙，不具可操作性，同时也给定量研究造成困难。许多研究表明，当夹角 γ 值在 30°左右时，岸坡的破坏强度和破坏形式会有明显差异，如张年学（1993）在研究长江三峡库区云阳—奉节段的顺层滑坡时，就发现当 $\gamma > 30°$ 时，顺层滑坡明显减少；白云峰（2005）利用物理模型试验模拟了不同 γ 值边坡的破坏程度，证明当 $\gamma > 30°$ 时，顺层滑坡的发育数量不仅大量减少，而且发育规模也大量减小，仅发育少数小型和中型滑坡。

　　截至目前，关于边坡岩体结构分类已经有不少研究。刘汉超等（1993）曾选取岩层倾角（α）、岩层倾向与岸坡倾向间的夹角（β）作为岸坡结构划分的基本依据，将软硬互层岸坡结构类型划分为平缓层状、横向、顺向层状、逆向层状、斜向层状 5 类（表 5.5 - 2）。

水电行业也专门提出了水电水利工程岩质边坡结构分类表（DL/5353—2006，附录 B.1），将边坡结构分为块状结构、层状结构、碎裂结构和散体结构 4 类，其中对于层状结构，根据边坡走向与岩层产状的关系又分为 5 个亚类。应该说，相比国标简单的岩体结构分类，此种分类标准对于边坡工程则更为合理、更为适用。按照水电行业分类标准，嘉陵江红层边坡岩体大多可以划分为顺向、反向、横向、斜向和平叠等层状结构边坡，少量砂岩边坡可划分为块体结构边坡。水电水利工程边坡岩体结构分类见表 5.5-3。

表 5.5-2　　　　　　　　软硬互层岸坡结构分类（据刘汉超，1993）

岸坡结构类型	岩层倾向与岸坡倾向间的夹角 β	岩层倾角 α	分　类
Ⅰ 平缓层状岸坡	$0°\leqslant\beta\leqslant180°$	$\alpha<10°$	Ⅰ₁缓倾内层状岸坡
			Ⅰ₂缓倾外层状岸坡
Ⅱ 横向岸坡	$60°\leqslant\beta\leqslant120°$	$0°\leqslant\alpha\leqslant90°$	横向岸坡
Ⅲ 顺向层状岸坡	$0°<\beta\leqslant30°$	$10°\leqslant\alpha\leqslant20°$	Ⅲ₁缓倾外顺向层状岸坡
		$20°<\alpha\leqslant45°$	Ⅲ₂中倾外顺向层状岸坡
		$\alpha>45°$	Ⅲ₃陡倾外顺向层状岸坡
Ⅳ 逆向层状岸坡	$150°<\beta\leqslant180°$	$10°\leqslant\alpha\leqslant20°$	Ⅳ₁缓倾内逆向层状岸坡
		$20°<\alpha\leqslant45°$	Ⅳ₂中倾内逆向层状岸坡
		$\alpha>45°$	Ⅳ₃陡倾内逆向层状岸坡
Ⅴ 斜向层状岸坡	$120°\leqslant\beta<150°$	$0°\leqslant\alpha\leqslant90°$	Ⅴ₁斜向倾内层状岸坡
	$30°<\beta<60°$		Ⅴ₂斜向倾外层状岸坡

表 5.5-3　　　　　　　　水电水利工程边坡岩体结构分类表

序号	边坡结构		岩石类型	岩体特征	边坡稳定特征
1	块状结构		岩浆岩、中深变质岩、厚层沉积岩、厚层火山岩	结构面不发育，多为硬性结构面，软弱面较少	边坡破坏以崩塌和块体滑动为主，稳定性受断裂结构面控制
2	层状结构	层状同向结构	各种层厚的沉积岩、层状变质岩、多轮回喷发火山岩	边坡与层面间倾向、走向夹角一般小于30°，层面裂隙或层间错动带发育	切脚坡易发生滑坡破坏，插入坡在岩层较薄倾角较陡时易发生溃屈或倾倒破坏，层面、软弱夹层或顺层结构面常形成滑动面
		层状反向结构		边坡与层面间反倾向、走向夹角一般小于30°，层面裂隙或层间错动带发育	岩层较陡时易发生倾倒破坏，千枚岩或薄层状岩石表层倾倒比较普遍。抗滑稳定性好，稳定性受断裂结构面控制
		层状横向结构		边坡与层面走向夹角一般大于60°，层面裂隙或层间错动带发育	边坡稳定性好，稳定性受断裂结构面控制
		层状斜向结构		边坡与层面走向夹角一般大于30°，小于60°，层面裂隙或层间错动带发育	边坡稳定性较好，斜向同向坡一般在浅表层易发生楔形体滑动，稳定性受顺层结构面与断裂结构面组合控制
		层状平叠结构		岩层近水平状，多为沉积岩，层间错动带一般不发育	边坡稳定性好，沿软弱夹层可能发生侧向拉张或流动

续表

序号	边坡结构	岩石类型	岩体特征	边坡稳定特征
3	碎裂结构	一般为断层构造带、劈理带、裂隙密集带	断裂结构面或原生节理、风化裂隙发育，岩体较破碎	边坡稳定性较差，易发生崩塌、剥落，抗滑稳定性受断裂结构面控制
4	散体结构	一般为未胶结的断层破碎带、全风化带、松动岩体	由岩块、岩屑和泥质物组成	边坡稳定性差，易发生弧面形滑动和沿其底面滑动

由于红层岩层产状平缓，软硬互层，有其独特的失稳破坏机制，同时结合边坡岩体结构分类和坡体结构分类两方面因素，较为主流的划分标准仍然是以岩层倾角大小及其倾向与岸坡倾向的关系为基本依据，如宋玉环（2011）将软硬互层边坡岩体结构为 5 大类：近水平层状结构、顺倾层状结构、反倾层状结构、斜向层状结构和陡倾层状结构；胡厚田等（2006）主要按岩层倾角将红层边坡岩体分为近水平缓倾的边坡岩体（倾角小于 15°），倾斜的边坡岩体（倾角 15°～65°），陡倾、直立、倒转的边坡岩体（倾角大于 65°）和上覆堆积层的边坡岩体 4 类。而在嘉陵江红层地区，由于地质构造作用微弱，岩层倾角总体较小，基本为 3°～30°，苍溪最小仅为 1°左右，几乎不存在陡倾、直立的边坡岩体。因此，按岩体结构状态可以将其边坡岩体分为 3 大类：近水平缓倾的边坡岩体（倾角小于 15°）、倾斜的边坡岩体（倾角大于 15°）、上覆堆积体的二元结构边坡岩体。水平缓倾边坡岩体按照岩性组合特征分为 4 种边坡岩体结构；倾斜边坡岩体按岩层产状与边坡面产状关系划分为 4 种类型，这 4 种类型又按倾向及其与边坡的关系，以及结构面发育情况等细分为 6 个亚类；上覆堆积层的边坡岩体按坡顶形状和岩土组合特征划分为 2 种类型。

5.5.1.3 不同结构类型边坡的特点

红层边坡岩体的结构类型不同，其岩体的地质背景、结构特征、主要结构面发育情况都不相同，控制边坡稳定性的因素和结构面、边坡的破坏模式和机理也就不同，从而导致岩土体的工程地质评价及工程建议也各不相同。

（1）近水平缓倾岩层的边坡岩体结构和边坡稳定性主要受岩性组合情况的控制，其次受构造结构面及软弱夹层的影响。因此，按岩性组合和结构特征将该类边坡又分为 4 种类型：巨块板柱状砂岩岩体结构，巨块板柱状砂岩盖顶的层状结构，泥岩为主的层状结构，砂岩、泥岩、粉砂岩等的互层结构。

（2）倾斜的边坡岩体结构和边坡稳定性，主要受层间软弱夹层、层面和构造结构面控制，岩性组合特征对边坡稳定性影响不占主导地位，此类边坡在嘉陵江红层地区也是最为常见的。在这一大类边坡岩体结构类型和亚类的划分中，突出了岩层面、软弱夹层及构造结构面的作用，按其与边坡面走向的关系可以划分为：顺向层状结构、反向层状结构（顺坡节理发育的巨厚层砂岩为主的结构、层面发育的砂泥岩互层结构）和斜交层状结构（顺层斜交层状结构、反倾斜交层状结构、正交层状结构）。

（3）上覆堆积层的二元结构边坡，这类边坡岩体的稳定性主要受上覆堆积层性质及边坡坡顶形态控制。

下面，笔者将对嘉陵江红层主要的边坡结构类型进行详细阐述。

5.5.2　顺向边坡

顺向边坡是指岩层走向和倾向与边坡走向和倾向一致的边坡。在水电规范中，通常把岩层与边坡走向、倾向夹角均小于30°的边坡视为顺向边坡。在嘉陵江红层地区，顺层边坡是工程实践中经常遇到也是较容易产生破坏的一类边坡。

5.5.2.1　顺向边坡的工程地质特性

岩石类型多为各种层厚的沉积岩、层状变质岩、多轮回喷发火山岩。岩体特征边坡与层面间倾向、走向夹角一般小于30°，层面裂隙或层间错动带发育。边坡稳定特征切脚坡易发生滑坡破坏，插入坡在岩层较薄倾角较陡时易发生溃屈或倾倒破坏，层面、软弱夹层或顺层结构面常形成滑动面。

5.5.2.2　工程实例

兴隆湖生态水环境综合治理项目水质改善工程泄洪道布置于鹿溪河右岸，进口位于鹿溪河太阳岛上游，出口位于天府大道与鹿溪河交界下游约500m处，全长约8360m。泄洪道进口底板高程467m，出口底板高程452.7m，大部分采用梯形断面，底宽40m，在穿公路段采用矩形断面，底宽45m。沿线主要为浅丘地貌，地势较平缓开阔，地面高程460～505m。

桩号0+800～2+300段沿线地形由平缓逐渐过渡到浅丘，地形高程为474～500m。该段主要采用梯形断面，渠顶高于原地面时，采用土方夯实形成渠堤，穿越东山大道区域采用矩形断面。根据勘探揭示覆盖层主要为残坡积黏土层，厚度0.5～2.0m；局部跨沟段，分布有淤泥质黏土，厚度2～3m，跨沟段鱼塘浅表为淤泥，厚度0.3～0.8m。下伏基岩为白垩系上统灌口组（K_2g）薄层—中厚层泥岩、粉砂质泥岩夹泥质粉砂岩、粉砂岩，岩层产状N45°～55°E/SE∠18°～20°，沿层面软弱夹层较发育，主要为岩屑夹泥型和泥型，岩层走向与泄洪道轴线小角度相交，0+800～0+1060m段岩层走向与泄洪道轴线夹角由30°过渡为7°，1+060～2+300m段岩层走向与泄洪道轴线夹角约7°，泄洪道左侧边坡为反向坡，右侧为顺向坡。坡面岩体完整性较差，主要发育三组裂隙：①层面N45°～55°E/SE∠18°～20°，层面多光滑，随机发育顺层软弱夹层，主要发育泥质软弱夹层，夹层带厚0.5～1cm，主要为泥质充填，夹少量岩屑；②N40°～50°E/SE∠70°～85°，延伸长度3～5m，局部1～2m，间距1～2m，起伏、粗糙，错列发育；③N60°～80°W/近直立，裂面起伏、粗糙，延伸长2～5m，间距2～3m，间距约0.5m，错列发育。泥岩强风化带一般厚0.5～1.5m，弱风化带一般厚4.0～6.0m，粉砂岩、泥质粉砂岩及粉砂质泥岩强风化带一般厚1.0～3.0m，弱风化带一般厚6.0～8.0m，岩体卸荷较微弱。该段开挖深度较大，最大边坡高度约25m，泄洪道左侧边坡主要为覆盖层，右侧边坡主要为基岩边坡，底板多位于弱—微新岩体中。

边坡走向与岩层走向平行或小角度相交，边坡整体稳定性差，在边坡开挖过程和形成后，受边坡卸荷松弛及地下水和地表水下渗影响，极易沿顺向坡中的层面或者软弱夹层形成塌滑，建议及时对边坡进行支护处理。

5.5.3　反向边坡

5.5.3.1　反向边坡的工程地质特性

岩石类型多为各种层厚的沉积岩、层状变质岩、多轮回喷发火山岩。岩体特征边坡与层面间反倾向、走向夹角一般小于30°，层面裂隙或层间错动带发育。边坡稳定特征岩层较陡时易发生倾倒破坏，千枚岩或薄层状岩石表层倾倒比较普遍。抗滑稳定性好，稳定性受断裂结构面控制。

5.5.3.2　工程实例

草街航电枢纽工程右岸边坡为典型反向高边坡，地层缓倾坡内，最大开挖坡高约120m。天然边坡地形陡峻，坡度40°~50°，地表多基岩裸露。边坡岩体由沙溪庙组第2层（J_2s_2）~第7层（J_2s_7）砂岩与砂质黏土岩组成，地层产状平缓，总体倾山内偏下游，倾角7°~15°，为典型的反向缓倾角层状高边坡。边坡岩体内优势结构面主要发育有2陡1缓共3组：①N30°~60°W/NE（SW）∠65°~90°，顺坡向展布，延伸长3~10m，间距0.5~2m；②裂隙，N20°~65°E/NW（SE）∠65°~90°，垂直边坡发育，延伸长3~6m，间距1~3m；③层面，N20°~60°W/SW∠7°~15°，缓倾坡内。其中第①、第②组结构面是平面X形裂隙，主要发育在砂岩内，一般不切层，延伸长5~10m，间距2~5m，裂面多平直、粗糙，浅表受风化卸荷影响，裂面多有锈膜，一般微张开，局部张开1~2cm，并充填有次生黄泥和岩屑；第③组结构面主要是层面及平行层面发育的软弱夹层。边坡岩体风化、卸荷较强，强风化、强卸荷水平深度5~28m，垂直深度4~28m；弱风化、弱卸荷水平深度25~65m，垂直深度20~45m。

经赤平投影分析：第③组结构面（层面）与开挖边坡走向近于平行或小角度斜交，夹角最大为20°~30°，倾向坡内，倾角7°~15°，对边坡稳定不具控制性；第①和第②组结构面为两组近似正交的裂隙，第①组与边坡走向近于平行，倾角多为70°~90°，大于边坡设计坡度，对边坡整体稳定影响不大；第②组结构面与边坡呈大角度相交，对边坡稳定不具控制性。

5.6　特有工程地质问题

5.6.1　快速风化问题

由于红层岩体特殊的矿物组分及岩石结构，致其在暴露条件下，极易风化崩解（图5.6-1），特别对于工程边坡而言，风化剥落（图5.6-2）是一个不容忽视的问题。

根据野外调查，嘉陵江红层泥岩风化崩解的主要形式为碎粒状、碎片状、碎块状，并间有块状剥落。风化堆积物坚硬扎手，很少有残积土存在，这反映出红层泥岩风化以物理风化为主。另外，野外观察发现，泥岩边坡的风化崩解主要发生在表层10cm左右的范围内。在此范围内，风化裂隙密集，许多裂隙已全部贯通，而挖开风化崩解的表层，内部岩体中往往只有少量风化裂隙，基本处于新鲜状态，这说明虽然红层坡体均处于不断风化的进程中，但快速物理风化则发生在表层的10cm左右，随着表层的不断崩解、脱落，风化崩解向内部发展。

图 5.6-1 岩体崩解　　　　　　　　　　图 5.6-2 边坡风化

　　实际上红层泥岩风化是在各种内外营力作用下进行的复杂物理化学过程，其影响因素可分为两个方面：一方面是红层矿物成分及含量、胶结物成分及微观结构等内部因素；另一方面是气候、温度、地貌、人类影响等外部因素。由于内因是无法改变的，从工程治理的角度考虑，分析外因对红层泥岩风化的影响进而达到工程治理具有更现实的意义。

　　工程实践及相关研究发现，影响风化的外因主要有温度和水。气温的变化影响着风化速率，气温高及温差大时，泥岩风化速率大；气温低及温差小时，泥岩风化速率小。无论在炎热的夏季还是湿冷的冬季，只要日温度基本保持恒定，则风干或完全浸水的岩块的风化崩解都很缓慢。但仅靠气温的变化，也不足以使红层泥岩产生快速的风化崩解。观察发现，泥岩边坡在高温多雨的夏季风化崩解最快，水对红层岩石风化起着很大的作用，水除了有溶解、水化、氧化、碳酸化等作用外，还有一个重要的作用就是急剧降温，使浅层岩体出现很大的温差，从而导致表层因降温收缩产生拉应力，造成红层表层破坏。

　　针对红层泥岩快速风化崩解的工程特性，施工过程中，爆破开挖、长时间暴露、积水、降雨等都容易造成岩体松弛扰动、风化崩解甚至变形破坏，从而对工程质量安全产生不利影响（图 5.6-3～图 5.6-5）。因此，必须在各个环节采取保护措施，以避免或控制岩体扰动及风化程度，特别是要做到以下几点：

图 5.6-3 开挖爆破导致岩体损伤

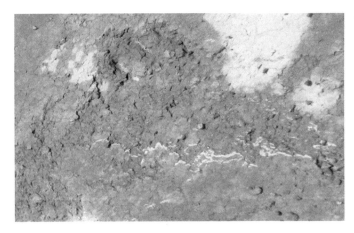

图 5.6 - 4　长期暴露导致风化崩解

图 5.6 - 5　积水导致岩体软化、泥化

（1）采用科学合理的开挖方式。优先选择光面爆破或预裂爆破，少药量、多梯段，基坑开挖最底层应预留 30cm，采取人工撬挖。

（2）布置完善有效的防排水措施。边坡开挖前应首先做好外围的截排水措施，禁止先开挖后排水。基坑开挖中，在基坑四周应有完整有效的抽排水系统，渗水、积水特别严重的部位，还应专门采用"堵""抽""排"等有效措施，确保基坑干地施工。

（3）及时封闭。在卸荷扰动前提下，风化崩解速度尤其很快。施工中，坝基岩体应在清基完成后 4h 内进行浇筑或封闭，边坡岩体应在分层分段验收完成后及时喷射混凝土进行保护。

5.6.2　膨胀变形稳定问题

红层泥类岩石矿物成分以蒙脱石、伊利石等亲水性矿物为主，当其含水量变化时，岩石会产生膨胀。嘉陵江红层岩体并非都有膨胀性，膨胀岩主要分布的地层层位有侏罗系上统的遂宁组和蓬莱镇组，白垩系上统的夹关组和白龙组等地层。根据 27 个粉砂质泥岩试样的试验成果，膨胀力随着饱和度的增大而增大，为 55～292kPa，个别试样达

437.84kPa，自由膨胀率 14.5%～41%，按照《水电水利工程坝址工程地质勘察技术规程》(DL/T 5414—2009) 附录 W 膨胀岩分类（表 5.6-1），大多数可综合判定为弱膨胀岩，少数为中膨胀岩。这类泥质岩在开挖暴露后，易开裂、剥落，遇水易软化，失水易干裂崩解。据观察，钻孔泥岩岩芯暴露地表后，一般 5～6h 即开裂，2～3d 即崩解呈散体状，如图 5.6-6 所示。在水电工程中，膨胀岩除影响坝基岩体质量外，尤其对引水隧洞的围岩变形破坏起着至关重要的作用，像升钟水库的回龙宫隧洞变形破坏就是典型由红层岩体膨胀性导致的。

表 5.6-1　　　　　　　　　　　　　　膨 胀 岩 分 类 表

类别	崩解特征及重量变化	膨胀率/%	膨胀力/kPa	饱和吸水率/%	自由膨胀率/%
弱膨胀岩	泡水后，有少量岩屑下落，几小时后岩块开裂呈 0.5～1.0cm 碎片或大片，手可捏碎，重量增加 10% 左右	3～15	100～300	10～30	30～50
中膨胀岩	泡水后，1～2h 崩解为碎片，部分下落，碎片尚不能捏呈土饼，重量可增加 30%～50%	15～30	300～500	30～50	50～70
强膨胀岩	泡水后，即刻剧烈崩解，成土状散落，水浑浊，10min 可崩解 50%，20～30min 崩解完毕	>30	>500	>50	>70

图 5.6-6　岩芯膨胀

由于岩体含有蒙脱石等的强亲水性矿物，对水有极强的吸附作用，水电工程隧洞运行过程中，在卸荷条件下，水与围岩物理化学作用而导致围岩含水量增高、体积膨胀，开始出现大小不等的裂隙。随着裂隙的发展崩解成碎块，加之水位变化、干湿循环导致岩石反复膨胀与收缩，相当于给围岩及衬砌的加荷卸荷过程，这种水岩作用的过程，正是围岩发生膨胀、产生膨胀力的过程，而产生的膨胀力往往是导致隧洞变形破坏的主要原因之一。

通过工程实践和总结，特别从回龙宫隧洞这种典型的膨胀岩工程事件中，针对红层隧洞围岩膨胀性问题，有以下几个方面的认识：

（1）施工开挖过程中应及时封闭衬砌，以减轻围岩的风化、风干，特别是围岩含水量及湿度的变化。开挖应采用浅孔多循环方案，优先选用光面爆破。处理好地下水的引排，尽量避免或减少对围岩的浸泡。

（2）施工过程中，对超挖部分的回填应选用块石混凝土或浆砌块石等非膨胀材料，禁止使用膨胀岩的母岩石渣，因为石渣的比表面积及膨胀潜势均比母岩大，对围岩衬砌的变形破坏作用也大。

（3）隧洞衬砌破坏首先表现为底板的开裂鼓起，因此，施工中首先对底板岩石用水泥砂浆进行封闭是很有必要的。必要时可适当增加锚固措施，以防止底板围岩遇水膨胀隆起。

（4）衬砌的断面型式应选用马蹄形或圆形等，以适应围岩膨胀变形。衬砌材料不宜使用两种以上的热胀性能有差异的材料（如浆砌条石），应优先考虑钢筋混凝土等单一的整体性较好的材料，以避免因温度与湿度变化而产生不同材料间的裂纹。

第6章

勘察原则与工程勘察实例

6.1 勘察原则

6.1.1 勘察思路

　　嘉陵江红层由砂岩与泥岩互层组成，大多数以泥岩为主，岩石强度低，抗风化能力弱，特别是泥岩抗风化能力极弱，若暴露地表被雨淋后，仅几小时至十几小时后岩石表面就有一层风化泥，具有"快速风化、遇水软化、失水开裂"的明显特点。嘉陵江红层分布地区一般构造不发育，地层较平缓，沿层面软弱夹层发育。因此，其工程地质勘察思路要紧密结合嘉陵江红层的特点，选用经济、合理的勘探工作量和试验方法，以便全面、快速、准确地查明工程区的工程地质条件。

6.1.2 技术路线

　　（1）首先充分收集工程区地质资料，包括工程区附近已进行过的水电勘察、水利勘察、公路勘察、电力通信线路勘察、城市勘察和乡镇建设等各行各业的地质勘察资料。

　　（2）收集工程区的不同波段的卫星遥感、航片等影像资料。

　　（3）进行遥感解译、资料分析整理、编制勘察草图。

　　（4）进行地质测绘、填图。对嘉陵江红层地层进行地层岩性分层、分岩组，建立地层标志层，并实测地层柱状图。

　　（5）在地质测绘的基础上选择合适的勘探方法，采用多种勘探方法相结合的手段，结合水工建筑物有针对性地进行勘探布置，做到勘探布置合理，勘探工作量适量，目的是查明工程区的工程地质条件。

　　嘉陵江红层多为近水平地层或缓倾角地层，为了满足最少的勘探工作量，揭露最多的地质现象，只有勘探方向与地层倾角大角度相交时所揭露的地层层次最多，地质现象也最丰富。故勘探以铅直方向的钻探为佳，1个钻孔可以揭示某一点垂直线上的地质情况，3个以上的钻孔就可以查明1条剖面线上的地质情况，通过多条剖面的勘探就可查明工程区（空间上）的地质条件。

在地形较平缓的地方，可进行竖井和平洞相结合的勘探方法，先进行竖井开挖，然后在竖井中选择软弱夹层发育的地方再进行平洞（水平洞）开挖，平洞断面尺寸和深度以满足现场试验为准，并对软弱夹层进行现场试验。

（6）试验以室内物理力学试验为主，在有条件的地方适当开展现场岩体结构面强度试验和少量岩体变形试验。

技术路线如图6.1-1所示。

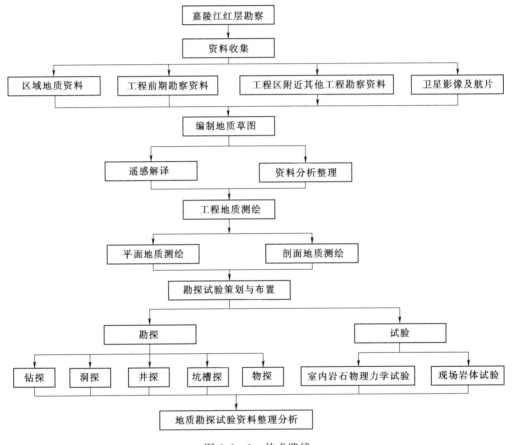

图6.1-1　技术路线

6.1.3　勘察的重点与难点

6.1.3.1　勘察重点

嘉陵江红层为砂岩与泥岩互层地层，沿层面和缓倾角结构面多发育有软弱夹层，软弱夹层的发育对水工建筑物基础和工程边坡的稳定性起控制性作用。因此，嘉陵江红层勘察的重点是查明工程区岩体内软弱夹层的产状、宽度、长度、物质组成和物理力学特性等。

6.1.3.2　勘察难点

嘉陵江红层中软弱夹层发育，软弱夹层主要沿层面和早期结构面展布，软弱夹层主要由软弱且松散的泥、岩屑和岩块组成，而夹层两侧多为相对较完整的岩体，呈现两侧较硬中间软的夹心饼。当钻探遇到软弱夹层时，两侧的岩心容易将中间软弱的软弱夹层挤出或被钻探浆液冲出带走，同时夹层两侧较坚硬完整的岩芯容易产生对磨，将软弱夹层碾压磨碎后，被钻探浆液带走。目前勘探主要的手段是钻探（井探仅限于局部有条件的部位使用，且井探深度有限，费用昂贵，勘探周期长），钻探在取芯过程中，特别是松散的软弱夹层更难以保存。因此，查明工程区软弱夹层的发育程度、空间展布、物质组成及物理力学特性难度很大。

6.1.4　勘察布置原则

（1）在工程地质测绘的基础上，采用由点到面、点面结合、抓住重点、兼顾全面的原则。

（2）结合工程布置，确定主勘探线，首先对主勘探线覆盖层地段进行勘探，其次进行其他部位的勘探，由勘探线到勘探网。

（3）采用钻探、井探、洞探及坑槽探相结合的原则：首先采用钻探初步了解河床及两岸的工程地质条件，然后根据地表地质调查和钻探揭露情况，结合软弱夹层的分布和地形条件，选择合适的地段布置井探，并在井探内针对揭露的软弱夹层布置平洞进行现场试验；在两岸覆盖层较薄地段可布置坑槽探；在地形陡峻，且地层有一定倾角地段可布置少量平洞。

（4）按《水力发电工程地质勘察规范》（GB 50287—2016）要求，不同设计阶段满足相应的勘探间距与精度。

6.1.5　勘察方法

6.1.5.1　工程地质测绘

1. 实测地质剖面

对工程区地层按时代、层序、岩性、岩性组合、厚度等进行工程岩组分层，选择基岩露头良好、出露地层较全的地段进行实测地质剖面，并编制综合地层柱状图。

2. 工程地质测绘填图

填图的范围按《水力发电工程地质勘察规范》（GB 50287—2016）要求确定。

工程地质测绘用地形图比例尺应等于或略大于地质测绘比例尺，地质点间距宜为地质测绘比例尺图上的 2～3cm。

地质测绘填图的最小地层单位是工程岩组或岩层。

地质测绘的内容：地形地貌调查、地层岩性调查、地质构造调查（包括褶皱、断层、结构面）、水文地质调查（主要是泉水调查）和物理地质现象调查（包括崩塌、滑坡、泥石流及岩体的风化卸荷）。

6.1.5.2　勘探

1. 钻探

钻探是嘉陵江红层的主要勘探手段，主要查明岩性、物质组成、岩体结构构造、完整程度、风化卸荷及透水情况等，特别是软弱夹层的发育与展布。因此，要求钻探采用新工艺和新方法，加强取芯。

草街航电枢纽工程钻探采用 SD 金刚石半合管系列钻具、SM 植物胶等取芯技术，使嘉陵江红层内厚度小、易泥化的软弱夹层能原状取出，对分析软弱夹层的成因、物理力学特性研究起到了很大的帮助。

新政航电枢纽工程通过金刚石新工艺取芯钻探和深竖井揭露，查清了软弱夹层的性状、分布、规模及成因机制。

2. 井探

在河流两岸一定高程的基岩出露地段或覆盖层浅薄部位进行井探布置，揭露两岸的地层岩性、岩体的结构面发育程度、软弱夹层的发育与分布、岩体的风化卸荷等，配合进行现场的岩体试验等工作。

草街航电枢纽工程采用了超深竖井（30m）和"井中洞"的勘探方式，为全方位充分查明水平地层岩体结构特征创造了条件。

3. 洞探

主要结合竖井进行洞探，在竖井内选择试验段进行平洞开挖，以满足试验条件为准。

主要进行现场岩体变形试验和结构面强度试验（大剪试验）。这是在嘉陵江红层的一项勘探发明，也是针对嘉陵江红层最有效的勘探试验手段。对于地形陡峻的工程部位也可采用常规洞探。

4. 坑槽探

查明不同岩性的分布，特别是分界线。并配合部分现场取样。

5. 物探

主要进行钻孔声波测试和孔内电视测试。

草街航电枢纽工程利用 3000 测井系列及地震层析成像（CT）测试技术对枢纽区的钻孔采取综合测井等分析研究。

新政航电枢纽工程通过野外现场岩体大剪、变形试验和钻孔弹模、声波测试及室内岩块物理力学试验，查明了工程区岩体物理力学特性。

6.1.5.3 试验

（1）岩石室内试验：岩石磨片试验、岩石常规物理性试验、岩石常规力学性试验、软弱夹层矿化分析、软弱夹层的物理性试验、软弱夹层的力学性试验。岩石常规物理性试验和力学性试验按不同岩性和不同的风化类别分别进行取样和试验。

草街航电枢纽工程在室内岩体力学试验的基础上，充分利用室内三轴试验成果，将坝基承载力建议值提高至 1.5MPa。

（2）岩体现场试验：结构面强度试验，主要针对不同类型的软弱夹层进行的现场强度试验；岩体强度试验，主要针对不同岩类的岩体进行的现场强度试验；岩体变形试验，主要针对不同岩类的岩体进行的现场变形试验。

新政航电枢纽工程通过野外现场岩体大剪、变形试验和钻孔弹模、声波测试及室内岩块物理力学试验，查明了工程区岩体物理力学特性。

（3）水文地质试验：钻孔压水试验，在钻进过程中，对基岩每 5m 一段进行压水试验。

6.2　工程勘察实例

6.2.1　草街航电枢纽工程

6.2.1.1　工程概况

草街航电枢纽工程位于重庆市合川市老草街镇附近的嘉陵江干流上，是嘉陵江干流航电开发 17 个梯级中自上而下开发的第 16 个梯级，具有航运、发电等效益的综合利用工程。枢纽工程坝址上距合川市约 27km，下距重庆市（嘉陵江河口）约 68km。正常蓄水位 203m，水库总库容 24.08 亿 m^3、渠化Ⅲ级航道里程 70km、Ⅳ级航道里程 88km、Ⅴ级航道里程 22km，船闸过船吨位 2×1000 t，电站装机容量 500MW（125 MW×4 台），年发电量 20.18 亿 kW·h。

枢纽工程由船闸、河床式厂房、5 孔冲沙闸、15 孔泄洪闸、1 孔纵向围堰改建泄洪闸和混凝土重力坝等水工建筑物组成，轴线全长 669.37m，坝顶高程 221.50m，最大坝高 87.68m，右岸工程边坡最高达 110m，是我国交通系统已建装机规模最大、闸坝最高的航电枢纽工程。工程自 2005 年 7 月开工，2011 年 7 月竣工。草街航电枢纽工程全貌（上游）如图 6.2-1 所示。

图 6.2-1　草街航电枢纽工程全貌（上游）

前期地勘工作始于 2000 年 9 月的规划修编工作，2001 年 10 月完成规划修编报告。2002 年 3 月开始进行预可研阶段工作，2002 年 10 月完成《嘉陵江航运开发草街航电枢纽预可行性研究报告》，2003 年 12 月完成《重庆市嘉陵江航运开发草街航电枢纽工程可行性研究报告》，2004 年 10 月完成《重庆市嘉陵江航运开发草街航电枢纽工程初步设计报告》。2005 年 7 月开始技施设计与施工建设，技施设计阶段又针对料场和坝区软弱夹层进行了补充勘探试验，草街航电枢纽工程勘探试验工作量见表 6.2-1。

为了准确查明坝基工程地质条件并深入研究红层岩体工程特性，满足建坝要求，勘察过程中进行了大量的勘探、试验研究工作，尝试了不少新的勘探手段及技术创新，解决了

表 6.2－1

草街航电枢纽工程勘探试验工作量表

项目	工作内容	单位	工作量			
			预可研	可研	初设	技施
勘探	钻探	m/孔	897.69/14	440.88/9	1507.15/36	794.60/28
	竖井（包括浅井）	m/井	28/1		250/38	124.60/15
	洞探	m/洞	80/1		230/5	
	坑槽探	m³	6000	8000	13000	10.8
	物探钻孔声波测试	m/孔	800/13	330/10	1154/28	147.8/12
	物探平洞声波测试	m/洞		80/1	85/1	
试验（粗略）	岩石物理力学性质试验		80	129	47	99
	岩体力学性质试验	组		12	8	8
	水文地质试验	段/孔	72/6	41/9	49/4	

工程面临的难题。比如，首次采用了超深竖井（30m）和"井中洞"的勘探方式，为全方位充分查明水平地层岩体结构特征创造了条件；钻探采用 SD 金刚石半合管系列钻具、SM 植物胶等取芯技术，使嘉陵江红层内厚度小、易泥化的软弱夹层能原状取出，对分析软弱夹层的成因、物理力学特性研究起到了很大的帮助；在物探上，利用成都院研究的 3000 测井系列及地震层析成像（CT）测试技术对枢纽区的钻孔采取综合测井等分析研究；在室内岩体力学试验的基础上，充分利用室内三轴试验成果，将坝基承载力建议值提高至 1.5MPa 等。

6.2.1.2 枢纽区基本地质条件

1. 地形地貌

草街航电枢纽工程位于嘉陵江合川市老草街镇上游 1.8km 的中碛坝（求门滩），嘉陵江由北经坝址向南东向流出。枢纽区河道较顺畅，河谷呈不对称 U 形谷，左岸地形平缓，坡度约 15°，右岸地形较陡，坡度 40°～50°。枯期河水位 178m 时，水面宽 440m；正常蓄水位 203m 时，谷宽 550～610m。河床谷底高程 169～180m，最低高程 169m，水深 1～8m。两岸山体雄厚，地形较完整，多为基岩裸露。

2. 地层岩性

地层岩性较单一，为侏罗系中统沙溪庙组砂岩与砂质黏土岩；地层产状 N20°～85°W/SW∠1°～15°，总体倾右岸偏下游。沙溪庙组在枢纽区分为 8 层，单数层以长石细砂岩为主，双数层以砂质黏土岩为主，坝基主要由第 2 层砂质黏土岩夹砂岩透镜体组成，两岸坝肩由第 3 层至第 5 层组成。

第四系覆盖层主要为冲积堆积层，其次有少量崩、坡积层。

河床覆盖层主要由砂卵砾石组成，一般厚 1～3m，局部 4～7m。左岸残留有 Ⅰ＋Ⅱ 级阶地堆积的黄色粉质黏土，一般厚 3～5m，局部可达 8m；右岸坡脚附近有厚 1～5m 崩坡积堆积的块碎石土。枢纽区地层岩性见表 6.2－2。

3. 地质构造

枢纽区位于壁山向斜北东端，区内无大的断裂切割，仅施工期揭露有 1 条 f₁ 小断层，

表 6.2－2 枢纽区地层岩性简表

地　层			厚度/m	岩　性	分布位置
系	组	层			
第四系	$dl+col\,Q_4$		0～5	块碎石土	两岸谷坡
	$al\,Q_4^3$		0～7	砂卵砾石，砾石成分杂，以砂岩、石灰岩为主，部分为花岗岩等，粒径多为 2～8cm，部分 15～20cm，结构松散	河床
	$al\,Q_4^{1+2}$		0～8	黄色粉质黏土，Ⅰ＋Ⅱ级阶地堆积，结构中密-密实	左岸谷坡
侏罗系	沙溪庙组 (J_2s)	J_2^8s	＞30	紫红色砂质黏土岩夹紫红色泥质粉砂岩、灰绿色长石细砂岩	右岸谷坡
		J_2^7s	10～35	灰白—灰绿色巨厚层长石细砂岩，泥质胶结	
		J_2^6s	25～32	紫红色砂质黏土岩夹紫红色粉砂岩及少量灰绿色厚层长石细砂岩，偶夹有薄层青灰色粉砂岩透镜体	
		J_2^5s	40～50	灰绿—黄灰色厚层状长石细砂岩，局部夹暗灰色粉砂岩条带或 1.5～2m 紫红色砂质黏土岩透镜体	
		J_2^4s	15～17	紫红—砖红色砂质黏土岩（局部见钙质结核）夹杂色泥质粉砂岩及长石细砂岩	两岸谷坡
		J_2^3s	3～12	灰绿色厚层状长石细砂岩，厚度不稳定，岩性相变大，部分相变为紫红色砂质黏土岩	左岸谷坡、右岸坡脚
		J_2^2s	36～42	紫红色砂质黏土岩夹泥质粉砂岩及长石细砂岩，局部夹厚层状砂岩透镜体	河床
		J_2^1s	9～20	灰黄—灰绿色厚—巨厚层长石细砂岩，泥质胶结，俗称"关口砂岩"	

分布在厂房坝段，上游自 4 号机引水渠右侧（桩号坝 0－046.00m，厂 0－033.00m），经 3 号机主机间基础、2 号机和 1 号机下游尾水至尾水渠左侧边坡（桩号坝 0＋160.00m，厂 0－150.00m），揭示总长度约 260m。断层产状 N50°～75°W/SW∠60°～70°，破碎带宽 20～40cm，主要由岩块、岩屑及断层泥组成，岩块呈角砾状或片状，成分为砂质黏土岩，挤压紧密。断层上盘岩体相对完整，下盘相对较破碎，总体向下游断层两侧岩体逐渐完整，断层构造影响变弱。在 3 号机主机间（桩号坝 0＋030.00～坝 0＋055.00m，厂 0－053.00～厂 0－076.00m）f_1 下盘岩体中发育有一组中缓倾角裂隙，产状 N70°～80°W/SW∠20°～30°，单条延伸长 15～20m，间距 0.5～1m，其次该部位发育有少量隐裂隙，裂面可见擦痕。断层性质为压扭性。

岩体内优势结构面主要发育有 2 陡 1 缓，共 3 组：①N30°～60°W/NE（SW）∠65°～90°；②N20°～65°E/NW（SE）∠65°～90°；③层面。第①、②组裂隙主要发育在砂岩内，一般不切层，延伸长 5～10m，裂面平直、粗糙，间距 2～5m。浅表部受风化卸荷影响，裂面多有锈膜且张开，一般张开宽度 1～5cm，最大 10cm，多充填有紫红色次生泥及少量岩屑、岩块，它们构成平面 X 形组合，其产状受壁山向斜影响，在左、右岸略有变化：第①组裂隙大致平行岸坡分布，在地表多形成陡坎；第②组则垂直岸坡展布；第③组缓倾角结构面以岩层层面为代表，延伸较长、面平直、较光滑、闭合。这三组裂隙发育程度在左、右岸略有差异。左岸以第③、①组为主，第②组次之；右岸以第①、②组为主，第③组次之。

4. 物理地质作用

岩体的风化特征总体上表现为左岸缓坡地形带的风化为水平向深、垂直向浅；右岸较陡地形带的风化则表现为水平向深度较左岸浅，而垂直向深度则较左岸深。草街航电枢纽工程枢纽区风化深度详见表 6.2-3。总体来说，枢纽区岩体的风化由表及里、由浅至深逐渐减弱。

表 6.2-3　　　　　　　　草街航电枢纽工程枢纽区风化深度表　　　　　　　　单位：m

风化类型	左 岸		右 岸		河床
	水平	铅直	水平	铅直	铅直
强风化	10～40	1.5～15	5～28	4～26	0～8
弱风化	40～100	8～25	25～65	20～45	7～18

岩体卸荷分为强卸荷和弱卸荷两档，强卸荷深度在左岸和河床与强风化深度大致一致，右岸强卸荷深度略大于强风化深度；弱卸荷深度与弱风化深度基本一致。枢纽区两岸地表有少量浅切冲沟发育，部分冲沟地段分布有第四系松散堆积物，在长期暴雨作用下有发生小型滑坡和小型泥石流的可能。

5. 水文地质条件

枢纽区岩体透水性总体微弱但不均一，据勘探试验成果，一般弱风化、弱卸荷岩体透水率 $q=10～45Lu$，具中等透水性；微新岩体透水率 $q=0.5～7.5Lu$，具弱透水性。河床部位透水率 $q<10Lu$ 的垂直埋深小于 15m，透水率 $q<3Lu$ 的垂直埋深一般小于 40m，局部可达 50～60m。左岸透水率 $q<3Lu$ 水平埋深 100～180m，垂直埋深 25～40m；右岸透水率 $q<3Lu$ 水平埋深约 160m，垂直埋深 60～110m。

枢纽区地下水有裂隙潜水和孔隙潜水两种，裂隙潜水赋存于沙溪庙组砂岩内，孔隙潜水赋存于第四系松散堆积层中。据水化学分析，地表水和地下水属低矿化度重碳酸钙型水（HCO_3-Ca），对混凝土不具腐蚀性。

6.2.1.3　软弱夹层分布特征

软弱夹层在侏罗系红层地层中普遍发育，也是主要的工程地质问题。在草街工程枢纽区的浅表岩层内平行层面发育有缓倾角软弱夹层，主要分布在砂岩与砂质黏土岩接触面和砂质黏土岩内部。延伸较长、展布范围大的软弱夹层多沿砂岩与砂质黏土岩中接触界面发育，勘探揭示的厚度一般为 1～5cm，个别可达 10～16cm，长度多为 20～40m。根据夹层的风化程度，物理组成及性状，大致划分为三种类型：岩屑夹泥型、泥夹岩屑型和泥型。

软弱夹层主要是受岩性、岩体结构、原生构造、轻微地质构造变形，以及岩体的风化、卸荷、地下水活动等综合因素影响而发育。一般是沿早期的原生层面、节理、裂隙和构造挤压错动面（带）等，经后期的风化、卸荷、地下水活动等浅表生改造而形成。随着岩体的埋深增大、风化卸荷的减弱，软弱夹层发育的频率逐渐减少。在微新岩体内软弱夹层发育极少，其原生层面、节理、裂隙和构造挤压错动面（带）等多接触紧密、新鲜、无软化。

根据枢纽区前期 47 个钻孔及 3 个竖井揭露，其中 28 个钻孔和 3 个竖井见有软弱夹层，共揭露 66 点，大部分单孔见有 1～2 点（表 6.2-4）。分布深度主要为 0～20m，占揭露点数的 80.3%（表 6.2-5）。发育部位多数在黏土岩内部，在总共揭露的 66 点中，黏土岩内部有 46 点，占 69.7%；在砂岩内部和不同岩性接触界面各有 5 点和 15 点，分别占 7.6% 和 22.7%（表 6.2-6）。软弱夹层大多无构造错动，部分有轻微的构造错动迹象，枢纽区揭露的 66 点中 11 点有错动，占 16.7%。

表 6.2-4　　　　　　　枢纽区钻孔和竖井揭露的软弱夹层发育情况统计表

孔、井数	有软弱夹层		无软弱夹层		单孔（井）1点		单孔（井）2点		单孔（井）3点		单孔（井）>4点	
	孔、井/个	百分比/%	孔、井/个	百分比/%	孔、井/个	百分比/%	孔、井/个	百分比/%	孔、井/个	百分比/%	孔、井/个	百分比/%
50	31	62	19	38	10	20	13	26	5	10	3	6

表 6.2-5　　　　　　　枢纽区钻孔和竖井揭露的软弱夹层发育深度统计表

深度/m	点数	百分比/%	累计百分比/%
2~5	9	13.6	13.6
5~10	17	25.8	39.4
10~15	14	21.2	60.6
15~20	13	19.7	80.3
>20	13	19.7	100

表 6.2-6　　　　　　　枢纽区钻孔和竖井揭露的软弱夹层发育部位统计表

总点数	黏土岩内		砂岩内		接触面	
	点数	百分比/%	点数	百分比/%	点数	百分比/%
66	46	69.7	5	7.6	15	22.7

通过对地表测绘和勘探资料的分析，软弱夹层在空间分布上具随机性，其性状在延展方向上时有变化，但从工程角度，将分布高程相近、性状类同的软弱夹层，按统一连续面考虑。前期查明枢纽建筑范围内延伸较长、规模较大的软弱夹层主要有 3 条，按分布高程从上至下依次为 C_1、C_2 和 C_3（见枢纽区工程地质平面图）。另外，在施工过程中，枢纽建筑基础范围内及右岸边坡仍揭示有 21 条规模不等的软弱夹层，其中冲沙闸基础范围内揭示有 6 条，泄洪闸基础范围内揭示有 9 条，右岸边坡开挖揭示有 6 条，但所有开挖揭示夹层中仅有分布于右岸边坡第五层砂岩内的夹层 C_4 规模较大（延伸长约 650m）。枢纽区规模较大夹层分布情况见表 6.2-7。

表 6.2-7　　　　　　　枢纽区规模较大软弱夹层汇总表

编号	分布范围	高程/m	厚度/cm	产　状	特征	备注
C_1	厂 0-160~0-230 坝 0-27~0+98	182~200	2~10	N60°~80°W/SW 10°~15°	泥夹岩屑	左岸船闸及安装间，已挖除
C_2	坝 0-118~0+108 厂 0-115~0-430	165~199	2~20	EW/S9°~13°	岩屑夹泥，局部含泥线	左岸船闸及安装间，已挖除
C_3	坝 0-185~0+130 厂 0+78~0+311	159~171	1~10	N51°~72°W/SW 1°~6°	岩屑夹泥	右岸泄洪闸被齿槽截断
C_4	右岸扩挖边坡顺河向 长约 650m	192~212	10~20	N20°~60°W/SW7°~15°	岩屑夹泥、黑褐色松散	右岸边坡

枢纽区勘探揭露的软弱夹层 66 点（C_1、C_2 和 C_3 占 14 点），分布在主要建筑物部位有 45 点（约占 68%），其中建基面以上有 43 点，建基面以下仅 2 点，分别在厂房和船闸基础下各 1 点；分布在施工围堰及非建筑物部位有 21 点（约占 32%）。

C_1：位于枢纽区左岸船闸及厂房安装间结合部位，分布范围较小，顺河向长约 130m，横河向宽约 50m，埋深 0～21m，分布高程 182.00～200.00m，发育于沙溪庙组第 3 层厚层细砂岩底部与第 2 层接触界面，大致顺层发育，产状 N60°～80°W/SW∠10°～15°。厚度由上游 2cm 至下游逐渐变到 3～10cm。主要由泥夹岩屑组成，局部有岩屑夹泥，碎屑直径一般小于 1.5cm，少数 2cm，泥为紫红色，黏粒含量高，手搓可成条。施工后已全部被挖除。

C_2：位于枢纽区左岸船闸与厂房安装间部位，顺河向长 270m，横河向宽约 80m。埋深 7～40m，分布高程 165.00～199.00m，发育于沙溪庙组第 2 层中上部的紫红色砂质黏土岩内，产状近 EW/S∠9°～13°，厚度 2～20cm。物质主要为岩屑夹泥，局部为泥或泥夹岩屑。施工后基本被挖除。

C_3：位于枢纽区右岸河床，顺河长约 300m，横河宽约 150m，建筑区内主要分布于 3 号至 14 号泄洪闸基础下，埋深 5～18m（右侧最深），分布高程 159.00～171.00m。发育于沙溪庙组第 2 层中部紫红色砂质黏土岩中。产状 N51°～72°W/SW∠1°～6°，上游平缓，厚度 1～10cm，物质以岩屑夹泥为主，局部为岩块岩屑或泥夹岩屑。施工后左侧部分被挖除，右侧部分被齿槽截断。

C_4：为施工开挖所揭示，平行层面发育，分布范围为坝 0+000.00～坝 0+650.00m，高程 192.00～212.00m，上游高下游低，夹层厚约 10cm，局部可达 50cm，由深灰—灰黑色岩块岩屑夹泥组成，结构松散，遇水软化后呈黑泥状。C4 软弱夹层在砂岩内部顺层发育。夹层上部砂岩呈浅黄色，厚 10～17m，巨厚层状，岩体风化、卸荷明显，且发育有 2 组陡倾角裂隙：①N30°～60°W/NE（SW）65°～90°，顺坡向展布，延伸长 5～10m，间距 1～3m，裂隙均张开，张开宽度 1～3cm，局部大于 5cm，普遍充填有次生黄泥及少量岩屑；②N30°～60°E/SE（NW）∠75°～80°，垂直于边坡发育，延伸大于 10m，间距 1～3m，裂隙均张开，张开宽度 1～3cm，局部大于 5cm，普遍充填有次生黄泥及少量岩屑。夹层下部砂岩为灰绿—灰黑色，厚 2～6m，中—厚层状，钙质胶结，岩体较新鲜但破碎，裂隙发育，以短小裂隙为主，间距 10～30cm，岩体呈碎裂结构。

6.2.1.4　岩体物理力学特性

枢纽区岩体主要为砂质黏土岩和砂岩两类，土体主要有Ⅰ+Ⅱ级阶地堆积的黄色粉质黏土、砂卵砾石和崩坡积块碎石土。

据前期及技施阶段试验成果（表 6.2-8），微风化砂质黏土岩的湿抗压强度为 24.87～27.4MPa，属较软岩，且具有遇水软化、崩解，失水开裂、剥落的工程特性；微风化砂岩的湿抗压强度为 58.38～72.61MPa，属硬质岩，强度相对较高。

现场变形试验成果表明（表 6.2-9），枢纽区各类岩体的变形均表现有各向异性特征，其中砂岩尤为明显。总体上，砂质黏土岩抗变形能力弱，微风化岩体变形模量为 6.0～7.0GPa；砂岩抗变形能力较强，微风化岩体变形模量为 8.0～13.0GPa。但处于弱风化、卸荷条件下，变形模量有较大幅度降低，砂质黏土岩变形模量为 2.35～5.0GPa，砂岩变

形模量为 $2.39\sim6.38GPa$。岩体应力-应变曲线表现为下凹形，初始阶段，在 $0.4\sim$ $0.5MPa$ 压力以下变形较小，斜率较陡；随压力增加，斜率变缓，呈均一线性变化。

表 6.2-8　　　　　　　　　　　室内岩块试验成果汇总表

岩　类		统计方法	干密度 /(g/cm³)	比重	饱和吸水率 /%	饱和抗压强度 /MPa	组数 /组
砂岩	弱风化	平均值	2.29	2.56	4.06	26.13	5
		小值平均值	2.24	2.53	3.26	21.26	
	微风化	平均值	2.43	2.58	2.19	56.67	6
		小值平均值	2.39	2.53	1.38	49.76	
黏土岩	弱风化	平均值	2.52	2.78	3.97	13.01	6
		小值平均值	2.51	2.76	3.76	7.89	
	微风化	平均值	2.53	2.79	4.13	28.00	6
		小值平均值	2.53	2.79	3.95	25.5	

表 6.2-9　　　　　　　　　　　现场变形试验成果表

岩性	风化	卸荷	荷载与层面关系	组数	变形模量 E_0/GPa
砂岩	弱风化	弱卸荷	水平	1	5.57
			垂直	1	0.93
	弱风化	弱卸荷	水平	1	6.38
			垂直	1	2.39
	微风化	无卸荷	水平	1	13.6
			垂直	1	7.89
砂质黏土岩	弱风化	弱卸荷	水平	1	3.77
			垂直	1	3.60
	弱风化	弱卸荷	水平	2	5.00
			垂直	2	2.35
	微风化	无卸荷	水平	1	6.30
			垂直	1	6.98

软弱夹层多呈碎块、岩屑夹泥型，泥夹碎屑、泥型发育相对较少。为研究软弱夹层物理力学性质，共计完成了 3 组现场抗剪试验、1 组室内强度试验、3 组物性试验、1 组矿化分析试验。岩屑夹泥型夹层的组成物质属细粒土质砾，硅铝率 3.92，主要黏土矿物成分为伊利石。现场大剪试验成果表明（表 6.2-10），当夹层厚度大于夹层的上盘、下盘岩体的糙度时，软弱夹层的抗剪指标主要受夹层本身的物理力学性质所控制，剪切破坏沿夹层上界面或夹层中部或夹层底界面发生联合破坏，即混合型破坏；而抗剪断试验均呈塑性破坏型式，剪应力-剪位移关系曲线，初始阶段仍为一向上直线，但直线段相对较短，当直线上升到一定程度后，即呈非线性向上凸起，位移急剧增加而进入屈服阶段，之后曲线爬升更加平缓直至破坏达到峰值强度。比例极限、屈服极限及峰值强度等特征点明显。

表 6.2 - 10 软弱夹层现场大剪试验成果表

试验编号	类 型		位置	抗剪（断）强度				地质描述
				f'	C'/MPa	f	C/MPa	
τ_1	软弱夹层（②层黏土岩内）	碎屑夹泥型	SJ$_{01}$ 竖井 0＋19m	0.36	0.025	0.34	0.01	夹层在试验部位厚 2～15cm，主要为碎屑夹泥，碎屑粒径 1～2cm，底部夹 1～3mm 泥线
τ_{SJ02-1}	软弱夹层（②层黏土岩内）	碎屑夹泥型	SJ$_{02}$ 竖井 0＋10.8m	0.44	0.25	0.44	0.2	
τ_{PD02-1}	软弱夹层（②层黏土岩内）	泥型	PD02 平洞 0＋70～277	0.2	0.013	0.2	0.013	

碎屑夹泥型抗剪断强度摩擦系数 f' 为 0.36～0.44，黏聚力 C' 值为 0.025～0.25MPa；泥型夹层抗剪断强度摩擦系数 f' 为 0.2，黏聚力 C' 值为 0.013MPa，基本上反映了上述两类软弱夹层的强度特性。泥夹碎屑型软弱夹层，因在延展方向上性状时有变化，试验选点中未能找到适宜的部位布置，故未获得此类软弱夹层现场试验成果。根据试验成果及地质类比，枢纽区岩体和覆盖层物理力学参数建议指标参见表 6.2 - 11 和表 6.2 - 12。

表 6.2 - 11 枢纽区岩体物理力学参数建议值表

代表岩类		干密度	比重	饱和抗压强度	允许承载力	变形模量	泊松比	抗剪断强度				抗剪强度		开挖坡比	
								混凝土/岩石		岩石/岩石		岩石/岩石			
岩性	风化程度	ρ_d /(g/cm³)	G	R_w /MPa	$[R]$ /MPa	E_0 /MPa	μ	f'	C' /MPa	f'	C' /MPa	f	C /MPa	临时	永久
砂质黏土岩	弱风化	2.52	2.78	7～10	0.7～1.0	0.5～1	0.35	0.55～0.65	0.2～0.3	0.45～0.55	0.2～0.3	0.35～0.4	0	1：0.5	1：0.75
砂岩	弱风化	2.35	2.57	20～25	1.5～2.0	2～4	0.28	0.65～0.75	0.4～0.5	0.55～0.65	0.3～0.4	0.5～0.55	0	1：0.3	1：0.5
砂质黏土岩	微新	2.53	2.79	15～20	1.0～1.5	2～4	0.3								
砂岩	微新	2.38	2.55	50～55	2.5～3.0	6～8	0.25	0.8～1.0	0.6～0.8	0.7～0.9	0.5～0.7	0.55～0.7	0	1：0.2	1：0.3
软弱夹层	岩屑夹泥型							0.35～0.40	0.02～0.05	0.32～0.35	0				
	泥夹岩屑型							0.25～0.30	0.01～0.02	0.2～0.25	0				
	泥型							0.2	0.005	0.2	0				

注 坡高 20m 以上设马道，E_0 主要以垂直变形模量为依据；允许承载力 $[R]$ 由工程经验及嘉陵江同类工程类比取得。根据技施阶段补充试验成果，并结合实际开挖岩体情况，砂质黏土岩允许承载力建议值较初设略有提高。

表 6.2-12　　　　　　　　　　　　枢纽区岩体覆盖层物理力学参数建议值表

层位	岩性	比重 G	天然密度 /(g/cm³)	干密度 /(g/cm³)	压缩模量 E_s /MPa	内摩擦角 ϕ /(°)	黏聚力 C /MPa	渗透系数 K /(cm/s)	允许比降 J	允许承载力 $[R]$ /MPa	开挖坡比			
											临时		永久	
											水上	水下	水上	水下
$col+dl\,Q_4^3$	块碎石土	2.6	2.0	1.8	30~40	27~29	0	4×10^{-2}	0.07~0.10	0.3~0.4	1:1			
Q_4^3	砂卵砾石	2.67	2.2	2.1	50~60	30~32	0	2×10^{-2}~4×10^{-2}	0.10~0.12	0.4~0.6	1:1	1:1.25	1:1.25	1:1.5
Q_1^{1+2}	粉质黏土	2.7	1.9	1.6	6~10	15~17	0.015~0.02	1×10^{-6}~3×10^{-6}	0.2~0.25	0.15~0.2	1:1.25			

6.2.1.5　主要工程地质问题及处理

1. 边坡稳定问题及处理

枢纽区边坡主要有右岸边坡、主厂房基坑左侧边坡和右侧边坡、引水渠左侧及尾水渠左侧边坡等。右岸边坡、厂房引水渠左侧边坡和尾水渠左侧边坡为永久性边坡，主厂房基坑左侧和右侧边坡为临时边坡，各边坡均整体稳定，边坡设计均采用锚喷、护坡混凝土等支护措施。但在施工过程中，因各种因素，右岸边坡和主厂房基坑左侧临时边坡出现了不同程度的变形破坏。

（1）右岸边坡施工中的变形及处理。右岸边坡为典型反向高边坡，地层缓倾坡内，最大开挖坡高约120m。天然边坡地形陡峻，坡度40°~50°，地表多基岩裸露。边坡岩体由沙溪庙组第2层（J_2s_2）~第7层（J_2s_7）砂岩与砂质黏土岩组成，地层产状平缓，总体倾山内偏下游，倾角7°~15°，为典型的反向缓倾角层状高边坡。边坡岩体内优势结构面主要发育有2陡1缓共3组：①N30°~60°W/NE（SW）∠65°~90°，顺坡向展布，延伸长3~10m，间距0.5~2m；②裂隙，N20°~65°E/NW（SE）∠65°~90°，垂直边坡发育，延伸长3~6m，间距1~3m；③层面，N20°~60°W/SW∠7°~15°，缓倾坡内。其中第①、第②组结构面是平面 X 形裂隙，主要发育在砂岩内，一般不切层，延伸长5~10m，间距2~5m，裂面多平直、粗糙，浅表受风化卸荷影响，裂面多有锈膜，一般微张开，局部张开1~2cm，并充填有次生黄泥和岩屑；第③组结构面主要是层面及平行层面发育的软弱夹层。边坡岩体风化、卸荷较强，强风化、强卸荷水平深度5~28m，垂直深度4~28m；弱风化、弱卸荷水平深度25~65m，垂直深度20~45m。右岸边坡概貌和地质剖面分别见图6.2-2和图6.2-3。

经赤平投影分析：第③组结构面（层面）与开挖边坡走向近于平行或小角度斜交，夹角最大为20°~30°，倾向坡内，倾角7°~15°，对边坡稳定不具控制性；第①和第②组结构面为两组近似正交的裂隙，第①组与边坡走向近于平行，倾角多为70°~90°，大于边坡设计坡度，对边坡整体稳定影响不大；第②组结构面与边坡呈大角度相交，对边坡稳定不具控制性。因此，该三组结构面在不同坡段均不构成不稳定块体，边坡整体是稳定的。但在施工过程中，因各种原因，造成局部边坡出现崩解、崩塌和拉裂变形现象。

右岸边坡于2005年7月开始开挖施工，在初期开挖阶段，因施工队伍及施工组织等原因，在边坡开挖时没有采用预裂爆破或光面爆破，造成边坡凌乱，起伏大，超挖、欠挖

图 6.2-2 右岸边坡概貌

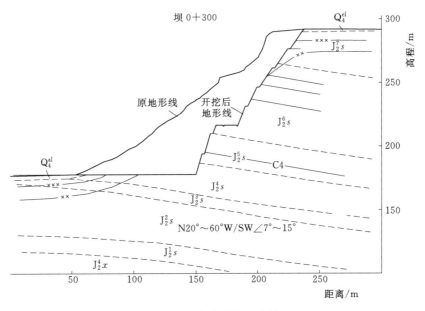

图 6.2-3 右岸边坡地质剖面

普遍，局部超挖、欠挖可达 8m，马道基本没有保留，边坡一坡到底，没有及时支护。边坡开挖后因长期暴露、受风化卸荷及地表水等影响，在雨季，局部段出现拉裂变形，在部分黏土岩段，出现表部岩体崩解，部分沿陡裂面小范围崩塌。

1) 2005 年 10 月，在桩号坝 0+100.00～坝 0+400.00m 段，高程 230.00m 以上，边坡岩体风化崩解强烈，局部常有碎块撒落，其中在桩号坝 0+270.00～坝 0+400.00m 段还发生了小范围的拉裂崩塌（图 6.2-4）。因此，加强了该段边坡的支护措施：①增加排水孔，在砂岩与黏土岩交界面附近加设二排排水孔，参数 $\phi42@1.5m$，$L=2.0m$；②清除表部风化崩解岩体，对黏土岩清除厚 30～50cm，并在 2 天内喷混凝土保护，对上部第七层砂岩清除松动块体，将原素混凝土护坡改为喷 8cm 厚钢纤维混凝土；③对坝 0+170～坝 0+400m 段边坡进行二次开挖，开挖坡比 1:0.7，并预留马道。

图 6.2-4　右岸边坡崩塌（2005 年 10 月）

2）3 号沟下游边坡（坝 0＋450.00m 以下），自 2005 年 9 月开挖至 2006 年 5 月，边坡没有采取任何支护措施。由于边坡长期暴露，导致边坡岩体风化、卸荷严重（主要沿顺坡向陡倾角裂隙卸荷松弛），边坡地质条件明显恶化，局部岩体出现崩塌（图 6.2-5）。2006 年 5 月 22 日暴雨后，在桩号坝 0＋700.00m 附近，坡顶开口线以上的覆盖层产生拉裂变形，并有明显滑动迹象。对此，采取了如下处理措施：①对坡顶覆盖层按 1∶1.25 坡比二次削坡；②地表增设截水沟，将地表水排至坡体下游；③调整坡体系统支护锚杆的长度，将原设计的锚杆长度 3m 和 6m 调整为 6m 和 8m；④加强坡体排水，增大排水孔孔径和孔深，将原设计排水孔孔径 $\phi42$ 增大为 $\phi50$，孔深 1m 调整为 3m。

图 6.2-5　右岸边坡 3 号沟下游局部崩塌（2006 年 5 月）

（2）厂房基坑左侧边坡变形处理。厂房基坑左侧边坡为施工临时边坡，其坡底为厂房集水井基坑（高程约 133.00m），坡顶为安装间基础（高程约 178.00m），坡高约 45m。地层缓倾坡外，无不利结构面组合，边坡整体稳定。设计施工临时开挖边坡 1∶0.1，临时支护为锚喷支护措施。但在施工过程中，厂房基坑开挖后，由于边坡长时间暴露，未能及时按设计进行喷锚支护，加上施工现场大量开挖爆破影响，致使厂房基坑左侧边坡坡顶（即安装间基础靠右侧）产生拉裂，发育数条拉裂缝（图 6.2-6 和图 6.2-7）。设计根据现场地质情况，进行了稳定性复核计算，为了保证施工及运行期的安全，设计在原临时支护的情况下，又在边坡变形部位增加了锚筋束，并对安装间基础增加了固结灌浆措施，即在桩号坝 0+000.00～坝 0+087.87m 范围增设 4 排 3ϕ25 锚筋束，间排距 2.5m，锚筋长度 9.0m，外露 1.5m；对安装间基础进行固结灌浆处理，灌浆孔间排距均为 4m，孔深入基岩 6m。经处理后，边坡再也没有发生变形破坏。

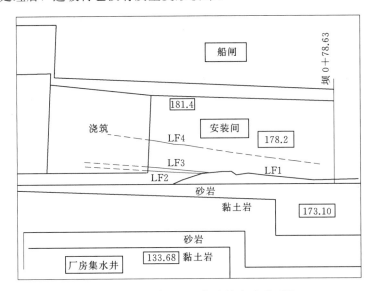

图 6.2-6　厂房基坑左侧边坡变形平面图

2. 坝基承载及抗变形稳定问题及处理

坝基岩体以砂质黏土岩为主，其次夹少量砂岩，其承载和抗变形能力可满足水工建筑物要求。但由于砂质黏土岩总体强度不高，属较软岩，且岩体具有遇水软化、失水开裂的特性，在施工中，基础开挖后必须立即覆盖封闭，并对基础不能产生扰动。但在施工中达到上述要求难度很大，同时岩体中软弱夹层较发育。因此，有必要对基础采取固结灌浆等处理措施，以增强岩体整体性，保证地基的承载和抗变形能力。对新揭示的 f_1 断层，主要采取刻槽、素混凝土置换及增加底板钢筋等处理措施。

（1）基础固结灌浆。在厂房坝段，固结灌浆范围：在桩号厂 0-216.00～厂 0-009.00m，分上、下游两段灌浆；上游段桩号为坝 0+000.00～坝 0+030.00m；下游段桩号为坝 0+056.37～坝 0+095.37m。在桩号厂 0-009.00～厂 0+000.00m 段，对顺河向的整个基础灌浆，即桩号坝 0+000.00～坝 0+095.37m 范围。灌浆孔按梅花形布置，孔距 3m，排距 3m；灌浆孔深度，在防渗帷幕线（桩号坝 0+006.70m）的上、下游侧各 1 排深入基岩 10m，其他地段深入基岩 6m；灌浆压力自上而下为 0.5～1.4MPa。

冲沙闸及纵向围堰改建泄洪闸坝段，固结灌浆范围：在桩号厂 0+031.60～厂 0+101.90m 段，对顺河向的整个基础灌浆，即桩号坝 0+000.00～坝 0+046.00m 范围；在

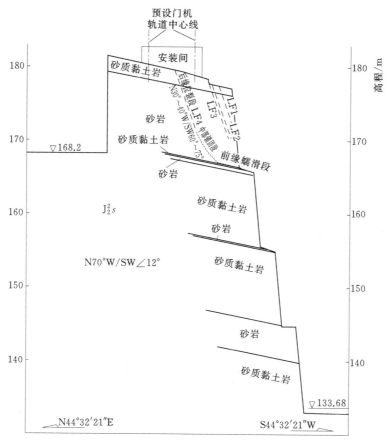

图 6.2-7 厂房基坑左侧边坡典型剖面

桩号厂 0+000.00~厂 0+031.60m 和厂 0+101.90~厂 0+132.10m 两段（冲沙闸左右两侧）分上、下游两段灌浆，上游段顺河桩号为坝 0+000.00~坝 0+014.40m，下游段顺河桩号为坝 0+030.40~坝 0+046.00m。灌浆孔按梅花形布置，孔距 3m，排距 3m。灌浆孔深度，在防渗帷幕左、右两侧各 1 排深入基岩 10m，其余地段均深入基岩 8m；灌浆压力自上而下为 0.5~1.4MPa。

泄洪闸及右岸挡水坝段，固结灌浆范围为桩号厂 0+132.10~厂 0+387.20m，分上、下游两段灌浆，上游段顺河桩号为坝 0+000.00~坝 0+015.00m，下游段顺河桩号为坝 0+024.00~坝 0+040.00m。灌浆孔按梅花形布置，孔距 3m，在防渗帷幕线上游侧两排的排距为 2m，其余排距均为 3m。灌浆孔深度均为深入基岩 8m，灌浆压力自上而下为 0.5~1.4MPa。

右岸岸坡段，固结灌浆范围是桩号厂 0+387.20~厂 0+404.60m 与桩号坝 0+000.00~坝 0+026.00m 所围限全基础范围。灌浆孔按梅花形布置，孔距 1.2m，排距 3m。灌浆孔深度深入基岩 6m，灌浆压力自上而下为 0.5~1.4MPa。

一般弱风化、弱卸荷和有一定爆破影响的岩体，灌浆前透水率为 10~20Lu，灌浆后均小于 5Lu，灌浆效果明显；而弱—微风化、无卸荷岩体，天然状态下透水率就很弱，灌浆后岩体透水率降低不明显，但均小于5Lu，满足设计要求。厂房和冲沙闸基础灌浆后透水率达到0.5～3Lu，满足设计要求透水率小于5Lu。厂房和冲沙闸基础灌浆平均单位注灰量为65.5kg/m，其中Ⅰ序孔平均单位注灰量为84.2kg/m，Ⅱ序孔平均单位注灰量为46.7kg/m，Ⅱ序孔平均单位注灰量明显较Ⅰ序孔减少。泄洪闸和挡水坝基础灌浆后透水率最大为4.59Lu，小于设计要求5Lu。泄洪闸和挡水坝基础灌浆平均单位注灰量为85.92kg/m，其中Ⅰ序孔平均单位注灰量为114.067kg/m，Ⅱ序孔平均单位注灰量为58.9kg/m，呈明显减弱趋势。泄洪闸和挡水坝基础较厂房和冲沙闸埋深浅，基础岩体主要为弱风化、卸荷，且岩体也相对较破碎，故其平均单位注灰量较厂房和冲沙闸部位略大。

（2）f_1小断层处理。f_1小断层，分布在厂房坝段，由4号机上游引水渠右侧，经3号机主机间基础、2号机和1号机下游尾水至尾水渠左侧边坡，揭示总长度约260m。断层产状N50°～75°W/SW∠60°～70°，破碎带宽20～40cm，主要由岩块、岩屑及断层泥组成，岩块呈角砾状或片状，成分为砂质黏土岩，挤压紧密，自身透水性微弱（图6.2-8～图6.2-10）。由于f_1断层倾角陡，破碎带窄，断层两侧岩体也相对较完整，因此，对基础的承载和变形影响较小。在施工中，主要是沿f_1断层一定范围进行了刻槽并置换素混凝土，在应力较大的3号机主机间基础底板，还沿f_1断层适当增加了部分底板钢筋。

图6.2-8 f_1断层上下盘岩体

图6.2-9 f_1断层破碎带

图6.2-10 f_1断层下盘岩体隐裂隙发育，呈团块状

3. 坝基抗滑稳定问题及处理

对坝基抗滑稳定影响最大的主要是坝基岩体内发育的软弱夹层。前期勘察发现，在坝基部位规模较大的软弱夹层主要是C_3软弱夹层，设计已基本挖除。在施工中，揭示部分基础岩体中发育有小规模软弱夹层，对坝基抗滑稳定有一定影响。因此，坝基抗滑稳定问题主要是对新揭露的软弱夹层的稳定性复核及处理。

施工过程中对基础部位发育的软弱夹层首先考虑挖除，其次是在基础上下游挖齿槽截断软弱夹层，以满足基础抗滑稳定。如厂房安装间基础对 C_2 软弱夹层采取挖除措施，冲沙闸基础和泄洪闸基础采取加深、加宽上下游齿槽，局部加设深齿槽的措施，以截断对基础稳定有影响的软弱夹层。

（1）厂房安装间。厂房安装间基础部位发育有 C_2 软弱夹层，在桩号坝 0+025.00～坝 0+078.63m 范围，分布高程 179.00～182.00m，低于设计建基面高程 183.10m，夹层顺层发育，倾右岸偏下游。由于安装间基础左侧有船闸基坑开挖，形成坡高约 13m 的临时边坡；右侧有主厂房基坑开挖，形成坡高约 45m 的临时边坡；安装间基础实际是宽约 20m 的单薄山脊，两侧基坑开挖后未能对边坡进行及时支护。此外，施工单位还要在该部位架设施工门机（重荷载），综合各种因素，设计考虑施工期的安全，故将桩号坝 0+025.00～坝 0+078.63m 范围内 C_2 夹层以上岩体全部挖除，超挖部分采用 C10 素混凝土置换。

（2）冲沙闸。冲沙闸闸室基础部位新揭示有 6 条软弱夹层（图 6.2-11～图 6.2-12），自上而下编号为 JC_1～JC_6，经设计抗滑稳定性复核计算，其软弱夹层对闸基稳定有一定影响，故采取了加大上下游齿槽深度及宽度，截断对闸基稳定不利的软弱夹层，确保闸基稳定。具体情况如下：

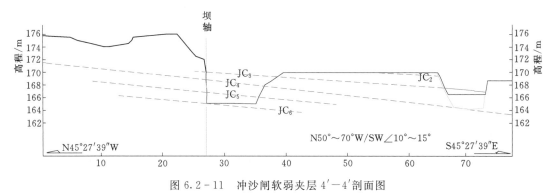

图 6.2-11　冲沙闸软弱夹层 4′—4′ 剖面图

图 6.2-12　冲沙闸上游齿槽揭露夹层

1）1号闸右侧～2号闸左侧段。桩号厂0+013.75～厂0+031.60m，该段基础下分布有JC₄软弱夹层，在上、下游齿槽的设计高程已被开挖截断，对基础稳定影响不大，因此基础未作调整。

2）2号闸右侧～3号闸左侧段。桩号厂0+031.60～厂0+051.30m，该段基础下分布有JC₃、JC₄、JC₅和JC₆软弱夹层，其中JC₃软弱夹层在上、下游齿槽设计高程均已截断；JC₄软弱夹层在上游齿槽设计高程已截断，在下游齿槽设计高程下埋深约3m；JC₅软弱夹层仅分布于闸室基础上游侧，且在上游齿槽设计高程部分已被截断，部分在齿槽设计高程下最大埋深约1m；JC₆软弱夹层也仅分布于闸室基础上游侧，在上游齿槽设计高程下最大埋深约2m。通过稳定性复核计算，JC₃软弱夹层对闸基础抗滑稳定影响较小；JC₄、JC₅和JC₆软弱夹层，在闸基下埋深较浅，对基础抗滑稳定不利。其中JC₄软弱夹层对闸基抗滑稳定影响较大，需要加深上、下游齿槽，截断JC₄软弱夹层方可满足基础抗滑稳定要求；JC₅和JC₆软弱夹层影响相对较小，仅加深上游齿槽，截断JC₅、JC₆软弱夹层就可满足稳定要求。因此，设计对齿槽基础深度和宽度进行了调整：上游齿槽，截断JC₅、JC₆软弱夹层，齿槽底板高程由167.50m降至165.00m，底板宽保持原设计为8m；下游齿槽，完全截断JC₄软弱夹层，齿槽开挖高程低于JC₄软弱夹层出露高程约1m，齿槽底板高程由167.50m降为163.20m，齿槽宽度由5m增加为6m。

3）3号闸右侧～4号闸左侧段。桩号厂0+051.30～厂0+071.00m，该段基础下分布有JC₂～JC₆软弱夹层，其中JC₂软弱夹层在闸基础部分已被挖除，且上、下游齿槽均已截断；JC₃软弱夹层在上游齿槽设计高程已被截断，在下游齿槽设计高程下最大埋深约2.5m；JC₄软弱夹层位于整个基础之下，上游齿槽设计高程下最大埋深约1.8m，下游齿槽设计高程下最大埋深约4m；JC₅软弱夹层仅位于上游侧基础之下，在上游齿槽设计高程下最大埋深约3m；JC₆软弱夹层仅在上游侧基础下局部发育，且在上游齿槽设计高程下最大埋深约4.5m。通过稳定计算，JC₂软弱夹层在上、下游齿槽设计高程时已被截断，对基础影响小；JC₃、JC₄、JC₅软弱夹层埋深较浅，对基础抗滑稳定不利，上游齿槽需要截断JC₃～JC₅软弱夹层，下游齿槽需要截断JC₃、JC₄软弱夹层，方可满足稳定要求；JC₆软弱夹层埋深较大，对基础抗滑稳定影响较小。因此，设计对上、下游齿槽基础深度和宽度进行了调整：上游齿槽，完全截断JC₃～JC₅软弱夹层，齿槽底板高程由167.50m降至164.00m，底宽由8m增至8.5m；下游齿槽，完全截断JC₃、JC₄软弱夹层，齿槽开挖高程低于JC₄软弱夹层出露高程约1.0m，齿槽底板高程由167.50m降至162.57m，齿槽宽度由5m增加为6m。

4）4号闸右侧～5号闸右侧段。桩号厂0+071.00～厂0+093.10m，该段基础下分布有JC₁～JC₄软弱夹层，其中JC₁软弱夹层规模小，仅在5号闸基础下游右侧有分布，其闸基础下最大埋深约2m，且在下游齿槽的设计高程已被开挖截断；JC₂～JC₄软弱夹层分布在整段闸基之下，在上、下游齿槽的设计高程均没有被截断。在上游齿槽，JC₂软弱夹层下最大埋深约1m，JC₃软弱夹层最大埋深约2m，JC₄软弱夹层最大埋深约3.5m；在下游齿槽，JC₂软弱夹层最大埋深约3m，JC₃软弱夹层最大埋深约4m，JC₄软弱夹层最大埋深约6m。通过稳定计算，JC₁软弱夹层仅分布在闸基下游右侧角，范围小，且在下游齿槽部位的设计高程已被开挖截断，对基础抗滑稳定无影响；JC₂～JC₄软弱夹层埋深较浅，对闸基础抗滑稳定不利，需要在上、下游齿槽部位将其截断，方可满足抗滑稳定要求。因此，设计对上、下游齿槽基础深度和宽度进行了调整：上游齿槽底板高程由 167.50m 降至 163.50m，底宽由 8m 增至 9.5m；下游齿槽底板高程由 167.50m 降至 161.20m，齿槽宽度由 5m 增加为 6m。

（3）泄洪闸。泄洪闸基础开挖揭示有 9 条软弱夹层（图 6.2－13），各软弱夹层均沿层面发育，总体产状 N50°～60°W/SW∠7°～15°。软弱夹层自下而上依次为 JC_{X1}～JC_{X9}，其中 JC_{X1} 软弱夹层分布于 1～4 号闸基础下，分布范围较小，基础下最大埋深约 8m，在 1～3 号闸上游齿槽设计高程被开挖截断，在 1～2 号闸下游齿槽设计高程被开挖截断；JC_{X2} 软弱夹层分布范围大，在 1～15 号闸基础下均有分布，基础下埋深 0～32m，由左至右埋深逐渐增大，在上、下游齿槽设计高程左侧有极少部分被截断；JC_{X3} 软弱夹层分布范围较大，分布于 3～15 号闸基础下，基础下埋深 0～25m，由左至右埋深逐渐增大，在上、下游齿槽设计高程左侧有部分被截断；JC_{X4}～JC_{X9} 软弱夹层主要集中分布在 6～15 号闸基础下，分布范围较小，单条仅分布于 2 个或 3 个闸基础，埋深较浅，基础下最大埋深 6～13m，在上游齿槽的设计高程仅 JC_{X7} 软弱夹层有少部分残留外，其余软弱夹层均被开挖截断，在下游齿槽设计高程部分被开挖截断。经设计稳定计算，9 条软弱夹层中，仅 JC_{X1}、JC_{X2} 和 JC_{X3} 软弱夹层对 2～7 号闸基础抗滑稳定有不利影响。因此，为保证闸基稳定，设计采取了加深、加宽部分上游齿槽和下游增设深齿槽的措施，以截断 JC_{X1}、JC_{X2} 和 JC_{X3} 软弱夹层。具体措施如下：加宽、加深 3～5 号闸上游齿槽（桩号厂 0＋166.10～厂 0＋200.10m），齿槽建基高程由 164.00m 下降为 63.50～160.00m，底宽由 6m 增加为 7m；在 2～7 号闸（桩号厂 0＋140.36～厂 0＋234.10m）下游增设深齿槽，齿槽建基高程 154.50～156.50m，底宽为 10.5m（图 6.2－14 和图 6.2－15）。

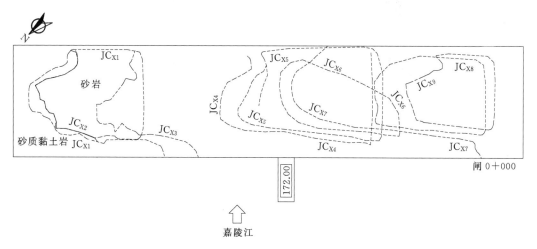

图 6.2－13　泄洪闸基础软弱夹层分布图

4. 坝基渗漏问题及处理

据初步设计勘察成果，坝基岩体透水性较弱，一般透水率 $q=3$～$5Lu$，$q<3Lu$ 在基础下埋深 12～36m（右岸较深），可将 $q<3Lu$ 作为相对抗水层进行防渗。因此，设计采取了帷幕灌浆对基础进行了防渗处理，设计帷幕标准为 $q<3Lu$。

图 6.2-14 泄洪闸上游齿槽加深

图 6.2-15 泄洪闸下游增设深齿槽

基础帷幕灌浆范围为桩号厂 0−198.99～厂 0+465.90m，其中桩号厂 0+397.20～厂 0+465.90m 为右岸岸坡段（桩号厂 0+415.90～厂 0+465.90m，高程 221.50m 设右岸灌浆平洞）。帷幕灌浆中心线在厂房段（桩号厂 0−198.99～厂 0+000.00m）位于桩号坝 0+006.70m，在冲沙闸、泄洪闸、右岸挡水坝及右岸岸坡段（桩号厂 0+000.00～厂 0+465.90m）位于桩号坝 0+004.00m。帷幕灌浆孔距 1.5m，帷幕灌浆底高程：在左侧桩号厂 0−198.99～厂 0−185.15m（厂房安装间左侧）为水平段，帷幕灌浆底高程为 150m；在桩号厂 0−185.15～厂 0−165.15m（厂房安装间右侧）为斜坡段，帷幕灌浆底高程由 150m 降至 130m；在桩号厂 0−165.15～厂 0+397.20m（厂房主机间、冲沙闸、泄洪闸和挡水坝）为水平段，帷幕灌浆底高程为 130m；在桩号厂 0+397.20～厂 0+447.20m

（右岸岸坡）为斜坡段，帷幕灌浆底高程由 130m 上升至 180m；在桩号厂 0＋447.20～厂 0＋465.90m 为水平段，帷幕灌浆底高程为 180m。帷幕灌浆最大孔深为 61m，灌浆压力为 0.5～2.0MPa。

据施工单位提供的帷幕灌浆成果表明：一期厂房及冲沙闸部位基础岩体灌前透水率（q）除少量Ⅰ序孔偏大（大于 30Lu），其余均为 1～10Lu，总体平均为 12.26Lu；灌后透水率最大值小于 3Lu，平均为 0.65Lu，满足设计帷幕标准（小于 3Lu）。单位耗灰量Ⅰ序孔平均为 388.1kg/m，Ⅱ序孔平均为 107.9kg/m，Ⅲ序孔平均为 23.15kg/m，呈递减趋势，灌浆效果明显。二期泄洪闸及挡水坝部位基础岩体灌前透水率主要为 3～10Lu，个别孔段大于 20Lu，灌后透水率最大值为 2.35Lu，满足设计帷幕标准（小于 3Lu），单位耗灰量Ⅰ序孔平均为 114.33kg/m，Ⅱ序孔平均为 87.08kg/m，Ⅲ序孔平均为 51.16kg/m，呈递减趋势，灌浆效果较明显。

5. 闸坝下游抗冲稳定问题及处理

为保证闸坝下游基础岩体抗冲稳定，设计在闸坝下游设置了护坦。厂房尾水护坦长约 219m，冲沙闸消力池护坦长约 122m，泄洪闸消力池护坦 1～5 号闸段长约 140m，6～15 号闸长约 85m。

同时，为了保证护坦结构抗浮和抗冲稳定性，在护坦设置了抗浮锚筋（束）。厂房尾水护坦采用锚筋为 $\phi25$、$L＝4.5m$，入岩深 3.5m，间排距 2m，梅花形布置。冲沙闸和泄洪闸消力池护坦锚固采用 $3\phi28$ 的锚筋束，间排距为 3m，梅花形布置，锚筋束长度：冲沙闸部位为 9m，深入基岩 8m；泄洪闸部位为 9.5m，深入基岩 8m。

6. 基础及边坡的开挖保护措施

（1）基础开挖保护措施。由于基础地层主要为砂质黏土岩，具有遇水软化、崩解，失水开裂、剥落的工程特点，在施工过程中，对建基面的开挖爆破、基坑积水、长时间暴露等都容易造成岩体松弛扰动、崩解软化，从而导致岩体力学指标降低，对工程质量安全产生不利影响。因此，对基础要采取开挖、保护措施：

1）基础开挖。采用科学合理的爆破设计，在施工中，通过专门的爆破试验，对孔径、孔深、孔距、单孔装药量等参数进行了确定，采用梯段爆破，梯段孔深 5～10m，爆破孔上部 2～3m 范围采用岩粉封堵。基础预留保护层厚度 1.5m，保护层开挖首先采用小药量爆破 1.2m，剩余 30cm 人工撬挖。对开挖深度较浅或保护层不易形成的部位，采用水平预裂，小药量爆除，但必须保证最底层的 30cm 采用人工撬挖。

2）基坑排水。基坑开挖施工中，必须在四周布置完整有效的抽排水系统；在渗水、积水较大的部位应采用集水坑、并在小范围集中抽排水；基坑中来水量很大时，应采取有效办法减少来水量。总之，采用"堵""截""排"等有效办法，必须保证基坑干地施工。

3）基础保护。建基面开挖形成后，随着暴露时间的延长，岩体发生软化、崩解、卸荷松弛等明显变化，孔隙比越来越大，抗压强度、抗剪强度等几项主要指标均会不断降低变差。经过现场试验，宜在清基完成后 4h 内浇注混凝土或喷混凝土封闭，这样既能保护岩体质量，也适应施工工序。

（2）边坡开挖保护措施。枢纽区边坡均整体稳定，但由于组成边坡岩体软硬相间，浅表岩体风化、卸荷相对较强，顺坡向陡裂隙相对发育，因此，边坡开挖时可能会出现局部掉块、拉裂、倾倒等破坏现象。故设计采取了如下开挖保护措施：

1）分级设马道。右岸边坡要求每15m设置一级马道，每级马道宽2m，边坡最高部位共设8级马道；厂房基坑左侧边坡要求每10m设置一级马道，每级马道宽2m，共设4级马道。设置马道，不仅有利于边坡稳定安全，同时也有利于支护施工。

2）分层开挖、分层支护。对开挖高度较大的边坡，要求必须进行逐层开挖逐层支护，开挖一层支护一层，单层开挖完成后必须马上进行支护，以避免边坡岩体因长时间暴露而导致二次风化破坏。

3）加强坡顶及坡体排水。地下水、地表水的物理地质作用对边坡稳定较为不利，因此，要求在开挖施工前，必须首先做好坡顶截排水系统；施工过程中，必须严格按设计要求布置坡体排水孔、落水槽和集水池等排水设施。

6.2.1.6 小结

草街航电枢纽工程作为当时嘉陵江红层软基上兴建的最高混凝土闸坝，其装机规模和冲沙泄洪建筑物规模均为我国交通行业同类工程中最大，很多勘察研究工作都具有一定的开创性和挑战性，实践证明其勘察成果是翔实准确的，也是成功的，可以说为工程顺利建成和正常运行都奠定了重要的技术基础。同时，也为嘉陵江红层地区工程勘察设计积累了宝贵的实践经验，因此，很值得我们思考总结。从红层岩体勘察的难点和创新点方面来说，草街航电枢纽工程则主要体现在以下几个方面：

（1）为了选择科学合理的坝址，同时满足坝基承载力和变形要求，现场进行了大量的勘探、试验及分析研究工作，进行了充分的论证，并提出了科学合理的建议处理措施。大量的勘探试验及论证研究是勘察成果获取的基础。

该枢纽工程厂房段坝高最大87.68m，闸坝段坝高最大67.5m，是嘉陵江流域红层软基上建设的最高大坝，加之地处于嘉陵江下游，同时具有流量大、河道宽、建筑规模大的特点，对坝址地形地质条件、坝基承载力和变形都有很高的要求。为此，从坝址比选到岩体力学特性研究开展了大量的分析试验工作。

1）坝址比选。由于枢纽区位于璧山向斜北端，地质条件较为复杂，为了既满足建筑布置要求，又满足经济合理的建设要求，在可研阶段进行了坝址比选，在初设阶段进一步开展了闸坝轴线比选。为此，进行了大量的勘探试验。据统计，共完成坝区平面地质测绘约14km²，坝区剖面地质测绘30km/47条，钻探2838.57m/70孔，坑槽探27000m³，竖井278m/39井，洞探310m/6洞，现场试验17组，室内试验184组。通过从地形地貌、地层岩性、地质构造、坝基条件、坝肩条件、通航条件、施工条件、枢纽布置等8个方面综合对比和分析，上坝址与下坝址相比，山体雄厚，地形完整，没有灰岩，坝基岩性单一，分布均匀，且为缓倾角横向谷，对坝基防渗有利；另外考虑到通航条件、施工条件和枢纽布置等因素，最终推荐选择了上坝址的横Ⅰ线为坝轴线。

2）坝基承载力和变形研究。根据建筑结构需要，坝基承载力最大要求为1.5MPa，而坝基地层以砂质黏土岩为主，属较软岩，且具有"快速风化、遇水软化、失水开裂"的工程特性，经大量室内试验成果表明（共计107组），其弱风化岩体饱和抗压强度仅为7～10MPa，按现有规范及工程经验，其允许承载力最大可取1.0MPa，无法满足设计所需的承载力要求。为此，我们从岩体特征、试验方法和基础荷载形式等方面展开研究，认为红层地层结构为软硬相间，且基础是在围压作用下承受上部荷载的。目前通过常规室内抗压强度试验估算承载力的方法，实际是岩样先崩裂、后超吸水、再膨胀而弱化后的抗压强度，并不能完全代表坝基岩体真实的赋存环境和力学环境，其室内试验值较实际天然值偏小，而现场载荷试验又难以实现。于是，决定采用三轴压缩试验进行对比分析，试验成果表明：三维压力作用下，坝基岩体承载力有较大提高，加之岩体天然饱和状态下，基本处于稳定状态，不存在崩解和膨胀的反复作用，岩体强度也比室内试验要高。最终根据多种试验成果对比分析，认为坝基岩体允许承载力可以提高至 1.5MPa。另外考虑到红层软岩抗变形、抗风化的能力相对较弱，要求采取开挖保护措施和防水排水措施，以减少开挖施工对坝基岩体的破坏损伤。同时，采用固结灌浆对坝基岩体进行加固，进一步确保了承载力和变形问题满足设计要求。

（2）软弱夹层在嘉陵江红层内普遍发育，对枢纽建筑物的稳定和边坡稳定起着至关重要的作用，是该地层中最主要的工程地质问题。因此，准确查明软弱夹层的分布规律、特点及工程影响，制定有效的工程处理措施，解决坝基抗滑稳定问题，成为工程勘察的重点和难点。

1）为了尽可能完整准确地查明软弱夹层分布及性状，钻探采用了 SD 金刚石半合管系列钻具、SM 植物胶等取芯专利技术，一定程度上保证了软弱夹层的获取率。据统计，在坝区 74 个钻孔和竖井中，有 47 孔揭露有软弱夹层，占总勘探孔数的 64%，其中揭示有 2 条以上软弱夹层的孔数为 33 个，占勘探孔总数的 44%。

2）通过物性试验和矿化分析，了解夹层物质组成及物理性状，为划分夹层类型及充分认识其力学特性提供必要的依据。草街软弱夹层的组成物质多属细粒土质砾，硅铝率3.92，主要黏土矿物成分为伊利石，具有膨胀性，亲水性强。根据夹层的风化程度、物理组成及性状，大致划分为三种类型：碎屑夹泥型、泥夹岩屑型和泥型。随着岩体埋深增大、风化减弱，软弱夹层发育的频率逐渐减少，类型由泥型逐渐过渡到碎屑夹泥型。

3）针对软弱夹层，充分利用竖井和平洞选取合适且具有代表性的部位，进行了三组现场大剪试验，获取有效真实的力学参数。同时，还进行了室内强度试验，以达到对比分析的目的，从而在充分考虑岩体实际赋存状态及围压作用条件下给出合理科学的力学指标。

4）由于软弱夹层对基础抗滑稳定起控制作用，且在开挖工程中，若不注意保护，极易泥化，因此，对软弱夹层的处理至关重要。曾组织多次专题会议重点研究，并借鉴吸取了国内已有工程（如葛洲坝等）的经验成果，制定了具有针对性和有效性的处理措施。前期勘察发现的三条规模较大的软弱夹层，分布较浅，设计时基本上已经挖除。在施工过程中，冲沙闸和泄洪闸坝段基础岩体中均揭示发育有小规模软弱夹层，对坝基抗滑稳定存在不利影响。经过现场地质人员及时计算和分析，在保证不影响工期和增加工程量不大的前提下，优先采取了挖除，其次采用布置齿槽截断，确保了基础抗滑稳定。另外针对局部发育的小型夹层，对基础整体稳定影响不大的前提下，要求及时封闭并作加筋处理。工程运行检验表明，对软弱夹层的处理措施是合适且有效的。

（3）嘉陵江红层强度低，具有"快速风化、遇水软化、失水开裂"的工程特点，因此，开展了嘉陵江红层工程特性研究，并针对其特点制定了有效可行的开挖保护方案和工程处理措施。

1）物质组成研究。嘉陵江红层为砂岩与黏土岩互层地层，且以黏土岩为主。为了充分研究嘉陵江红层的工程特性，首先从了解其物质组成着手，进行了大量的物性试验及矿化分析。研究成果表明：黏土岩为泥质结构，以黏土矿物为主，并富含高岭石、伊利石等亲水性黏土矿物，这是红层黏土岩遇水软化、失水干裂的物质基础；其间有石英、长石等矿物，则为砂质泥岩（一般砂质与泥质之比 1/3～1/2）；砂岩大多为钙泥质胶结，主要成分为长石、石英及深色矿物。化学组分主要是硅、铝、钙、铁、镁、钾的氧化物及挥发物质。其中铁氧化物和氢氧化物则是红层之所以红的主要原因。

2）工程特性研究。大量勘探试验表明，弱风化黏土岩饱和抗压强度仅为 7～10MPa，微风化黏土岩饱和抗压强度也只有 20～25MPa，岩石强度较低，抗变形能力弱。同时，由于岩石富含亲水性黏土矿物，使其具有"快速风化、遇水软化、失水开裂"的工程特性。现场勘察过程发现，完整的钻孔芯样若不及时保护，在风吹日晒的条件下，一天甚至数小时之内就会不断干裂崩解成碎块状，导致其力学指标大大降低。因此，如何做好嘉陵江红层的开挖保护成为工程建设成败的关键。

3）开挖保护措施研究。由于嘉陵江红层所具有的工程特性，在施工过程中，因爆破开挖、基坑积水、长时间暴露等原因都容易引起岩体松弛扰动、风化崩解，从而导致岩体力学指标降低，对工程质量安全产生不利影响。因此，勘察过程中，专门开展了开挖保护措施研究。

（4）右岸工程边坡是嘉陵江红层地区的最大工程高边坡（120m），根据嘉陵江红层岩性软硬相间，岩石强度低，"快速风化、遇水软化、失水开裂"且软弱夹层发育等特点，结合边坡岩体结构面组合，充分分析研究右岸高边坡的稳定性，提出了经济有效的开挖保护措施和工程治理措施。

右岸边坡为反向高边坡，整体稳定。但由于岩体软硬相间，结构面较发育，风化、卸荷强烈，开挖边坡高，局部①②组裂隙密集发育。开挖过程中，在黏土岩、泥质粉砂岩出露段岩体易风化崩解产生剥落掉块，上部厚层砂岩易出现拉裂倾倒破坏。为此，专门开展了边坡二维有限元分析和物理模拟分析，结果表明：岩体应力最集中部位、位移变形最大部位均在边坡表层岩体中，边坡不存在深层变形问题，治理重点为开挖后的表部风化崩解和变形。因此，针对边坡条件及变形特征，采取了构筑完善的截排水系统和锚喷加固相结合的治理措施，确保了边坡稳定安全。

（5）嘉陵江红层地区水库库容普遍较大，库岸阶地发育，广泛分布有集镇、厂矿和耕地。因此，水库浸没问题和库岸稳定问题影响范围大、危害也大，成为水库区主要工程地质问题。

草街枢纽水库总库容 24.08 亿 m³，水库规模大，且为河道型水库，主要靠雍高水位形成库容，而库岸阶地发育。因此，对阶地的浸没问题研究和坍岸问题的研究是该水库最主要的工程地质问题。为了查明浸没及坍岸问题，对水库区干流嘉陵江 71km、渠江88km、涪江 22km 及涪江的小安溪等大小支流进行了实地调查，并重点勘察了 40 处较大的阶地，进行了大量的勘探试验，充分论证了水库区的浸没问题和坍岸问题。

对近坝库岸稳定问题，开展了专题研究，特别对影响较大的重棉四厂滑坡进行了专项勘察和治理方案研究，并提出了重棉四厂滑坡专题研究报告。

（6）由于嘉陵江流域洪水具有来得急、流量大、退得快的特点，从而导致施工围堰规模大、工期紧，而工程区内又以软岩为主，缺乏适用于围堰堆筑的坚硬石料。因此，为充分利用工程开挖料，减少工程投资，开展了基坑开挖料的利用研究和红层软岩作围堰填筑料的分析研究。

草街工程一期上游围堰长约 500m，底宽 180m，最大堰高 48m；下游围堰长约 390m，底宽 160m，最大堰高 39.5m，共需要堆筑料约 180 万 m^3。枢纽区附近缺乏坚硬的围堰堆筑料，为了节省投资，开展了对枢纽区基坑开挖料和枢纽区附近砂岩含量较高的红层进行围堰填筑料的研究。

研究过程中，主要对比分析了基坑开挖料、马鞍山料场弃渣、松木湾和寨子等四个部位的料源，进行了大量的勘探试验工作。据统计，共完成物理性试验 18 组，破碎试验 18 组，界限含水率试验 6 组，相对密度试验 13 组，岩石室内常规试验 8 组，高压大三轴试验 3 组，力学全项实验 10 组，渗透变形试验 12 组。经过综合分析研究，最终形成了围堰堆筑料专题研究报告，提出了经济合理的堆筑料方案：在主要选用马鞍山料场弃渣料的同时，充分利用基坑开挖的弱风化及微新砂质黏土岩，若需利用船闸浅表部风化较强的砂质黏土岩弃料，则建议将其堆筑于围堰的干燥区。对于松木湾弱风化砂岩，由于该砂岩为粗颗粒泥质胶结，饱和抗压强度较低，上坝碾压破碎后易增加堆筑料细颗粒含量，作为备用将其堆筑于围堰的干燥区。这种方案不但解决了缺乏料源的问题，还节约了投资，缩短了工期，同时也为我们工程建设中对软硬料的搭配利用积累了丰富的经验。

（7）科学合理的工程地质勘察。成都院自 2002 年开始进行草街航电枢纽工程的工程地质勘察以来，进行了预可研、可研、初步设计、招标设计和技施设计等阶段，其工程地质勘察在不同的设计阶段依照循序渐进的原则，从资料收集开始，首先进行资料分析、研究，然后进行地质调查，在地质调查的基础上，有针对性地布置勘探、试验工作，对试验工作采取室内试验和现场试验相结合。在初步设计阶段做到重点突出，对重大工程地质问题进行专题研究。

1）勘探方式：在工程勘察过程中，为了能全方位了解掌握岩体特征及力学特性，除钻探外，还采用了超深洞探和井探，平洞最深达 100m，竖井最深达 30m，均为嘉陵江红层地区之最。同时，在平硐和竖井里进行了 21 组原位试验，为提供经济合理的基础方案和力学参数奠定了基础。另外，值得一提的是，成都院还首次采用了在竖井中挖平洞的方式进行了现场原位试验，为获取准确真实的基础资料创造了条件。

2）勘探技术：充分利用成都院在勘探方面的先进技术，如钻探采用 SD 金刚石半合管系列钻具、SM 植物胶等取芯技术，使嘉陵江红层内厚度小、易泥化的软弱夹层能原状取出，对分析软弱夹层的成因、物理力学特性研究起到了很大的帮助。在物探上，利用成都院研究的 3000 测井系列及地震层析成像（CT）测试技术对枢纽区的钻孔采取综合测井等分析研究，为工程区岩土物理力学特性及参数提供了可靠的基础资料。

6.2.2　新政航电枢纽工程

6.2.2.1　工程概况

新政航电枢纽工程位于四川省嘉陵江中游河段，地处仪陇县新政镇，是嘉陵江干流航电开发 17 个梯级中自上而下开发的第 6 个梯级，具有航运、发电等效益的综合利用工程。电站正常蓄水位 324m，库容 3.402 亿 m^3，装机容量 108MW，属中型航电枢纽工程。开发方式为低水头河床式电站，最大闸坝高 53.3m，闸坝顶总长 680.2m。工程枢纽从左至右由左岸挡水坝、主副厂房、2 孔冲沙闸、16 孔泄洪闸和右岸 230m 长的堆石坝组成。工程自 2002 年 12 月开工，2005 年 5 月竣工。

新中国成立前就开始进行嘉陵江流域水力资源的调查研究，1956—1957 年开展了嘉陵江干流及其主要支流的普查工作，1987 年开始进行嘉陵江干流苍溪至合川段的规划，1988 年 10 月完成苍溪至花滩子规划报告，1988 年 10 月至 1990 年 5 月开展了可研阶段勘察设计，2000 年 11 月重新进行可研报告的编制工作，2002 年 6 月完成初步设计报告。初设阶段根据可研阶段选定坝址和建筑物场地，进行了坝型和枢纽布置的地质论证，通过坝区 1/1000 地质测绘、金刚石新工艺取芯钻探和深竖井揭露，查清了软弱夹层的性状、分布、规模及成因机制；通过野外现场岩体大剪、变形试验和钻孔弹模、声波测试及室内岩块物理力学试验，查明了工程区岩体物理力学特性；对水库库岸稳定和可能发生浸没的重点地段进行了复核调查；按详查精度进行了天然建筑材料勘察。新政航电工程地质、勘探、试验工作量见表 6.2 - 13。

表 6.2 - 13　　　　　　　　新政航电工程地质、勘探、试验工作量表

项目	工 作 内 容	单位	工 作 量	
			可研	初设
地质	水库综合平面地质测绘 1/50000	km^2	264	120
	坝区平面地质测绘 1/1000	km^2	6	3
	坝区纵横地质剖面 1/1000	km/条	17.68/35	16.71/34
	天然建筑材料各料场平面地质图 1/5000、1/2000	km^2/张	7.64/6	5.77/6
勘探	钻探	m/孔	1325.7/44	830.04/27
	竖井	m/井		67.8/2
	浅井	m/井		149.75/33
	坑槽探	m^3	756	7000
试验	岩石物理力学性质试验		39	66
	岩体力学性质试验		2	4
	水文地质试验	段	61	34
	物探测试	点/孔		2655/19

6.2.2.2　枢纽区基本地质条件

1. 地形地貌

枢纽区位于仪陇县新政镇上游 5km 处，嘉陵江由北西向南东流经坝区。枢纽区河谷开阔，谷底宽 400～500m，河道偏左岸；枯期水位 309m 时，水面宽 120～150m，水深一般 3～6m，局部达 10～14m。河谷两岸不对称，左岸山势高陡基岩裸露；右岸地形平缓，广布漫滩及阶地。

2. 地层岩性

枢纽区河床及漫滩覆盖层（Q_4^3）主要由卵砾石夹砂组成，局部夹粉细砂、砾质砂、淤泥质砂透镜体。其分布趋势左薄右厚，河床纵 4 剖面以左一般小于 4.0m，以右在 7.0～10.0m 间，最大厚度 11.0m。Ⅰ～Ⅱ级地堆积物（Q_4^{1+2}）具二元结构，总厚度 20～24.0m，上部为厚 8～14m 的低液限黏土，下部为厚 8～11.0m 的砂卵石层。

枢纽区河床基岩顶面平缓，无大的起伏，总体上右岸高于左岸。基岩为侏罗系上统蓬莱镇组下段上部地层（J_3p_1），地层产状平缓（走向北东东，倾北西，倾角约 2°），总体倾上游偏左岸。为一套低强度砂质黏土岩与砂岩不等厚互层地层，岩相变化大。按岩性不同，共划分为 9 层：第①、第③、第⑤、第⑦层主要为砂质黏土岩；第②、第④、第⑥、第⑧层主要为砂岩；第⑨层为砂岩与砂质黏土岩互层。各层的岩性、厚度参见表 6.2－14。枢纽区建筑物主要持力层是第④层和第③层。

第（4）层：紫灰—灰色长石石英砂岩，细粒结构。上部颗粒较细，呈紫灰色，微细及交错层理发育；下部颗粒稍粗，呈浅灰～灰色，结构相对均一。层内随机分布有紫红、灰绿色黏土岩条带和团块，局部有炭质碎屑富集，厚 1～5cm，连续性差。该层在枢纽区一般厚度 11～13m，最大厚度 16.83m。受地层产状控制和河流侵蚀作用，总体是自上游向下游，自右岸向左岸，由厚渐薄；Ⅷ～Ⅵ线间厚 11～13m，Ⅶ～Ⅸ线间仅厚 5～8m，自Ⅴ线以下约 400m 第③层出露。该层岩体完整，呈块状—整体块状结构，岩石属较软岩类，一般湿抗压强度 R_w＝25～30MPa。

第③层：紫红—紫灰色砂质黏土岩夹泥质粉砂岩。常见灰绿色钙质条带（或团块及结核）随机分布。岩性不均一，岩相不甚稳定，多数为砂质黏土岩夹泥质粉砂岩，部分为砂质黏土岩与泥质粉砂岩互层，极少为泥质粉砂岩夹砂质黏土岩。据枢纽区揭穿第③层的 9 个钻孔资料统计，Ⅷ～Ⅴ线间一般厚度为 16～18m，最薄为 14.91m（ZK13），自Ⅵ线以下有变厚的趋势，最大出露厚度可达 20～24m。新鲜的砂质黏土岩呈致密块状，但岩性软弱，湿抗压强度 R_w＝5～6MPa，具有遇水软化、崩解，失水开裂、剥落的特点，抗风化侵蚀力弱，抗扰动能力差。

表 6.2－14　　　　　　新政航电枢纽工程枢纽区地层简表

地层代号	厚度/m	岩　性　简　述
⑨	>25	紫灰色长石石英粉细砂岩与紫红色砂质黏土岩互层。 砂岩：颗粒成分，石英 70%～80%，长石 5%～10%，胶结物，钙质含 5%，泥质 2%，铁质 1%，属中硬岩石。抗风化力较强，常形成陡坎。砂质黏土岩：成分泥质为主，占 60%，石英沙粒占 35%，钙质 5%，内部时见灰绿色钙质条带，灰白色钙质结核及紫灰色泥质粉砂岩薄层或透镜状。抗风化力弱，易剥蚀成缓坡
⑧	34～40	紫灰—灰白色块状长石石英细砂岩。 矿物成分：石英含 65%。长石 10%，方解石（胶结物）18%，上部含少许泥质，下部含少许铁质，中上部夹一层厚 1～3m 的砂质黏土岩，底部含泥质及硅质团块，底面起伏大。岩体完整，属中硬岩，抗风化力强，常形成陡岩地貌，为本工程条石料源

地层代号	厚度/m	岩 性 简 述
⑦	10~14	紫红色砂质黏土岩与紫红、紫灰色粉砂岩、泥质粉砂岩互层 本层上部为单一砂质黏土岩层，属软岩类，抗风化力弱，地面极易剥蚀成残积缓坡。下部则为互层，黏土岩成分特征同层第⑨层。泥质粉砂岩颗粒成分：石英含量高达75%，长石5%；胶结物：泥质含量10%~12%，钙质含量5%~8%。属较软岩，抗风化力较强，但岩相极不稳定，常与黏土岩相互过渡，无明显界面
⑥	7~14	紫灰、青灰色块状细砂岩。 岩性特征与第④层同。厚度变化大，坝址区7~10m，分别向上、下游增厚，可达23~25m
⑤	15~18	紫红色砂质黏土岩、紫灰色泥质粉砂岩互层。 岩性特征与第⑨层同。本层岩相、厚度变化大，坝区上游20m左右，坝址区上部黏土岩较多；下部泥质粉砂岩较多，单层厚多在数十厘米至1m，个别2~3m，二者常互相过渡，界线不清
④	10~17	紫灰、青灰色块状长石石英细砂岩。 颗粒成分：石英含量65%~75%，长石5%~12%，白云母3%；胶结物：方解石含15%，氧化铁少许。上部颗粒细呈紫灰色，纹理发育；下部稍粗呈青灰色，偶含黏土岩碎块、条带，局部层碳屑及云母富集。天然状态下，岩石较坚硬，岩体完整，抗风化力较强，是本工程主要持力层
③	15~20	紫红色砂质黏土岩夹紫色泥质粉砂岩。 岩性特征同第⑨层，本层相变大。坝址区河床下深13~25m处，本层泥质粉砂岩中常见1~3mm石膏脉（个别10mm）沿层面充填
②	0~8	紫灰色块状长石石英细岩。 岩性与第④层上部同，间夹一层砂质黏土岩，相变大，坝区Ⅴ~Ⅷ线一般厚5~8m
①	>20，未见底	紫红色砂质黏土岩。 偶夹粉砂岩、泥质粉砂岩。成分：泥质物占62%，石英粉砂粒占35%，胶结物为碳酸盐，约5%，分布不均。新鲜岩石致密块状，遇水易软化，失水易崩解。偶夹粉砂岩、泥质粉砂岩，厚度一般数10cm~1m左右，粉砂岩最厚3~5m。二者与细砂岩常相互渐变或尖灭

3. 地质构造

　　枢纽区在构造上位于北西向洪山场向斜南西翼南东端、东西向公山庙背斜北翼东端，为一套总体走向北东东、倾北西、倾角2°左右的单斜构造。区内构造简单，无断层分布，岩体节理裂隙也较稀疏，相对发育的有两组：①N60°~70°W/NE（SW）∠65°~85°；②N30°~40°E/NW（SE）∠80°~90°。第①组延伸较长，一般为20~30m，最长可达100m；裂面平直粗糙，在两岸多沿该组裂隙形成陡崖，且多卸荷张开，最大张开宽度可达10~20cm，充填有次生黄泥；第②组较第①组略短小，也平直粗糙，一般闭合，但在浅表受卸荷影响则张开。

4. 物理地质作用

　　枢纽区岩体风化总体微弱。河床及漫滩强风化带厚度多小于2m，局部为4~5m（zk15、zk36孔）；弱风化带底界埋深（自基岩顶面计）一般为2~4m，局部为6~7m。微风化—新鲜岩石顶面高程普遍大于295.00m，极个别为293.00m左右。

5. 水文地质条件

枢纽区地形较完整，地表沟谷不发育，地下水主要为基岩裂隙水和第四系松散层孔隙水，均为潜水，主要受大气降水补给，向嘉陵江排泄。据水化学分析，嘉陵江河水为低矿化度重碳酸钙镁型水，地下水为低矿化度重碳酸钙型水，pH 为 7～7.7，属中性水，二者对混凝土均无侵蚀性。

6.2.2.3 岩体物理力学特性

枢纽区岩体为侏罗系上统蓬莱镇组的一套内陆河湖相沉积的砂质黏土岩与钙泥质细砂岩、泥质粉砂岩互层的地层。一般砂质黏土岩和细砂岩成层性较好，泥质粉砂岩则多呈透镜状。岩体均较完整，呈层状结构。现场对上述 3 种岩性各取 5 组岩样进行室内岩块物理力学性试验，其试验成果见表 6.2－15。从岩块的物理力学性试验成果看，新鲜的砂质黏土岩湿抗压强度 R_w 为 5～6MPa，干密度 ρ_d 为 2.33～2.40g/cm³，饱和吸水率 W 为 5.56％～7.12％。新鲜的细砂岩湿抗压强度 R_w 为 26～35MPa，干密度 ρ_d 为 2.28～2.45g/cm³，饱和吸水率 W 为 3.42％～6.21％。弱风化的细砂岩湿抗压强度 R_w 为 16～24MPa，干密度 ρ_d 为 2.18～2.22g/cm³，饱和吸水率 W 为 7.51％～8.46％。新鲜的泥质粉砂岩湿抗压强度 R_w 为 11～56MPa，干密度 ρ_d 为 2.49～2.53g/cm³，饱和吸水率 W 为 2.81％～4.04％。

上述试验成果表明，枢纽区岩石强度均较低，总体属软质岩。弱风化细砂岩由于密度偏低，因此其结构不紧密，强度偏低；砂质黏土岩本身属极软岩，其密度、强度与一般的黏土岩相当；泥质粉砂岩，密度相对较高，吸水率低，故而强度较高，但该岩性主要在第③层和第⑤层的砂质黏土岩中呈透镜状分布，构不成独立的工程地质单元，仅当其含量较多或相对集中时，对第③层和第⑤层岩体的整体强度及变形特性有所提高和改善。

枢纽区岩体变形特性，采用钻孔弹模测试和刚性承压板法并辅以钻孔声波测试的方法进行综合研究。声波测试 17 孔计 2605 点，测试成果表明：①岩体波速总体上有随孔深增加而增高的趋势，反映岩体具有一定的围压效应；②第④、第③层声波各项统计值均较接近，波速平均值都在 3300m/s 左右（表 6.2－16），反映岩体完整性或整体性均较好；③第④层细砂岩中、下部波速较稳定，第③层砂质黏土岩夹泥质粉砂岩波速变化较大，反映了不同岩性的均质性差异；④在第④、第③层界面附近存在相对低波速段，平均波速 3100m/s；⑤软化夹层相对集中分布区段平均波速变幅为 2930～2970m/s，与第④、第③层波速的小值平均值相当，软化夹层小值平均值为 2520～2580m/s，与原岩波速有一定差异。声波测试成果基本反映了枢纽区岩体结构条件和力学特性的宏观差异。

钻孔弹模测试 2 孔计 50 点，成果参见表 6.2－17。其中第④层细砂岩成果离散度小，散点图上相对集中段内 25 点，变模平均值 2.86GPa，小值平均值 1.98GPa；第③层砂质黏土岩夹泥质粉砂岩成果离散度大，点群集中段内 15 点，变模平均值 2.98GPa，小值平均值 2.3GPa，略高于第④层。究其原因，一方面因试验孔局限，测试的 2 孔中第③层内粉砂岩含量较高（ZK6 孔以粉砂岩为主）；另一方面，第③层下伏于第④层，埋深相对较深而有一定的围压效应作用。这一现象也反映，当第③层岩体中粉砂岩含量增高时，其整体强度和变形特性将有所增强和改善。

表6.2-15 室内岩块物理力学试验汇总表

岩性	风化状况	整理方法	烘干密度 指标/(g/cm³)	组数	比重 指标	组数	吸水率 普通吸水率 指标/%	组数	饱和吸水率 指标/%	组数	抗压强度 干 指标/MPa	组数	湿 指标/MPa	组数	抗拉强度 干 指标/MPa	组数	湿 指标/MPa	组数
细砂岩 第⑧层	弱风化	算术平均	2.20	8	2.67	8	5.55	8	8.06	8	47.33	8	20.45	8	2.03	8	0.79	8
		大值平均	2.22	3	2.68	1	5.76	5	8.42	5	63.15	2	24.16	4	2.99	3	0.94	3
		小值平均	2.18	5	2.67	7	5.20	3	7.45	3	42.06	6	16.74	4	1.46	5	0.70	5
细砂岩 第④层	微—新鲜	算术平均	2.37	6	2.66	6	3.82	6	4.81	6	80.26	6	30.89	6	3.37	6	1.26	6
		大值平均	2.45	3	2.70	1	4.74	3	6.21	3	96.38	2	35.66	3	3.57	3	1.55	2
		小值平均	2.28	3	2.65	2	2.90	3	3.42	3	72.19	4	26.12	3	3.16	3	1.12	4
粉砂岩 第③层	微—新鲜	算术平均	2.50	1	2.72	3	3.27	3	3.63	3	42.03	3	25.97	3	2.14	3	1.18	3
		大值平均	2.53	1	2.74	2	3.72	2	4.04	2	90.77	1	56.03	1	3.63	1	2.35	1
		小值平均	2.49	5	2.67	1	2.37	1	2.81	1	17.67	2	10.93	2	1.39	2	0.59	2
砂质黏土岩 第③层	微—新鲜	算术平均	2.36	5	2.78	5	6.17	5	6.34	4	8.85	5	5.48	4	0.68	4	0.44	4
		大值平均	2.40	2	2.80	1	7.13	1	7.12	2	11.17	2	6.18	3	0.85	2	0.72	2
		小值平均	2.33	3	2.78	1	5.53	3	5.56	2	7.31	3	5.01	2	0.51	2	0.34	3

表 6.2-16 枢纽区钻孔声波测试成果统计表

层位	统计点数	最大值 /(m/s)	最小值 /(m/s)	平均值 /(m/s)	大值平均 /(m/s)	小值平均 /(m/s)	备 注
第④层	804	4545	1984	3299	3588	2955	第①、第②、第⑤层的测点数少，故未进行统计
第③层	1433	4630	1953	3303	3648	2954	

表 6.2-17 枢纽区钻孔变形模量测试成果统计表

层位	测点数	散点图上相对集中段变形模量			备 注
		点数	变幅 /GPa	平均值 /GPa	小值平均 /GPa	
第④层	27	25	1.298~4.657	2.86	1.98	第②层中 2 点未计入
第③层	21	15	1.41~4.592	2.98	2.30	

现场承压板法试验 2 组，布置在 2 号竖井中，试验成果参见表 6.2-18。其中，$E_0 2—3$（V）、$E_0 2—4$（H）位于第④层底部，代表新鲜完整的厚层细砂岩，变形的各向异性不明显；$E_0 2—1$（V）、$E_0 2—2$（H）位于第③层中，因试点场地局限性，这两点均在粉砂岩上，变形模量值较高，不代表砂质黏土岩条件，取值时未予考虑。第④层细砂岩变形模量建议值经综合分析钻孔弹模和承压板法试验成果提出，第③层砂质黏土岩则按工程类比提供（表 6.2-19）。

表 6.2-18 枢纽区岩体变形试验成果表

试验编号	位 置	层位	岩性	变形模量 E_0/GPa	备 注
$E_0 2—1$（V）	2 号竖井（0+32m）	第③层	泥质粉砂岩	7.31	
$E_0 2—2$（H）	2 号竖井（0+32m）	第③层	泥质粉砂岩	8.13	V 表示水平向变形模量；H 表示垂直向变形模量
$E_0 2—3$（V）	2 号竖井（0+23m）	第④层	细砂岩	4.34	
$E_0 2—4$（H）	2 号竖井（0+25m）	第④层	细砂岩	3.95	

表 6.2-19 枢纽区岩体强度试验成果表

试验编号	位 置	类型	最大法向应力 /MPa	抗剪断强度		抗剪强度		备 注
				f'	C'/MPa	f	C/MPa	
τ_1	1 号竖井 (0+32m)	砂岩/黏土岩	1.24	0.58	0.01	0.47	0	第④/第③层界面
τ_2	2 号竖井 (0+29.5m)	砂岩/黏土岩	1.24	0.50	0.21	0.43	0.19	第④层内黏土岩夹层

枢纽区岩体抗剪强度特性，重点研究了细砂岩和砂质黏土岩接触界面的抗剪（断）强度，两组试验分别布置在 1 号、2 号竖井中，试验成果参见表 6.2-20。τ_1 为第④层和第③层界面，τ_2 为第④层内砂质黏土岩夹层。预定剪切面均为突变、紧密接触的硬质结构面，试验在试件反复浸泡的条件下进行。剪应力-应变曲线呈弹塑性变形破坏特征，剪切面多沿砂岩和砂质黏土岩接触面（τ_1）或黏土岩夹层内部（τ_2）剪切破坏，少部分为混合

剪切破坏。试验反映了该类型结构面的剪切特性，具较好代表性，建议参数选用试验值，岩石和软化夹层的抗剪（断）强度建议值则按工程类比提供。

表 6.2-20   枢纽区岩体压水成果统计表

层位	总段数	0.1~1Lu		1~10Lu		10~100Lu		最大值/Lu	最小值/Lu	平均值/Lu	大值平均/Lu	小值平均/Lu
		段数	百分比	段数	百分比	段数	百分比					
第④层	15	2	13.3	5	33.3	8	53.4	90	0.21	30.29	68.65	7.27
第③层	17	3	17.65	11	64.7	3	17.65	17	0.12	4.93	12.02	1.97
第④/第③层	12	1	8.3	7	58.3	3	25	135.5	0.6	21.37	67.4	6.03

枢纽区岩体透水性相对较弱，但不均一。据钻孔压水试验成果（表 6.2-21）：第④层细砂岩的透水率在 10~100Lu 的占 53.4%（15 段中有 8 段），1~10Lu 的占 33.3%，0.1~1Lu 的占 13.3%，属弱—中等透水岩层。若考虑风化卸荷因素的影响，则第④层细砂岩在浅表卸荷带部位（基岩埋深小于 10m），其透水率多为 75~90Lu（有 4 孔 4 段，其中 ZK6 孔的值最大为 90Lu）；在正常情况下的无卸荷带（基岩埋深大于 10m），透水率多为 25~50Lu。第③层砂质黏土岩透水率主要为 1~10Lu，占 64.7%；0.1~1Lu 和 10~100Lu（在 13~17Lu 间）的各占 17.65%；而 17 段中小于 4Lu 的有 12 段，占 71%。总体属弱透水岩层，第③层可视为相对隔水层。第④、第③层界面的透水性无特定规律，总体不均一。据 12 段压水试验资料：透水率为 0.1~1Lu 的有 1 段，1~10Lu 的有 7 段，10~100Lu 的有 3 段，大于 100Lu 的有 1 段，属弱—中等透水岩层。

本阶段岩体物理力学参数的取值原则是：岩石物理力学指标一般取试验值的小值平均值至平均值为范围值，岩体力学指标以现场岩体试验指标为基础，同时参照其他类似工程。

6.2.2.4 软弱夹层特征

枢纽区岩层内发育有软弱夹层，经地质调查、勘探和深入分析研究，查明它是受岩性、岩体结构、原生构造、地层的轻微构造变形，以及岩体的风化、卸荷、地下水活动等综合因素的影响，而使原岩软化、强度降低、但原岩结构未破坏的一种低强度夹层，为反映其性状和成因，定名为软化夹层更为确切。软化夹层主要分布在浅表的层面及岩性变化带附近，一般在基岩面以下 0~15m 范围出现概率较高，占揭露软化夹层总数的 84%；15m 以下则渐少。一般延伸长 20~30m，大于 30m 的极稀少。厚度以 3~5cm 居多，最厚可达 20cm。软化夹层的总体规律：①在枢纽区分布较普遍，参与统计的 37 个钻孔中，有 31 个孔内有软化夹层分布；②在持力层第③层和第④层中，第③层中软化夹层出现概率相对较高，第③层 23 个钻孔揭露的 409.06m 岩层中分布有 78 条，第④层 27 个钻孔揭露的 417.25m 岩层中分布有 60 条；③在空间分布上具随机性，呈断续、错列展布，局部密集。

第④层与第③层界面为一连续的地质结构面，产状平缓，总体倾上游偏左岸，延展方向上呈舒缓波状，局部见高差达 0.6~0.7m（2 号竖井）的阶坎。据揭露该界面的 34 个钻孔和 2 个竖井资料，第④层与第③层绝大多数为突变接触，结合紧密，极个别点见轻微

表 6.2 - 21　　　岩体物理力学指标建议值表

层位	岩性	风化状况	比重 G_s	干密度 ρ_d /(g/cm³)	普通吸水率 W/%	干 R_c /MPa	湿 R_w /MPa	变形模量 E_0 /GPa	泊松比 μ	混凝土/岩体 $\tan\varphi'$	混凝土/岩体 C'/MPa	岩体/岩体 $\tan\varphi$	岩体/岩体 C'/MPa	$\tan\varphi$	C/MPa	允许承载力 /MPa	水上	水下
	细砂岩	弱风化	2.67	2.18~2.20	5.4~5.6	40~45	16~20	2~3	0.30	0.75~0.85	0.5~0.6	0.65~0.75	0.35~0.45	0.55~0.60	0	0.8~1.2	1:0.4	1:0.45
	细砂岩	微—新鲜	2.65~2.66	2.28~2.37	2.9~3.8	70~80	25~30	3~4	0.28	0.9~1.0	0.65~0.75	0.8~0.9	0.5~0.6	0.65~0.70	0	1.5~2.0	1:0.25	1:0.3
$J_3 p l$	砂质黏土岩	弱风化	—	—	—	—	—	—	—	—	—	—	—	—	—	0.5~0.8	—	—
	砂质黏土岩	微—新鲜	2.78	2.33~2.36	5.5~6.2	7~9	5~6	1~2	0.32~0.35	0.7~0.75	0.35~0.45	0.55~0.65	0.2~0.3	※0.5~0.55	※0.1~0.2	0.8~1.2	1:0.75	1:1
	软化夹层		—	—	—	—	—	—	—	—	—	—	—	0.32~0.36	0.02~0.05	—	—	—

注 1　※为建议该值作为第①/第③层未软化接触面的深层抗滑稳定复核强度参数。
　　2　开挖边坡每 15m 设一道马道，马道宽 2.5m，并加强支护处理。

构造错动迹象，但在第③层顶面附近常见有程度不同、厚度不等的岩石软化现象。据统计，36个勘探孔、井中，有20个揭露的界面点有软化现象，软化夹层的厚度多数为1～10cm不等（表6.2-22），多沿第③层顶面断续分布，Ⅵ线以上（不含Ⅵ线）出现概率较低（18处中有8处软化），Ⅵ线以下（含Ⅵ线）出现概率明显增高（18处中有12处软化），似与界面的埋深和上覆岩层厚度有关。据统计，界面以上基岩厚度小于10m者均见软化，上覆基岩厚度10～15m者部分软化（约占50%），而上覆基岩厚度大于15m者均未见软化（表6.2-23）。上述现象表明，第④、第③层界面的软化主要受岩体风化、卸荷条件制约。第④层砂岩为中等透水岩层，下伏第③层砂质黏土岩为相对隔水的弱透水岩层，界面附近地下水长期滞留作用的结果，极易导致黏土岩软化，尤其在上覆岩层较薄、岩体卸荷松弛较强的条件下，地下水循环活动增强，则加速黏土岩的软化。随界面埋深和上覆岩层厚度的增加，岩体卸荷程度和地下水活动渐弱，界面软化的概率和程度亦减少和减弱，因而第④、第③层界面的软化表现出前述总体分布规律。同时，由于上覆岩层厚度和岩体卸荷程度的差异，以及第③层顶部岩性的不均一性，导致地下水活动的强度因地而异，因而沿第④、第③层界面形成的软化夹层的厚度和软化程度各处不一，沿界面延展方向上分布随机，总体上不连续。

表6.2-22 枢纽区第④/第③层接触关系及接触面附近软化夹层分布情况一览表

| 位置 | 孔号 | 第④/第③层接触面 | | 接触面附近软化夹层分布情况 | | | 性 状 |
		深度/m	高程/m	有/否	深度/m	厚度/cm	
Ⅷ～Ⅷ	ZK17	29.38	291.13	无			界面附近岩芯有磨损
	ZK15	22.87	288.4	有	22.87～23.03	16	黏土质粉砂岩，岩芯呈碎块，可见紫灰、灰绿色钙质条带（1cm），质软，手捏成粉，泥质感不强，不能搓条
	ZK44	21.60	288.07	无			
	ZK14	22.06	286.59	有	24.12～24.20	8	岩芯呈碎块，强度低，手捏成粉
	ZK13	19.35	286.49	有	19.35～19.44	9	原岩结构基本保持完好，质软，手捏即碎或片状剥落
	ZK11	12.48	283.28	无			
	ZK01	29.76		无			
Ⅴ～Ⅴ	Ⅴ-06	41.67	292.98	无			
	ZK08	24.43	294.12	有	24.43～24.57	14	灰绿色钙质条带富集，硬塑状，手捏成粉
	Ⅴ-04	20.48	310.96	无			紧密
	ZK06	21.25	290.97	有			21.2～22.65m，进尺1.45m，回次取芯仅70cm，据声波资料判断，可能为机械破碎
	ZK05	22.6	289.21	无			胶结紧密

位置	孔号	第④/第③层接触面		接触面附近软化夹层分布情况			性　状
		深度/m	高程/m	有/否	深度/m	厚度/cm	
V～V	V-03	22.26	287.77	有	23.27～23.3	3	无描述
	ZK03	20.06	287.92	有	20.35～20.8	45	原岩结构保持完好，质地软，手捏成粉，软、硬渐变
	V-07	15.79	286.89	无			
	ZK02	12.30	286.49	无			胶结紧密
	V-02	11.62	285.60	有	11.62～11.66	4	
	1号井			无			
Ⅵ～Ⅵ	Ⅵ-05	43.97	291.96	无			
	Ⅵ-04	22.4	294.92	有	22.42～22.44	2	
	ZK23	20.1	293.75	有	20.15～20.25	10	原岩结构保持完好，质软（失水后较硬），手捏成粉
	Ⅵ-03	21.32	290.95	有	21.93～21.95	2	
	ZK22	18.5	290.06	无			紧密、完好
	ZK21	17.92	290.6	有	17.97～18.18	21	原岩结构保持完好，强度极低，手捏成粉
	Ⅵ-02	13.4	291.22	有	13.45～13.48	3	
	Ⅵ-02	13.4	291.22	有	13.51～13.56	5	
	ZK20	12.42	288.99	无			胶结紧密
	Ⅵ06	12.88	287.87	有	12.94～12.97	3	
	2号井			无			
Ⅶ～Ⅶ	Ⅶ-05	39.4	295.02	无			
	Ⅶ-03	14.58	299.69	有	14.64～14.65	1	碎块夹泥
	Ⅶ-02	16.99	293.5	有	16.96～17.05	9	进尺特快
	ZK25	11.56	291.86	有	11.7～11.73	3	原岩结构保持完好，质软，手瓣成鳞片状剥落，手捏成粉
	Ⅶ-01	11.03		无			
Ⅸ～Ⅸ	ZK28	6.85	294.3	有	6.85～6.91	6	原岩结构完好，质软，手捏成粉
4～4	ZK42	3.77	297.53	有	3.72～4.07	35	原岩结构完好，质软，手捏成粉

表 6.2 - 23　　　　　　枢纽区第④/第③层接触面软化情况及埋深统计表

位置	孔号	软　化		未　软　化	
		埋深/m	上覆基岩厚度/m	埋深/m	上覆基岩厚度/m
Ⅷ～Ⅷ	ZK15	22.87～23.03	14.92	—	—
	ZK14	24.12～24.20	14.07	—	—
	ZK13	19.35～19.44	10.05	—	—
	ZK44	—	—	21.6	13.15
	ZK11	—	—	12.48	12.40
	ZK01	—	—	29.76	27.21
Ⅴ～Ⅴ	ZK08	24.43～24.57	14.63	—	—
	ZK03	20.35～20.80	10.85	—	—
	Ⅴ-02	11.62～11.66	11.22	—	—
	ZK06	—	—	21.25	13.15
	ZK05	—	—	22.6	14.25
	ZK02	—	—	12.30	11.4
	Ⅴ-06	—	—	41.67	17.16
	Ⅴ-04	—	—	20.48	13.78
	Ⅴ-03	—	—	22.26	11.16
	Ⅴ-07	—	—	15.79	10.47
	1 号井	—	—	31.20	31.20
Ⅵ～Ⅵ	Ⅵ-04	22.42～22.44	13.71	—	—
	ZK23	20.15～20.25	12.35	—	—
	Ⅵ-03	21.93～21.95	13.77	—	—
	ZK21	17.97～18.18	10.97	—	—
	Ⅵ-02	13.45～13.48	9.84	—	—
	Ⅵ-02	13.51～13.56	9.90	—	—
	Ⅵ06	12.94～12.97	12.40	—	—
	Ⅵ-05	—	—	43.97	21.00
	ZK22	—	—	18.5	11.92
	ZK20	—	—	12.42	11.97
	2 号井	—	—	30.60	30.60
Ⅶ～Ⅶ	Ⅶ-03	14.64～14.65	6.04	—	—
	Ⅶ-03	14.77～14.86		—	—
	Ⅶ-03	15.01～15.02		—	—
	Ⅶ-02	16.96～17.05	8.02	—	—
	Ⅶ-02	18.03～18.06		—	—
	ZK25	11.70～11.73	8.02	—	—

位置	孔号	软 化		未 软 化	
		埋深/m	上覆基岩厚度/m	埋深/m	上覆基岩厚度/m
Ⅶ～Ⅶ	Ⅶ-05	—	—	39.40	17.65
	Ⅶ-01	—	—	11.03	10.63
Ⅸ～Ⅸ	ZK28	6.85～6.91	6.10	—	—
4～4	ZK42	3.72～4.07	1.35	—	—

6.2.2.5 主要工程地质问题及处理措施

1. 建基面高程的处理

由于地下地质情况是隐蔽的，地质条件又十分复杂，因此应根据施工开挖揭露的地质情况，对建基面进行适当调整：

（1）厂房进水渠水平段设计建基高程为 294.5m，施工开挖揭示该段为原古河床部位，基岩顶板最低出露高程为 291.5m，低于设计建基高程，为保证基础持力层的均一性，对覆盖层之砂卵砾石层全部清除，基础置于砂岩上。

（2）安装间地基岩体为厚层块状砂岩，岩体完整、强度高，因此建基面高程由 293.6m 提高至 296.6m。

2. 不良工程地质问题的处理

（1）船闸上闸首及闸室段地基岩体由于受岸坡卸荷影响，顺河向裂隙十分发育，且有张开现象，对基础稳定不利，故采用并缝钢筋及埋管回填灌浆处理。

（2）冲砂泄洪闸地基为厚层状砂岩，但层间发育有较多的软弱夹层（C_5、C_6、C_7、C_{10}），且延伸较长，分布高程为 298.3～295.2m。经抗滑稳定计算，对闸室稳定不利，故冲砂泄洪闸闸室上齿槽由原 6.0m 加宽至 9.0m，下齿槽由原 4.0m 加宽至 6.0m，护坦下游齿槽由原 2.0m 加宽至 5.0m，闸室底板建基高程由原 303.0m 降至 301～302.0m，加厚底板混凝土厚度等处理措施来保证冲砂泄洪闸的抗滑稳定。

3. 岩体固结灌浆及帷幕灌浆

由于岩体为中软岩，强度相对较低，并具不均一性，岩体中存在软弱夹层，层与层之间胶结性差，地基岩体软硬相间，透水性不均一。岩体受施工开挖等因素的影响，受到不同程度的损伤，易产生松动，卸荷回弹。为增强岩体的整体性及提高地基岩体的整体承载力，降低闸基的渗透压力和减少渗漏量，降低基础的扬压力，故对闸室地基岩体进行固结灌浆及帷幕灌浆，并布置排水孔。

固结灌浆孔按梅花形布置，间排距 3m，孔深 5～8m。帷幕灌浆线沿轴线布置，孔距 2m，孔深至 267～281m 高程，帷幕线后布置有一排排水孔，孔距 3m，孔深至建基面下 10m。

从固结灌浆资料表明，地基岩体灌前透水率（q）平均为 12.81Lu，灌后透水率（q）平均为 1.20Lu，满足设计技术要求的透水率（q）小于 5Lu 的要求。帷幕灌浆资料表明，地基岩体灌前透水率（q）平均为 18.94Lu，灌后透水率（q）平均为 1.62Lu，满足设计技术要求的透水率（q）小于 3Lu 的要求。

6.2.3　金银台航电枢纽工程

6.2.3.1　工程概况

金银台航电枢纽工程位于嘉陵江中游河段，四川省阆中市河溪镇境内，距阆中市11km，为嘉陵江干流苍溪至合川段规划开发的 16 个梯级中的 1 个。设计正常高水位352.00m，与上游沙溪场梯级相衔接，尾水高程336.00m，与下游已建成的红岩子电站相接，利用水头16.00m，为航电结合工程，兼有部分提灌任务。电站设计总装机 120MW（4 台 40MW），航道船闸设计通航船队 500t 级×2 艘，年设计通过能力为 82 万 t，远期240 万 t。

枢纽由拦河闸坝、发电厂房、航道船闸 3 大部分组成。主要建筑物从右至左依次为右岸挡水坝、发电厂房、1 孔冲沙闸、14 孔泄洪闸、左岸挡水坝。坝轴线方向 N82°W，与河水流向基本垂直。坝顶高程 363.00m，坝顶全长 540.43m。航道船闸位于江左岸，利用何家沟低洼地形布置，轴线方向 N4°W，全长 1200m。

金银台航电工程可行性研究报告于 1990 年 6 月完成，于 2002 年 2 月 28 日开工建设，于 2002 年 10 月 26 日一期围堰合拢，至 2004 年 11 月 2 日二期围堰完成，并利用二期围堰蓄水，于 2005 年 4 月 28 日第一台机组发电。金银台航电工程从 1990 年开展可行性研究阶段以来，至施工结束，共完成地质、勘探和试验工作量见表 6.2 - 24。

表 6.2 - 24　　　　　　　　　地质、勘探、试验工作量汇总表

工作项目			可行性研究			初设阶段			技施设计		
			精度	单位	工作量	精度	单位	工作量	精度	单位	工作量
地质测绘	闸址	平面图	1:2000	km²/张	3.28/2	1:2000	km²/张	2.3/1	1:200	m²/张	44644/4
	船闸	平面图				1:2000	km²/张	2.3/1	1:250	m²/张	7825/1
	闸址	钻探		m/孔	1150.47/40		m/孔	928.24/32		m/孔	76.42/8
		洞探					m/洞	150.00/2			
		井探					m/井	15.00/1			
		坑槽探		m³	660.6		m³	660			
		物探		标准点	940						
	船闸	钻探		m/孔	100.51/4		m/孔	211.34/6		m/孔	37.2/3
	闸址	岩石物理力学试验		组	7		组	40			
		岩体力学试验					组	34			
		水文地质试验		段	58		段	60			

6.2.3.2　枢纽区基本地质条件

1. 地形地貌

金银台航电工程闸址位于阆中市河溪镇上游约 1.2km 的嘉陵江河段上。闸址区为低

山、丘陵地形地貌，两岸谷坡低缓，临江坡高 40～60m，山顶高程 370～550m，岸坡平均坡度 25°～40°；两岸不对称，右岸山体浑厚，左岸山梁单薄，嘉陵江主流偏右岸。

嘉陵江由北向南流经坝区后转为南东向流出，平面上形成一凸向右岸的河湾。枯水期水位 336.8m 时，江面宽 200～215m；正常蓄水位 352m 时，相应宽度为 450～485m。

2. 地层岩性

闸坝厂房区出露的地层属侏罗系上统蓬莱镇组上段（$J_3 p_2$）的砂岩和砂质黏土岩，按其岩性由老至新分为 8 层，其中①、③、⑤、⑦为泥质细砂岩夹薄层砂质黏土岩，②、④、⑥、⑧层为砂质黏土岩夹薄层砂岩，各层地质特征见表 6.2-25。

第四系松散堆积有冲积、坡残积和崩坡积等。冲积层主要分布于漫滩及阶地，左岸漫滩砂卵石层厚 2～5m；河床覆盖层浅，主河道基岩裸露；右岸漫滩粉细砂层厚 2～7m，Ⅰ级阶地上部为沙壤土层，下部为砂卵砾石层，总厚度 9～12m。坡残和崩坡积则分布于两岸平缓部位及坡脚，厚度一般 1～3m。

表 6.2-25 枢纽区各地层地质特征表

层号	代号	厚度/m	岩　性	特　征
⑧	$J_3 p_2^8$	>30	砂质黏土岩泥质砂岩	紫红色，所夹泥质砂岩单层厚小于 1m，顶部为一层厚约 0.6m 的砾岩，与上覆苍溪组地层呈假整合接触
⑦	$J_3 p_2^7$	17	泥质细砂岩	灰白色，厚层状，中细粒，相变大，时夹砂质黏土岩
⑥	$J_3 p_2^6$	37～40	砂质黏土岩夹砂岩	上部为紫红色砂质黏土岩夹砂岩，中部以砂质黏土岩为主，夹一层厚 2～4m 的砂岩，相变大。下部砂岩增多，砂质黏土岩与砂岩呈不等厚互层
⑤	$J_3 p_2^5$	16～40	泥质细砂岩	厚层状，上部为浅肉红色砂岩，中部为灰色砂岩夹 0.3m 紫红色砂质黏土岩透镜体，下部为灰白色砂岩．该层相变大，左岸厚，右岸薄
④	$J_3 p_2^4$	6～32	砂质黏土岩夹泥质砂岩	紫红色，上下部为砂质黏土岩夹薄层砂岩，中部为薄层泥质砂岩，该层相变大，左岸薄，右岸厚
③	$J_3 p_2^3$	7～17	泥质细砂岩夹砂质黏土岩	紫灰—灰白色。上部为厚层状砂岩，中部夹 1～3m 砂质黏土岩，但其连续性差，下部为厚层砂岩，②、③层界面连续，部分形成软弱夹层
②	$J_3 p_{22}$	19～22	砂质黏土岩夹薄层砂岩	紫红色，顶中部砂质黏土岩稳定，下部砂质黏土岩中夹一层约 2～3m 厚的砂岩，相变大，易尖灭，软弱夹层较发育
①	$J_3 p_2^1$	>20	泥质细砂岩夹砂质黏土岩	上部为砂岩，厚 7～10m，厚层状，中部为砂质黏土岩夹薄层砂岩，厚约 6m，下部为砂岩

3. 地质构造

工程枢纽区位于石龙场穹隆构造北翼，地层平缓，总体产状为 N70°～80°W/NE∠2°～5°，闸坝部位为 N60°～84°E/NW∠3°，地质构造简单，无较大断层发育。工程区地震基本烈度小于Ⅵ度。

枢纽区地层为软硬相间的层状岩体，层面裂隙较发育，构造裂隙大多发育在砂岩中，且不穿越砂质黏土岩，主要发育裂隙有两组：①N55°～80°W/NE∠75°～85°；②N5°～20°E/

$SE∠75°～85°$。其中第①组裂隙为走向裂隙，延伸较长，一般间距 1.5m；第②组裂隙为短小的倾向裂隙。

4. 物理地质作用

枢纽区由于岩性、岩体结构、地形条件的差异，风化表现出相应的不均一性。总体上具有由表至里风化程度由强渐弱，左右两岸风化深度较河床大的特点。就岩性而言，砂质黏土岩由于强度低，亲水性强，具遇水软化、失水干裂崩解的特点，故其风化速度快，但风化深度小；砂岩强度相对较高，抗风化能力相对较强，风化速度较慢，但由于受裂隙切割，微细层理发育，故其风化深度较大。

闸址左岸主要由第⑤层砂岩构成，山梁单薄，风化深度较大，据闸址钻孔揭示，局部强风化深度达 25.99m；左岸漫滩部位基岩强风化深度一般为 5～9m，最深达 11.5m；向河床逐渐变浅，主河床部位无覆盖层，出露基岩为第③层砂岩，风化浅，一般强风化深度为 1～5m，局部地段无强风化岩体；右岸漫滩及阶地部位基岩面以下强风化深度一般为 4～10m，最深可达 11m。

右岸岸坡强风化深度小于左岸，据 1 号平洞揭示，强风化水平深度为 25m。

枢纽区两岸虽然坡高不大，但卸荷作用表现较强烈。探洞揭示，左岸强卸荷水平深度为 25m 左右，右岸为 30m 左右；而河床部位卸荷作用相对较弱。

5. 水文地质条件

枢纽区地下水可划分为第四系松散堆积孔隙水和基岩裂隙水两大类，且以基岩裂隙水为主。第四系松散堆积孔隙水主要分布在河谷阶地、漫滩堆积中，因而含水层分布有限，受大气降水和河水补给，水位随季节变化而变化。

钻孔压水资料表明，枢纽区基岩多属中等强度透水和弱透水岩体，微风化岩体透水率为 2Lu，强风化岩体透水率为 8Lu 左右，谷坡两岸岩体因卸荷作用相对较强烈，为较强透水岩体。建筑物地基岩体由浅至深透水性逐渐减弱。

枢纽区地下水矿化度一般为 0.2082～0.4180g/L，最大为 0.5213g/L，pH 值一般为 7.4～7.7，地下水水质为重碳酸钙型水；枢纽区河水矿化度一般为 0.2425～0.2665g/L，pH 值为 7.6～7.8，河水水质为重碳酸钙镁型。水质分析表明，枢纽区地表水、地下水对水泥皆无腐蚀性。

6.2.3.3 岩体物理力学特性

金银台航电工程地处典型的嘉陵江红层地区。地层产状平缓，岩层软硬相间，构造不发育，岩体中软弱夹层普遍存在。枢纽区在各研究阶段，结合水工布置，进行了一定数量的岩体物理力学性质试验，基本反映了枢纽区岩体的物理力学特征。

枢纽区各类岩石均属较软岩和软岩，具有湿抗压强度低、软化系数大、弹性模量较低、吸水率较大等特点。相对而言，砂岩强度较高，完整性较好，湿抗压强度为 13.2～20.2MPa，个别达 52.8MPa；但不同层次、不同部位的砂岩，由于结构面发育程度、胶结物类型和风化卸荷的差异而有所不同。砂质黏土岩强度低，湿抗压强度为 7.9MPa，且具有易风化、遇水崩解软化、失水干裂等特点；不同埋藏条件其完整性和力学性质差异较大。

在现场试验成果基础上，参考室内试验成果，结合嘉陵江上已建和在建的类似工程实例类比分析，给出了各类岩体物理力学参数（表 6.2-26）。

表 6.2 - 26　岩体物理力学参数建议表

项目	比重	密度/(g/cm³) 干	密度/(g/cm³) 湿	普通吸水率/%	抗压强度/MPa 干	抗压强度/MPa 湿	软化系数	允许承载力[R]/MPa	变形模量 E_0/GPa	弹性模量 E/GPa	泊松比 μ	岩石/岩石 $\tan\varphi'$	岩石/岩石 C'/MPa	混凝土/岩石 $\tan\varphi'$	混凝土/岩石 C'/MPa	结构面 $\tan\varphi'$	结构面 C'/MPa	抗剪强度 结构面 $\tan\varphi$	抗剪强度 结构面 C/MPa	建议开挖坡比 临时	建议开挖坡比 永久
泥质细砂岩 新鲜	2.70	2.42~2.43	2.51~2.53	2.35~3.75	50~60	20~25	0.4~0.42	1.6~2.0	2.0~2.5	3.0	0.25~0.28	1.0	0.3	0.71	0.2	0.70	0.15	0.6	0	1:0.35	1:0.4
泥质细砂岩 弱风化	2.68	2.23~2.27	2.38~2.39	4.4~6.0	45~50	15~20	0.33~0.40	1.5~1.8	1.5~2.0	2.5	0.28~0.30	0.8	0.25	0.65	0.15	0.63	0.10	0.51	0	1:0.35	1:0.5
泥质细砂岩 强风化																				1:0.6	1:0.75
砂质黏土岩 新鲜	2.77	2.4	2.53	5.5	30~35	7~8	0.23	0.8~1.0	1.0	1.5	0.32~0.34	0.45	0.2	0.40	0.10	0.4	0.05	0.35	0	1:0.5	1:0.75
砂质黏土岩 弱风化									0.5~0.7	1.2	0.34~0.36	0.40	0.16	0.35		0.35	0.025	0.33	0	1:0.5	1:0.75
砂质黏土岩 强风化																				1:0.75	1:1

6.2.3.4　软弱夹层特征

枢纽区软弱结构面主要为岩层内部的软弱夹层。依据夹层的风化程度、物质组成及性状，大致划分为碎屑夹泥型、泥夹碎屑型和纯泥夹层型 3 大类。从成因分析看，为岩性、地质构造及风化卸荷综合影响的产物。枢纽区软弱夹层主要分布在第③层砂岩与第②层砂质黏土岩界面及第②层砂质黏土岩内部。第③、第②层界间的软弱夹层以碎屑夹泥型为主，其次为泥夹碎屑型；第②层砂质黏土岩内软弱夹层大都顺层面发育，一般为泥夹碎屑型和碎屑夹泥型，个别为纯泥夹层，且分布具随机性，连续性差。勘探揭示夹层厚度一般为 2~6cm，少量达 10~20cm。

由于软弱夹层主要分布在第③、第②层界及第②层砂质黏土岩内，以碎屑夹泥型为主，其次为泥夹碎屑型，纯泥夹层仅在强风化带内可见。试验结果表明：软弱夹层物质成分以蒙脱石、伊利石为主，具干容重低、亲水性强、力学指标低的特点。在试验成果基础上，参考室内试验成果，结合嘉陵江上已建和在建的类似工程实例类比分析，给出了软弱夹层物理力学参数（表 6.2-27）。

表 6.2-27　　　　　　　　软弱夹层物理力学指标建议值表

项目	密度/(g/cm³)		变形指标	抗剪断强度		抗剪强度		允许坡降
	干	湿	变形模量	结构面		结构面		
			E_0/GPa	$\tan\phi'$	C'/MPa	$\tan\phi$	C/MPa	J
碎屑夹泥型	1.71	2.01	0.03	0.32	0.010	0.30	0.007	3.0
泥夹碎屑型	1.53	1.96	0.02	0.30	0.015	0.25~0.28	0.010	3.5

6.2.3.5　主要工程地质问题及处理措施

1. 右岸挡水坝

（1）对砂质黏土岩地基的处理，由于该类岩石易风化，开挖后不能及时覆盖，在浇筑前必须再作清理，因此该类地基均略有超挖。

（2）在闸 0+207 处的卸荷裂隙，张开宽达 12~35cm，深 2~5m，不能满足要求，做了彻底清除，并用 C10 混凝土回填。

（3）对右挡水坝上游侧高边坡，因施工中已出现拉裂缝，除已打二排锚杆作了临时处理外，对顶部的第⑥层砂质黏土岩进行挂网喷护。其他的砂质黏土岩经清理风化层后，用素混凝土喷护，搭接上下砂岩 50cm。对回车场当头的砂岩只在破碎部位进行喷护。

（4）天然地质条件能满足建坝要求，但岩体中有中陡倾角裂隙和层面裂隙发育，又存在软弱夹层，施工中受开挖爆破影响，岩体受到不同程度的破坏。因此，对坝基岩石进行了固结灌浆，孔深 5~8m，间排距 3m×3m。右岸挡水坝固结灌浆成果见表 6.2-28。根据固结灌浆成果表可见，在红层中处理软弱夹层灌浆效果良好。

2. 厂房

（1）对拦砂坎、进水渠起始段和安装间及主机间砂质黏土岩部位的风化层均作了超挖处理。

（2）对主机间右侧垂直临时边坡两处阳角、松弛岩体作了截角处理，保证了墙体的永久稳定和下步施工的安全。

表 6.2-28　　　　　　　　　　右岸挡水坝固结灌浆成果表

灌浆部位	位置（桩号）		灌前透水率/Lu	总耗用水泥量		单位注入耗灰量		灌后透水率/Lu	基本地质情况
	闸	坝		注入量/kg	废弃量/kg	灌浆段长/m	单位耗灰/(kg/m)		
右坝 1 区	0-103.53~0-123.03	0+000~0+021.25	7.79	3963.4	1209.4	186	21.389	1.52	层状砂岩
右坝 2 区	0-123.03~0-143.03	0+000~0+018.5	4.36	2248.3	910.4	161	13.965	0.96	弱风化砂岩
右坝 3 区	0-143.03~0-163.03	0+000~0+015.5	2.23	1445.1	1000.1	133	10.865	1.52	砂岩和砂质黏土岩
右坝 4 区	0-163.03~0-183.03	0+000~0+011.25	6.95	3203.7	828.4	136	23.567	0.896	砂质黏土岩

（3）在安装间和主机间地基四周进行了固结灌浆，孔深 5~8m，孔排距 3m×3m，呈梅花形布置。从灌浆成果看，吃浆量不大，大多数孔耗用水泥量均在 0.5t 以下，少数孔为 0.5~3.0t，个别孔略大于 3t。灌后检查孔压水试验透水率值大都为 0.02~2.0Lu，只有安装间靠近主机间的 4 号块略偏大为 3.59~3.63Lu，但均小于 5Lu，达到要求。主机间和安装间地基固结灌浆效果好。

3. 泄洪冲沙闸

（1）闸 0+050~0+094，坝 0+000~0+37 坝块地基施工揭示的地质条件较前期判断得好，施工时采取了基础抬高，将建基面抬高至 324m 高程（抬高了 1.5~2.0m）。

（2）闸 0+144 一带出现了剪切破碎带，破碎带不仅强度低，还局部出现有空腔，不能满足建基要求，施工时采取了如下处理措施：

1）继续顺破碎带空腔方向开挖 5m，使闸基砂岩有 3m 厚度。由于破碎带倾角变陡，开挖至 0+138 和 0+140 后，破碎带以上砂岩已达 4m，空腔大部分消失，变成碎石角砾岩。

2）再沿破碎带掏挖，挖至 20~50cm 后，碎石角砾岩已结构紧密，用钢钎难以挖掘，然后用微膨胀混凝土回填。对上下游齿槽出现的破碎带也分别作了槽挖处理。

3）结合原有的固结灌浆加强处理，该段吃浆量很大，单位耗灰量多达 145.85kg/m。灌后钻孔检查，破碎带固结良好，压水试验透水率值为 1.1Lu，达到预计目的。泄洪冲沙闸固结灌浆成果见表 6.2-29。

从固结灌浆成果中可以看出：①因断层和构造裂隙发育情况的不一，吃浆量有从左向右由大变小的特点。在裂隙发育又有破碎带的Ⅲ号块段，单位耗灰量高达 145.854kg/m，而右侧冲沙闸块段仅 23.22kg/m。②除砂岩中的裂隙外，受施工开挖爆破影响，岩体受到不同程度的破坏，可灌性普遍较好。③地层灌前透水率为 7.24~151.59 Lu，灌后为 1.39~3.06Lu，达到设计要求。

（3）0+168~0+242.4 坝段，护坦和下游齿槽左侧部位地基中出现了强度低的砂质黏土岩和破碎带，施工时对护坦部分采取了刻槽、混凝土回填处理，下游齿槽左侧直接挖至弱风化和新鲜岩体。

表 6.2-29　　　　　　　　　　　泄洪冲沙闸固结灌浆成果表

灌浆部位	位置（桩号）		灌前透水率/Lu	总耗用水泥量		单位注入耗灰量		灌后透水率/Lu	基本地质情况
	闸	坝		注入量/kg	废弃量/kg	段长/m	单位耗灰/(kg/m)		
闸室 Ⅲ	0+136.2～0+168.7	0+000～0+035	151.59	7686.53	11829.3	527	145.85	2.65	小断层和较多裂隙
闸室 Ⅳ	0+104.2～0+136.2	0+000～0+035	21.45	36878.5	666.1	429	85.964	3.063	有较多裂隙
闸室 Ⅴ	0+071.7～0+104.2	0+000～0+035	16.99	16729.8	3789.6	390	42.897	1.63	有裂隙发育
闸室 Ⅵ	0+039.2～0+071.7	0+000～0+035	8.83	11912.6	3631.4	390	30.545	1.73	少量裂隙
闸室 Ⅶ	0+000～0+039.2	0+000～0+035	7.24	11053.3	4140.6	476	23.22	1.39	少量裂隙

4. 左岸挡水坝

岩体完整性较好，有少量构造裂隙发育，但层面和爆破裂隙仍较多，在高程 342.5m 以下至高程 326m 平台均做了固结灌浆。在高程 346m 平台，由于砂岩完整，坝又不高，经现场研究，取消了三排固结灌浆孔。

第7章

结　论

（1）红层是一种外观颜色以红色系为主的陆上沉积地层。在我国主要是指形成于三叠纪、侏罗纪、白垩纪和古近纪的湖相、河流相、河湖交替相或是山麓洪积相的陆相碎屑岩，其岩性有砾岩、砂岩和泥岩，以泥质胶结为主，也有钙质或铁质胶结。嘉陵江红层是指以嘉陵江流域分布的红层为代表，形成于侏罗纪—白垩纪，是一套砂岩与泥岩不等厚互层、软硬相间的地层组合岩体；并将四川盆地一带沉积的红层统称为嘉陵江红层，也有称四川红层。

（2）从形成原因分析，嘉陵江红层是在炎热干燥的古气候环境条件下，岩石风化作用强烈，可以产生大量碎屑物源，且氧化作用较为强烈，其中 Fe^{2+} 氧化成了 Fe^{3+}，从而形成了红色的外观。嘉陵江红层的沉积建造伴随着古四川盆地形成的过程。早三叠世时的印支运动时期，古四川盆地处于副热带高气压带与信风带控制下的干热气候条件，四川东部进入稳定的地台发展阶段，并开始接受地层沉积。中、晚三叠世古四川盆地气候趋于潮湿，受印支运动进一步影响，扬子地台与其北面的陆块对冲拼接，在盆地北面形成了规模宏大的印支褶皱山系，从此结束了盆地台地碳酸盐相的沉积建造历史，开始了古四川盆地的嘉陵江红层沉积历史。侏罗纪—白垩纪，古四川盆地又恢复了干热气候环境，沉积了巨厚的嘉陵江红层。印支晚期的地壳运动，促使古四川盆地格局初步形成。

（3）从沉积环境分析，嘉陵江红层属于内陆河湖相沉积，沉积物多以碎屑、黏土沉积为主，岩石碎屑多具棱角，分选性差，在水平方向上岩相变化大，含陆生生物化石。沉积环境主要有：湖泊沉积环境、河流沉积环境、河湖过渡期的河湖交替沉积环境；特定的地质历史时期、地区、特定气候、沉积条件相关联的盐湖沉积环境和风成沙漠沉积环境。沉积相有半深水湖相、浅湖相、滨浅湖相、河湖交替相、洪泛平原相、河流相、冲积扇相、干旱盐湖相、风成沙漠相。

（4）沉积分布规律表明：嘉陵江红层主要分布在四川盆地及周边的嘉陵江流域、涪江流域、渠江流域、沱江流域、岷江下游流域、雅砻江下游流域、金沙江下游流域、长宁河流域、赤水河流域、长江的川江流域等区域。根据地形地貌、地层岩性和地质构造的差异，将嘉陵江红层的分布分为三个区，分别是盆西北区、盆中区、盆东区，其中盆西北区又分为盆东亚区和盆北亚区。四川盆地由北西向南东或由北向南方向，从盆缘的龙门山或大巴山前缘的冲积扇相，向盆地中部依次为河流相—河湖交替相；最后，远离物源山系的盆地中心地带及东南部或南部一般为滨浅湖相—半深水湖相。盆地沉积物物源主要来源为北西侧及北侧—北东侧推覆构造山系的风化剥蚀产物，受上述两个条件控制，四川盆地不同地质时期红层的岩性组合特征可显出明显的沉积分异、分带变化规律，即近盆周山体的前缘一带均沉积了砾岩、含砾砂岩等粗碎屑岩，向盆地中心过渡带则为砂岩、粉砂岩等，湖盆中心地带则为粉砂质泥岩、泥岩、页岩及泥灰岩等。显示了盆地内从北西向南东，或由北向南岩石的颗粒粒径由粗到细的总体趋势。

（5）岩体的基本特性表明：红层岩体形成时代较新，所经历的地质运动较少，地质构造较为简单，岩层近于水平或呈缓倾的单斜地层。岩性是一套砂岩与泥岩互层、软硬相间的层状结构地层，强度和变形差异大，层理及缓倾角软弱夹层发育，抗风化能力低，具有遇水软化、崩解，失水开裂、剥落的特点。是水电水利工程建设中较为特殊的地质体。总之，从早侏罗世到古近纪的各地质历史沉积期，红层岩石的岩性组合受沉积盆地的逐渐萎缩、沉积环境的变化，从以泥页岩为主，向砂泥岩互层过渡变化的总体趋势明显。

红层岩石中的砂岩与泥质粉砂岩属于碎屑岩类岩石，砂岩碎屑物含量一般占 $61\%\sim75\%$，大者可达到 $80\%\sim85\%$，胶结物（含杂基）含量一般为 $25\%\sim40\%$。碎屑物主要成分为石英（$70\%\sim90\%$），其次为长石（$10\%\sim25\%$），还有少量的岩屑（一般小于 10%）。胶结物（含杂基）主要为泥质物和钙质物，其中钙质含量一般为 $10\%\sim20\%$，小者为 $4\%\sim8\%$；泥质物一般含量为 $10\%\sim20\%$，大者达 $30\%\sim38\%$，小者约 5%。碎屑物成分以石英为主，其次为长石及岩屑；胶结物（含杂基）成分一般以泥质为主，其次为钙质物。化学成分分析试验成果表明两者主要成分是 SiO_2，其次是 Fe 和 Al 的倍半氧化物（R_2O_3），CaO 及 MgO 少量。砂岩与泥质粉砂岩化学成分总体上是相当的，但砂岩的 SiO_2 大于粉砂质泥岩，R_2O_3 两者相当，砂岩的 CaO 及 MgO 小于粉砂质泥岩。

岩石的泥质物一般为隐晶尘状泥质，少量为鳞片状水云母（伊利石），它多被 $2\%\sim3\%$ 的铁质浸染，这是红层岩石在颜色上呈现红色系（紫红、棕红、褐色）的主要内在因素。钙质物多为隐晶或微晶方解石与泥质物相混。粉砂屑粒径一般为 $0.02\sim0.06mm$，成分以石英为主，其次为长石及其他成分的岩屑。粉砂质泥岩与泥岩物质成分的对比结果表明，泥岩的泥质物含量高于粉砂质泥岩，粉（砂）粒级的岩屑（粉砂屑）小于粉砂质泥岩，钙质与铁质二者基本相当。

（6）成岩期岩相古地理演化史分析表明，嘉陵江红层的岩相、古地理环境及其变迁决定了红层的矿物组成、结构、构造等基本岩石学特征，同时在很大程度上也影响了后期地质构造作用及浅表生地质作用对红层改造作用的方式、程度等。晚三叠世时期，受印支运动进一步影响，扬子地台与其北方的陆块对冲拼接，在四川盆地北方形成了规模宏大的印支褶皱山系，主要包括北侧的秦岭褶皱系和西北侧的巴颜喀拉褶皱系，从此结束了盆地台地碳酸盐相的沉积建造历史（即海盆期），进入陆内坳陷盆地沉积阶段，开始了古四川盆地的红层沉积历史。根据盆地及周边的构造演化进程、沉积环境及岩性组合等特征，可将古四川盆地红层沉积建造历史分为早侏罗世—中侏罗世早期的陆内坳陷盆地沉积期、中侏罗世中期—早白垩世时期的山前坳陷盆地沉积期、中晚白垩世—古近纪时期的盆地萎缩沉积期。这三个时期具有不同的沉积环境、物源条件、构造变动（地壳运动）频率和幅度等特征，因此盆地不同部位、不同时期红层的建造及后期改造特征具有差异性。

（7）红层的构造及浅表生改造作用受多种因素影响。岩体是在原生建造的基础上受后期各种构造及表生改造作用形成的综合地质体，这种改造主要表现为在构造应力场作用下形成的各种结构面，包括各种剪切错动破碎带及构造裂隙；近地表岩石的风化卸荷作用形成的岩石风化裂隙及卸荷裂隙等结构面。

根据地质构造成生关系及其特点，嘉陵江红层区的构造分为盆西断褶区、盆中平缓褶皱区、盆东条形褶皱区，三个构造分区可表现出不同的构造变形特征。位于盆地中央的盆中平缓褶皱区受构造影响轻微，岩层基本保持着成岩时期的产状特征，近于水平，岩体中构造裂隙不发育。位于盆地西部的盆西断褶区晚古生代受印支板块强烈俯冲推挤，构造活动强烈，不仅使该区红层沉积环境动荡，还极大地改造了原岩产状，破坏岩体的完整性，常见剪切错动带。位于盆地东部的盆东条形褶皱区，其代表性构造为广泛分布于川东地区近于平行的窄背斜和宽向斜组合而成所谓的隔挡式右行雁列褶皱带。构造作用对岩石建造改造的后果是，在岩石建造中形成了不同规模结构面，这些结构面有断层带、剪切错动带（或称为软弱夹层）、裂隙，由此形成了不同的岩体结构，控制着岩体的工程力学强度，如抗剪强度、变形模量等。

红层浅表生改造主要表现为岩石的风化，影响岩体风化因素主要有岩性、构造作用及地形地貌，岩体风化分为强风化、弱风化及新鲜。表层强风化带厚度一般小于弱风化厚度，其强风化厚度为 2～6m，弱风化厚度为 3～9m。泥质含量重的岩石，表层强风化深度相对较大，体现了物质组成对风化作用的影响。各种岩石的风化带厚度变化较大，这反映了影响岩石风化的地形地貌、构造等因素的综合作用。卸荷作用将引起陡坡部位岩体卸荷拉裂，缓坡部位结构面张开松弛，岩体完整性变差，透水性增强，更有利于软弱夹层的形成和发展。

（8）岩体物理力学特征是水电水利工程的重要基础参数，参数取值的合理性对工程的经济性和安全性影响十分重要。岩石的物理力学特性研究，主要根据不同岩性、风化情况等，采取现场取样、室内试验的方法进行研究。岩体的物理力学特征研究，主要采取现场大型试验、声波测试、压水试验、节理裂隙调查等，经综合分析整理、工程类比等方法进行研究。泥岩类强度低，弱风化泥岩抗压强度一般为 3～12MPa，强风化泥岩抗压强度一般小于 3MPa。粉砂岩天然抗压强度一般为 14～32MPa，泥质粉砂岩一般为 9～18MPa。由于砂岩具砂质结构，钙泥质胶结，故容易风化，抗压强度偏低。白垩系砂岩石料干样平均抗压强度为 45.5～109.6MPa，饱水后降低为 25.33～56.83MPa；而侏罗系砂岩石料干样平均抗压强度为 21.78～89.60MPa，范围值小于白垩系砂岩，饱水后降低为 15.83～62MPa，范围值变化较大。岩石的软化系数大多数都小于 0.75，所以砂岩为易软化岩石，也较易风化。

相关工程变形试验成果统计表明：红层微新砂岩变形模量多为 1～10GPa，最高达13.6GPa；微新砂质泥岩变形模量多为 0.2～3GPa，最高可达 7GPa。总体其量值大小与岩体强度相适应，嘉陵江干流相对较高，红层岩体是较明显的弹塑性体，其变形以塑性变形为主，弹性变形相对较小。变形岩体应力-应变曲线主要表现为下凹形、上凹形和直线形。在不受开挖和浸水影响的情况下，一般砂质泥岩抗剪强度摩擦系数 f' 值为 0.45～0.65，黏聚力 C' 值为 0.1～0.3MPa；砂岩抗剪强度摩擦系数 f' 值为 0.65～0.9，黏聚力 C' 值为 0.3～0.7MPa。

（9）嘉陵江红层软弱夹层是指岩体中平行于层面发育的具有一定规模、结构松软、强度低的结构面，有的工程也称软化夹层、泥化夹层、软弱层带、缓倾断层带、构造破碎带、剪切带等。成因主要是岩体中的原生结构面（如层面）、层间和层内构造剪切错动面经后期的浅表生地质改造而形成的一种强度低、工程地质性状差的特殊结构面。

据勘察资料初步统计，一般砂岩内发育的软弱夹层，以岩块、岩屑为主，其次是泥；泥岩内发育的软弱夹层，则是以泥为主，其次是岩屑。岩块、岩屑形状主要呈棱角状，仅有构造挤压的才呈次棱角状。软弱夹层的矿物成分以伊利石等黏土矿物为主，其次为方解石、石英及少量氧化铁矿物含量。黏土矿物中伊利石含量普遍较高，一般为 25%～40%；其次为绿泥石，含量为 5%～30%；而蒙脱石和高岭石含量普遍很少，一般不超过 10%。而非黏土矿物中，石英含量比较均一，多为 10%～20%；长石含量较少，多为 5% 以下；方解石含量一般为 10%～20%，个别达 43%；氧化铁矿物含量总体较少，多小于 2%。由此可见，软弱夹层是多种矿物成分及不同含量的复杂的高分散体系。红层中软弱夹层的化学成分，也与母岩化学成分基本一致，主要是硅、铝、钙、铁、镁、钾的氧化物及挥发物质。

据部分工程试验成果，岩屑夹泥型软弱夹层湿密度为 2.14～2.23g/cm³，干密度为 1.93～2.01g/cm³，孔隙比为 0.42～0.46，含水率为 10.78%～12.3%，属低液限粉（黏）土。岩块岩屑型软弱夹层，砾粒组含量平均为 67.47%，砂粒含量平均为 10.57%，粉粒含量平均为 11.83%，黏粒含量平均为 18.79%，属碎石土类。岩屑型软弱夹层，天然状态下粗细颗粒含量差异，导致其物性指标比变化较大，其中干密度最大为 2.08g/cm³，最小为 1.39g/cm³；孔隙比最大为 0.97；最小为 0.31；含水率最大为 9%，最小为 2.1%，属低液限粉土质砾。碎屑夹泥型抗剪断强度摩擦系数 f' 为 0.36～0.44，黏聚力 C' 值为 0.025～0.25MPa；泥型夹层抗剪断强度摩擦系数 f' 为 0.2，黏聚力 C' 值为 0.013MPa。从多项工程的室内强度试验结果可以看出，软弱夹层内摩擦角平均值为 18°～26.3°，对应摩擦系数 f 为 0.32～0.50，黏聚力一般小于 10kPa，最大也仅为 20kPa 左右，与现场抗剪试验相比，摩擦系数基本相近，而黏聚力取值范围相对要小，这正是由于室内试样配制过程可能造成含水量变化和结构差异所导致的。

（10）嘉陵江红层地区的水电水利工程地质问题主要表现为变形稳定问题、坝基抗滑稳定、坝基渗漏问题、边坡稳定问题，以及由红层岩体特殊组分而产生的类岩溶渗漏、膨胀变形稳定和岩体快速风化等特殊工程地质问题。

1）坝基岩体变形问题。由于岩体内多发育各种类型的软弱夹层及裂隙等不连续结构面，加之软硬相间，在荷载作用下，这些结构面部位和软硬岩层接触部位将出现应力集中现象，变形也将会比其他部位大，从而导致岩体内部出现明显的不均匀变形（沉降）。大量工程实践证明，红层地区坝基岩体变形主要问题是由于软硬相间的变形模量差异，以及缓倾地层中软弱夹层发育，从而导致的坝基岩体不均一变形问题，且不均一变形随着岩层倾角的增大有逐渐严重的趋势。设计中，为提高坝基岩体的抗变形能力，减小不均匀变形，常常采用地基固结灌浆、局部混凝土置换以及增加基础底板本身的结构刚度等处理措施，使坝基变形问题得到了很好的解决。

2）坝基在抗滑稳定方面有几个特点：①混凝土与岩体接触面及岩体本身抗剪强度低；②产状平缓，顺层分布的软弱夹层，与近于垂直层面的构造裂隙组合下，容易产生受软弱夹层控制的深层滑动；③抗滑稳定类型多为浅层滑动和软弱夹层控制的深层滑动。施工过程中主要采用以下措施：首先考虑挖除，其次是采用部分置换并加设钢筋，再者考虑在基础上下游布设齿槽截断软弱夹层，也可以在基础下游增设混凝土抗力体或采用锚索。

3）红层岩体总体透水性弱，一般不存在水库渗漏问题，渗漏问题主要表现为坝址区的坝基渗漏和坝肩的绕坝渗漏，而坝基或坝肩岩体（弱风化—微新）透水率一般都小于10Lu，属弱透水层，进行必要的帷幕灌浆即可满足防渗要求。具体措施主要有：帷幕灌浆等常规措施和截水槽、防渗墙、铺盖、堵塞、排渗沟、减压井等特殊情况下的针对性措施。

4）由于红层岩体具有强度低、变形大、水敏性强、容易风化剥落、缓倾结构面（软弱夹层）发育等特征，导致岩体边坡开挖后自稳能力差，若坡面不加以防护，在风化卸荷作用下会逐渐产生剥落、掉块甚至局部崩塌，进而引起边坡失稳。通常情况下，顺向边坡会发生滑移-拉裂破坏，反向边坡则会发生压缩-倾倒变形。

（11）红层由砂岩与泥岩互层的组成，大多数以泥岩为主，岩石强度低，抗风化能力弱，特别是泥岩抗风化能力极弱，若暴露地表被雨淋后仅几小时至十几小时后岩石表面就有一层风化泥，具有遇水软化、崩解和失水开裂、剥落的明显特点。嘉陵江红层分布地区一般构造不发育，地层较平缓，沿层面软弱夹层发育。因此，其工程地质勘察思路要紧密结合嘉陵江红层的特点，选用经济、合理的勘探工作量和试验方法，全面、快速、准确查明工程区的工程地质条件。勘察的重点是查明工程区岩体内软弱夹层的产状、宽度、长度、物质组成和物理力学特性等。勘察布置原则方面应在工程地质测绘的基础上，采用由点到面、点面结合、抓住重点、兼顾全面的原则。结合工程布置，确定主勘探线，首先对主勘探线覆盖层地段进行勘探，其次进行其他部位的勘探，由勘探线到勘探网。

（12）总体说来，嘉陵江红层地区地形平缓，河谷开阔，地层近水平，构造不发育，岩体强度低，承载力弱，软弱夹层发育，且砂岩类和泥岩类呈互层状软硬相间，泥岩类具有遇水软化、崩解，失水开裂、剥落的特点。因此，嘉陵江红层水电工程建设存在的主要工程地质问题是承载变形稳定问题、坝基抗滑稳定问题、坝基渗漏问题、边坡稳定问题。在勘察工作中要充分利用先进的SD金刚石半合管系列钻具、SM植物胶等取芯技术，将易泥化的软弱夹层原状取出，对分析软弱夹层的成因、物理力学特性研究能起到了很大的帮助；同时利用孔内电视直观观察软弱夹层；利用地震层析成像（CT）测试技术了解软弱夹层的连通情况；对软弱夹层开展相关物理力学性质试验。红层地区已建成的众多水电水利工程实践表明，只要认识到红层特殊的物理力学性质和工程地质特性，重视勘察工作，主要地质问题处理措施有针对性，在红层地区修建水电水利工程是可以取得较好的效果的。

参 考 文 献

[1] 冯强. 四川红层泥岩的分布及其路用性能研究 [D]. 成都：西南交通大学，2011.

[2] 刘宝珺. 沉积岩石学 [M]. 北京：地质出版社，1980.

[3] 王子忠. 四川盆地红层岩体主要水利水电工程地质问题系统研究 [D]. 成都：成都理工大学，2011.

[4] 郭正吾，邓康龄，韩永辉，等. 四川盆地形成与演化 [M]. 北京：地质出版社，1996.

[5] 万宗礼，聂德新. 坝基红层软岩工程地质研究与应用 [M]. 北京：中国水利水电出版社，2007.

[6] 徐瑞春，周建军. 红层与大坝 [M]. 武汉：中国地质大学出版社，2003.

[7] 戴广秀，凌泽民，石秀峰，等. 葛洲坝水利枢纽坝基红层内软弱夹层及其泥化层的某些工程地质性质 [J]. 地质学报，1979 (02)：153 - 165.

[8] 祝光新. 东西关水电站红层中软弱夹层分布特征 [J]. 水电站设计，1996 (3)：41 - 42.

[9] 冯建元，吴建中，刘基华. 亭子口水利枢纽软弱夹层特征与分布规律的研究 [J]. 资源环境与工程. 2008，22 (z1)：13 - 15.

[10] 曾锋，彭静. 红层地区软弱夹层地质问题研究 [J]. 人民长江，2011，42 (22)：15 - 17.

[11] 谭超，潘国耀，刘宗祥，等. 川东红层丘陵区软弱夹层工程特性 [J]. 四川地质学报，2011，31 (02)：212 - 214.

[12] 陈向荣. 升钟水库坝基软弱夹层抗滑稳定的工程地质研究 [C] // 四川省水利学会工程地质论文集. 成都：成都科技大学出版社，1994.

[13] 刘小伟，谌文武，张帆宇，等. 新近系红层软岩流变特性试验研究 [J]. 中国沙漠，2012 (5)：1268 - 1274.

[14] 南京市建设委员会. 南京地区建筑地基基础设计规范 (DBJ32/J12—2005) [S]. 北京：中国建筑工业出版社，2005.

[15] 李克俭，余志武，杜长学，等. 长沙市地基基础设计与施工规定 (DB443T/010—1999) [S]. 长沙：湖南科学技术出版社，1999.

[16] 王卫平. 长沙市"红层"中极软岩石地基承载力的确定 [J]. 湖南地质，2002，21 (2)：130 - 132.

[17] 刘思海，朱的有，谢晖，胡锦军. 屯溪地区"红层"中风化的划分与力学性质 [J]. 西部探矿工程. 2003 (6)：35 - 37.

[18] Lekhnitskii S G. Theory of elasticity of an anisotropic elastic body [M]. San Francisc：Holdenn - Daty lnc，1963.

[19] Lekhnitskii S G. Theory of elasticity of an anisotropic body [M]. Moscow：Mir Publishers，1981.

[20] Kayabasi A, Gokceoglu C, Ercanoglu M. Estimating the deformation modulus of rock masses：a comparative study [J]. Int J Rock Mech Min Sci. 2003，(40)：55 - 63.

[21] Gokceoglu C, Sonmez H, Kayabasi A. Predicting the deformation modulus of rock masses [J]. Int J Rock Mech Min Sci. 2003，(40)：701 - 710.

[22] 周维垣，杨延毅. 节理岩体力学参数取值研究 [J]. 岩土工程学报，1992，14 (5)：1 - 11.

[23] 刘东燕，朱可善. 含断续节理岩体的各项异性研究 [J]. 岩石力学与工程学报，1998，17 (4)：366 - 371.

[24] 胡卸文，钟沛林. 似层状结构岩体变形参数的软弱层带厚度效应 [J]. 岩石力学与工程学报，

2002，21（9）：1302－1306.

[25] 张志刚，乔春生．改进的节理岩体变形模量经验确定方法及其工程应用［J］．工程地质学报，2006，（02）：233－238.

[26] 刘彬．软硬相间层状岩体变形参数理论研究及工程应用［D］．成都：成都理工大学，2006.

[27] 聂德新．岩体的场位特征及其工程应用［J］．工程地质学报，2000，8（1）：68－72.

[28] 李迪．软岩的变形和破坏特征［M］．北京：北京工业大学出版社，1998.

[29] 万宗礼，聂德新．坝基红层软岩工程地质研究与应用［M］．北京：中国水利水电出版社，2007.

[30] Walstorm E E. Dam foundations and reservoir sites［M］. Elesevier，1974.

[31] Zaruba Q，Mancl V. EngineeringGeology［M］. Elesevier，1976.

[32] 李仲春．论万家寨坝基夹层抗滑稳定性地质评价［J］．水利水电工程设计，2001（1）：1－7.

[33] 任正兰，金蕾，万学军．高坝洲水电站大坝抗滑稳定分析［J］．水力发电，2002（3）：23－38.

[34] 戴会超，苏怀智．三峡大坝深层抗滑稳定研究［J］．岩土力学，2006，27（4）：644－647.

[35] 黄润秋，林锋，吴琦．武都水库坝基岩体深层抗滑稳定问题专题研究［R］．成都：成都理工大学，2006.

[36] 王思敬．坝基岩体稳定分析［M］．北京：科学出版社，1998.

[37] 潘家铮．建筑物的抗滑稳定和滑坡分析［M］．北京：水利出版社，1980.

[38] 潘家铮．工程地质计算和基础处理［M］．北京：水利电力出版社，1985.

[39] 潘家铮．重力坝设计［M］．北京：水利电力出版社，1987.

[40] 陈祖煜，陈立宏．对重力坝设计规范中双斜面抗滑稳定分析公式的讨论意见［J］．水力发电学报，2002，77（2）：101－106.

[41] 黄东军，聂广明．重力坝深层抗滑稳定安全评价若干问题的思考［J］．水力发电学报，2005，24（2）：90－94.

[42] 周伟，常晓林，袁林娟．对重力坝设计规范中双斜面抗滑稳定的补充讨论［J］．水力发电学报，2005，24（2）：95－99.

[43] 蔡江碧，王铭，李宇．2005，重力坝深层抗滑稳定安全系理论公式的新解法［J］．水资源与水工程学报，16（1）：49－55.

[44] 周维垣，杨强．岩石力学数值计算方法［M］．北京：中国电力出版社，2005.

[45] 周维垣．高等岩石力学［M］．北京：水利出版社，1990.

[46] 杨若琼，周维垣．拉西瓦拱坝整体稳定分析［C］//西安国际岩土力学会议文集．北京：科学出版社，1993.

[47] 李朝国，张林．变温相似材料在结构模型试验中的应用［J］．水电站设计，1995，11（2）：63－67.

[48] 何显松，马洪琪，张林，等．地质力学模型试验中变温相似材料的温度特性研究［J］．四川大学学报（工程科学版），2006，38（1）：34－37.

[49] 徐瑞春，周建军．红层与大坝［M］．武汉：中国地质大学出版社，2003.

[50] 韩延伦．四川"红层"河谷岩体渗透性［C］//岩体力学在工程中的应用．北京：知识出版社，1989.

[51] 濮声荣．近水平状砂页（泥）岩岸坡坝基渗流特征及防渗设计［J］．陕西水利水电技术，2005，87（1）：55－58.

[52] 卢刚，周志芳．软硬互层状岩体渗透特性研究［J］．地下水，2006，28（6）：48－51.

[53] 童憬．犍为水电站坝址区渗漏水文地质条件研究［D］．成都：成都理工大学，2011.

[54] 张有天．岩石水力学与工程［M］．北京：中国水利水电出版社，2005.

[55] 张颖．四川盆地红层岩体渗透特性及对水利工程的控制作用［D］．成都：成都理工大学，2009.

[56] 邹成杰，等．水利水电岩溶工程地质［M］．北京：水利电力出版社，1994.

［57］ 彭土标，等．水力发电工程地质手册［M］．北京：中国水利水电出版社，2011.

［58］ 胡厚田，赵晓彦．中国红层边坡岩体结构类型的研究［J］．岩土工程学报，2006，28（6）：689－694.

［59］ 《工程地质手册》编委会．工程地质手册［M］．4 版．北京：中国建筑工业出版社，2007.

［60］ 林宗元．岩土工程勘察设计手册［M］．沈阳：辽宁科学技术出版社，1996.

［61］ 张倬元，聂德新，等．金沙江向家坝水电站坝址岩石及软弱夹层研究［M］．成都：成都科技大学出版社，1993.

［62］ 白云峰．顺层岩质边坡稳定性及工程设计研究［D］．成都：西南交通大学，2005.

［63］ 胡卸文，刘汉超，陈明东，等．向家坝水电站库区新市镇新城址环境地质评价［J］．地质灾害与环境保护，1993（2）：22－31.

［64］ 宋玉环．西南地区软硬互层岩质边坡变形破坏模式及稳定性研究——以鲤鱼塘水库溢洪道边坡为例［D］．成都：成都理工大学，2011.